Cahiers de Logique et d'Épistémologie
Volume 23

Croyances et significations

Jeux de questions et de réponses avec hypothèses

Volume 18
L'arbre du *Tractatus*
Luciano Bazzocchi. Traduit de l'Italien par Jean-Michael Luccioni

Volume 19
L'émergence de la Presse Mathématique en Europe au 19ème Siècle.Formes éditoriales et études de cas (France, Espagne, Italie, et Portugal)
Christian Gerini and Norbert Verdier, eds.

Volume 20
Entre l'orature et l'écriture. Relations croisées
Charles Zacharie Bowao and Shahid Rahman, eds.
Préface de Cristian Bernar and Marcel Nguimbi

Volume 21
La sémantique dialogique. Notions fondamentales et éléments de metathéorie
Nicolas Clerbout

Volume 22
Soyons Logiques / Let's be Logical
Amirouche Moktefi, Alessio Moretti et Fabien Schang, directeurs de publication.

Volume 23
Croyances et significations. Jeux de questions et de réponses avec hypothèses
Adjoua Bernadette Dango

Cahiers de Logique et d'Épistémologie Series Editors
Dov Gabbay   dov.gabbay@kcl.ac.uk
Shahid Rahman   shahid.rahman@univ-lille3.fr

Assistance Technique
Juan Redmond   juanredmond@yahoo.fr

Comité Scientifique: Daniel Andler (Paris – ENS); Diderik Baetens (Gent); Jean Paul van Bendegem (Vrije Universiteit Brussel); Johan van Benthem (Amsterdam/Stanford); Walter Carnielli (Campinas-Brésil); Pierre Cassou-Nogues (Lille 3 – UMR 8163-CNRS); Jacques Dubucs (Paris 1); Jean Gayon (Paris 1); François De Gandt (Lille 3 – UMR 8163-CNRS); Paul Gochet (Liège); Gerhard Heinzmann (Nancy 2); Andreas Herzig (Université de Toulouse – IRIT: UMR 5505-NRS); Bernard Joly (Lille 3 – UMR 8163-CNRS); Claudio Majolino (Lille 3 – UMR 8163-CNRS); David Makinson (London School of Economics); Tero Tulenheimo (Helsinki); Hassan Tahiri (Lille 3 – UMR 8163-CNRS).

Croyances et significations
Jeux de questions et de réponses avec hypothèses

Adjoua Bernadette Dango

© Individual authors and College Publications 2016
All rights reserved.

ISBN 978-1-84890-220-6

College Publications
Scientific Director: Dov Gabbay
Managing Director: Jane Spurr

http://www.collegepublications.co.uk

Printed by Lightning Source, Milton Keynes, UK

All rights reserved. No part of this publication may be reproduced, stored in a retrieval system or transmitted in any form, or by any means, electronic, mechanical, photocopying, recording or otherwise without prior permission, in writing, from the publisher.

The subject of genuine perceptual beliefs is, as the parrot is not, responding to the visible presence of red things by making a potential move in a game of giving and asking for reasons.

Brandom

Au Professeur Shahid Rahman[1]
pour son soutien inestimable,
son encadrement et ses conseils.

Merci Professeur

---

1. Professeur de Logique et d'Épistémologie. Classe exceptionnelle de Philosophie, Université Charles De Gaulle Lille 3 (France)

Table des matières

Introduction   1

I   Les théories standard de la révision des croyances et l'approche dialogique constructive   10

1   Les théories de la révision des croyances   11
    1.1   Contexte historique et présentation de la théorie AGM . .   12
        1.1.1   Contexte historique 13
        1.1.2   La théorie AGM 14
        1.1.3   Expansion, Contraction et Révision 15
        1.1.4   Les critiques sur la théorie AGM 23
    1.2   La théorie de la révision des croyances de Giacomo Bonanno   24
        1.2.1   La syntaxe 25
        1.2.2   La sémantique 25
        1.2.3   L'axiomatique 27
        1.2.4   La première Logique : The weakest logic of belief revision 27
        1.2.5   La seconde Logique : Logic of Qualitative Bayes Rule 29
        1.2.6   La troisième Logique : Logic of AGM 30

2   Jeux de dialogues et logique dialogique   34
    2.1   Le virage dialogique 35
        2.1.1   Les prédicateurs et les règles prédicateurs 40
    2.2   Jeux de dialogues 43
        2.2.1   La logique et la signification dialogique 44
              2.2.1.1   Les règles structurelles 45
        2.2.2   Exemples 48
    2.3   Les dialogues et les tableaux 57
        2.3.1   Tableaux classiques 58

3 Des dialogues aux tableaux dans la RDC de Bonanno 62
3.1 Les règles locales 63
3.2 Les règles structurelles. 66
3.3 Des règles structurelles aux tableaux sémantiques 69
    3.3.1 L'exemple du dialogue No Drop 70
        3.3.1.1 Les conditions des règles structurelles du dialogue No Drop 71
        3.3.1.2 Des règles structurelles aux tableaux sémantiques 72
    3.3.2 L'exemple du dialogue No Add 74
        3.3.2.1 Les conditions des règles structurelles du dialogue No Add 76
        3.3.2.2 Des règles structurelles aux tableaux sémantiques 77
    3.3.3 L'exemple du dialogue Acceptance 79
        3.3.3.1 Les conditions des règles structurelles du dialogue Acceptance 79
        3.3.3.2 Des règles structurelles aux tableaux sémantiques 80
    3.3.4 L'exemple du dialogue Equivalence 80
        3.3.4.1 Les conditions des règles structurelles du dialogue Equivalence 82
        3.3.4.2 Des règles structurelles aux tableaux sémantiques 83
    3.3.5 L'exemple du dialogue Consistency 84
        3.3.5.1 Les conditions des règles structurelles du dialogue Consistency 84
        3.3.5.2 Des règles structurelles aux tableaux sémantiques 85

II l'approche conversationnelle de la croyance dans le contexte de la théorie constructive des types et les dialogues   87

4 Aperçu de la CTT et les dialogues 88
4.1 Les fondements historiques de la CTT 89
Chapitre 4 : Aperçu de la CTT et les dialogues 89
4.2 Proposition comme type. 90
    4.2.1 Objets dépendants et jugements hypothétiques . . 97
4.3 Rapport de la théorie constructive des types au langage naturel 99

	4.3.1	Les pronoms anaphoriques 101
4.4	La logique dialogique et la CTT 104
	4.4.1	La formation des propositions 105
	4.4.2	Substitution des énoncés 107
		4.4.2.1 La formation des dialogues 107
	4.4.3	Les objets ludiques 110
	4.4.4	Le développement d'un jeu 121

5 Approche constructive de la logique modale   **129**

   5.1 Approche dialogique de la logique modale et temporelle standard 130

       5.1.1 La logique modale et temporelle dialogique 134

   5.2 Les motivations d'une logique modale constructive 146

       5.2.1 La logique modale constructive 148

           5.2.1.1 Conception des mondes comme des hypothèses 148

   5.3 Perspective dialogique de la logique modale constructive . 151

       5.3.1 Les quantificateurs dans un contexte d'hypothèses . 152

   5.4 La dichotomie entre la croyance et la connaissance 153

       5.4.1 La distinction entre la croyance et la connaissance dans la logique modale 154

   5.5 Connaissance comme croyance justifiée et perspective dialogique 157

       5.5.1 Pour une approche conversationnelle dans les contextes de croyances 158

6 La révision des croyances dans la MTT   **160**

   6.1 Axiome No Drop dans le contexte de la MTT 161

       6.1.1 Les règles structurelles MTT No Drop 162

       6.1.2 Dialogue dans le contexte de la MTT de l'axiome No Drop 165

   6.2 Axiome No Add dans le contexte de la MTT 168

       6.2.1 Les règles structurelles MTT No Add 170

       6.2.2 Dialogue dans le contexte de la MTT de l'axiome No Add 172

   6.3 Axiome Acceptance dans le contexte de la MTT 175

       6.3.1 Les règles structurelles MTT Acceptance 176

       6.3.2 Dialogue dans le contexte de la MTT de l'axiome Acceptance 176

   6.4 Axiome Equivalence dans le contexte de la MTT 178

       6.4.1 Les règles structurelles MTT Equivalence 180

    6.4.2   Dialogue dans le contexte de la MTT de l'axiome Equivalence 181
6.5   Axiome Consistency dans le contexte de la MTT 184
    6.5.1   La règle structurelle MTT Consistency 185
    6.5.2   Dialogue dans le contexte de la MTT de l'axiome Consistency 185

Annexe A L'orature des dialogues : L'écriture des tableaux 189
A.1   Contexte général 190
A.2   Approche multimodale et temporelle de la révision de croyances chez Bonanno 190
    A.2.1   Le langage de Bonanno 191
    A.2.2   Interprétation du système de Bonanno 191
    A.2.3   Axiomatique de Bonanno 192
A.3   Approche dialogique de la RDC 193
    A.3.1   Les règles locales 194
    A.3.2   Les règles globales 196
    A.3.3   Un exemple de dialogue : No Drop 199
A.4   Connexion entre dialogues et tableaux 201
    A.4.1   Les conditions des règles structurelles du dialogue No Drop 202
    A.4.2   Des règles structurelles aux règles de tableaux . . . 203
    A.4.3   De l'orature du dialogue à l'écriture des tableaux . 204

Annexe B Une analyse constructive de l'oralité   206
B.1   Contexte général 206
B.2   Conception interactive de la croyance 207
    B.2.1   Le rapport entre la croyance et la connaissance . . 208
    B.2.2   Connaissance et croyance dans la logique épistémique 209
B.3   La croyance dans le contexte de la CTT 212
    B.3.1   Jugement et connaissance comme croyance justifiée 212
    B.3.2   La croyance et la connaissance dans le contexte de la théorie constructive des types et les dialogues . . 215
    B.3.3   Révision des croyances et interaction 218
B.4   Système formel constructif de l'oralité 222
    B.4.1   Les contextes de croyances et l'anaphore dans l'utilisation des noms propres dans certaines langues ivoiriennes : une étude de cas 222

Conclusion   228

Bibliographie   233

Introduction

Si dans la logique aristotélicienne, l'interface entre la logique et l'argumentation a été considérée comme les deux faces d'une même médaille, cela ne fut pas le cas pour la période moderne. Cette dernière était marquée par un ensemble de programmes dans le domaine de la logique mathématique, créant une dichotomie entre logique et argumentation. On se souvient encore du fameux projet logiciste de Frege-Russell dont le but ultime était de réduire les mathématiques à la logique. Ce type d'approche s'abstient d'introduire des aspects épistémiques et interactifs dans les notions de vérité et de conséquence logique.

Plusieurs travaux méritoires ont été entrepris pour épurer la logique afin qu'elle retrouve ses premiers amours, du moins ses racines épistémiques. Mais, c'est plutôt après la découverte des paradoxes mathématiques que celle-ci a ressenti le besoin de retrouver ses chemins, et ce, en révisant ses bases. En effet, Luitzen Egbertus Jan Brouwer (1881-1966) rejette les canons de la logique classique et fonde l'intuitionnisme sur des principes épistémiques, ce qui conduit inéluctablement à l'abandon du principe du tiers-exclu. L'application de ce principe au domaine infini est même considérée comme responsable de la crise des fondements mathématiques.

Plus généralement et au-delà des paradoxes mathématiques, la nouvelle approche épistémique de Brouwer révolutionne les fondements des mathématiques et de la logique.[2] Curieusement, même si Brouwer n'accorde pas une assez grande importance à la logique, il faut reconnaître qu'à l'entame de l'intuitionnisme, c'est en logique qu'elle est plus présente.

Développée à partir de 1930 par Arend Heyting (1898-1980), élève de Brouwer, la logique intuitionniste avait pour finalité de donner une nouvelle interprétation aux notions centrales de proposition, de vérité et de preuve. Cela dit, on fera naturellement observer que la vérité d'une

---

2. Cf. Heinzmann (1985), Heinzmann *et al.* (1986).

proposition dépend de sa preuve.³

Après une réticence initiale des mathématiciens et des philosophes, les approches intuitionnistes ont commencé à prospérer dans la philosophie, la logique et les fondements des mathématiques et, plus récemment, dans l'informatique théorique. En effet, dans les années 1970, Michael Dummett (1925-2011) développe un programme épistémologique sous-jacent aux mathématiques et à la logique intuitionniste connu sous le nom d'*antiréalisme*. En 1967 Errett Bishop (1928-1983) montre que la plupart des résultats en mathématiques classiques peuvent être également obtenus dans le domaine des mathématiques basées sur l'intuitionnisme, appelées *mathématiques constructives*. Déjà autour des années 1950, commence à s'esquisser ce qui est aujourd'hui connu sous le nom de *correspondance ou isomorphisme de Curry-Howard*, dans laquelle sont établies les correspondances : *preuve/programme* et *formule/type* liées étroitement aux conditions qui définissent la logique intuitionniste dans le cadre de la déduction naturelle.

Originellement conçue pour rendre constructif l'ensemble des mathématiques, *la théorie constructive des types* développée par le mathématicien suédois Per Martin-Löf (1980) fournit un développement de l'isomorphisme de Curry-Howard entre *propositions*, *types* et *ensembles*, par l'introduction des *types dépendants*.

Cette théorie, dénommée *Théorie constructive des types (CTT)*,⁴ est généralement connue sous le nom de *Théorie des Types de Martin-Löf (MTT)*, notamment lorsqu'elle n'est pas limitée à la logique intuitionniste.

Du point de vue de la signification, l'innovation de la théorie des types de Martin-Löf est l'introduction des moyens pour déployer un langage entièrement interprété dans lequel les règles qui fixent la signification sont exprimées au niveau du langage-objet. Göran Sundholm, quant à lui, a développé dans de nombreux articles la base philosophique de la *Théorie Constructive des Types (CTT)* et plus généralement, de la *Théorie des Types de Martin-Löf (MTT)*.⁵

Cette innovation de la théorie de Martin-Löf a conduit après le travail séminal d'Aarne Ranta (1994), aux développements de nouveaux résultats et projets de recherche sur l'interface entre la linguistique compu-

---

3. Cf. Heyting (1956).
4. L'abréviation (CTT) de la Théorie constructive des types provient de la traduction anglaise *Constructive Type Theory*.
5. Cf. Sundholm (1986), Sundholm (1997) et Sundholm (2009).

tationnelle, (incluant la traduction automatique des langues), l'informatique théorique, la philosophie et l'épistémologie. Au-delà de la logique classique et intuitionniste, la *MTT* offre également un cadre permettant de développer la logique modale. C'est ainsi qu'en 1991, Ranta inspiré par quelques conférences publiques de Martin-Löf, publie un article intitulé *constructing possible worlds* dans lequel il fournit les premiers résultats d'une approche de la *CTT* et de la logique modale.

L'idée principale de cet article est qu'une assertion relative à un monde possible W exprime un *jugement hypothétique* où l'assertion est faite en fonction des hypothèses qui sont formulées dans le langage-objet. Plus tard sur la base de cette approche, Giuseppe Primero (2008) va développer un système d'inférences pour la logique modale qui n'aura pas besoin de labels pour les mondes mais d'assertions qui sont fournies sous des hypothèses ouvertes. Ces assertions modales sont alors réductibles aux hypothétiques. Autrement dit, ces assertions modales sont des types dépendants.

Cette analyse donne la possibilité de ré-investir la notion de croyance dans le contexte de la théorie constructive des types. Ainsi, exprimer un jugement *A est vrai* par rapport aux croyances d'un agent est équivalent aux jugements de la forme *A est vrai* par rapport à un ensemble d'hypothèses qui ne sont pas encore vérifiées. Les mondes possibles qui représentent les contextes de croyances sont substitués aux contextes d'hypothèses. Par conséquent, du point de vue épistémique, "possible" signifie qu'il existe différentes manières d'ajouter des connaissances à nos croyances pour obtenir le savoir qui, dans ce cas, n'est pas encore achevé. En autres termes, cela signifie que le possible est toujours une approximation du savoir. Si l'approximation se termine, alors la possibilité se transformera en savoir. Possible signifie donc ce qui peut être complété.

C'est sur la base de cette approche que Primero (2008) étend la théorie des types de Martin-Löf à l'analyse d'une version de la théorie de la révision des croyances, publiée en 1985 dans un article célèbre par le trio Carlos Alchourrón, Peter Gärdenfors et David Makinson. Il est remarquable que, bien que les développements les plus récents de la révision des croyances sont exprimés dans le formalisme de la logique modale, à la seule exception des travaux de Primiero, le lien entre la révision des croyances et la théorie des types de Martin-Löf n'a pas encore suffisamment été exploité.

Tout ce qui a été mentionné jusqu'ici constitue l'état de l'art sur lequel notre travail a été développé. Cependant, un autre aspect essentiel qu'il convient de souligner est le lien entre l'aspect épistémique et les approches argumentatives de la logique.

Nous voudrions revenir sur nos propos concernant l'antiréalisme de Dummett. D'une part, il est important de rappeler que l'antiréalisme de Dummett se rapproche du pragmatisme dans la mesure où les considérations épistémiques sur la signification semblent être étroitement liées à la conception Wittgensteinienne de la signification comme usage et sa philosophie des mathématiques.[6] Étant donné que la signification comme usage se perçoit dans certaines formes spécifiques d'interaction sociale déployées par jeux de langage, l'approche épistémique de la signification consiste à ne point présupposer une signification au-delà de cette forme d'interaction publique. D'autre part en 1950, Paul Lorenzen et Kuno Lorenz animés par des conceptions similaires à l'antiréalisme de Dummett, développent pour la première fois un cadre de la logique inspiré par les jeux de langage de Wittgenstein, appelé *logique dialogique*, plus précisément un *cadre dialogique pour la logique*[7] pour différencier entre la logique classique et la logique intuitionniste.[8]

Depuis lors, Shahid Rahman et ses collaborateurs ont développé la dialogique comme un concept général pour systématiser différentes logiques.[9] Toutefois à la différence de Dummett, ils considéraient explicitement l'interaction comme fondée sur des pratiques argumentatives.

Ainsi depuis les années 1980, ils ont montré que le cadre dialogique est un instrument puissant pour étudier différentes logiques, non seulement du point de vue technique, mais aussi historique et philosophique. Inspirée par les travaux de Rahamn et ses collaborateurs, Virginie Fiutek (2013) rend compte de la sémantique multimodale de Giacomo Bo-

---

6. Nous mentionnons ici le livre de Mathieu Marion sur la philosophie des mathématiques de Wittgenstein publié en 1998 et qui constitue un point de repère dans ce problème. Cf. Marion (2004).

7. Nous pouvons consulter (Lorenzen et Lorenz (1978)). Pour une présentation historique de la transition de l'approche à la logique dialogique, se référer à Lorenz (2001).

8. Cf. Felscher (1985).

9. Pour les détails sur les récents développements en logique dialogique, nous pouvons citer, Rahman et Rückert (1999), Keiff (2007), Schroeder-Heister (2008), Fontaine (2013), Keiff (2009), Fontaine et Redmond (2008), Rahman et al. (2009), Rahman et Tulenheimo (2009). Pour le rôle de la dialogique dans la reconstruction du lien entre la dialectique et la logique, se référer à Keiff et Rahman (2010). Felscher (1985) et Rahman (1993) ont développé les premières approches de la relation entre stratégie de victoire et calcul de séquent. Magnier (2013) a prouvé la correspondance entre la logique dialogique et la logique épistémique dynamique. Clerbout (2014a) a fourni le premier développement détaillé d'un algorithme qui met en relation une stratégie de victoire et un tableau sémantique fermé.

Introduction

nanno [10] de la révision des croyances. L'idée qui prévaut dans les recherches de Fiutek est qu'une telle révision ne consiste pas seulement en une réception d'informations passives. Elle engage une participation argumentative active : nous échangeons nos croyances dans l'interaction avec les autres. [11] En fait, Fiutek combine la logique dialogique et la révision des croyances en mettant en exergue la *logique épistémique explicite*.

Cette dernière se réfère aux travaux de Jaakko Hintikka de 1962 qui introduisent la connaissance dans le langage-objet comme un opérateur propositionnel. De plus, comme nous le savons, Hintikka combine cette logique épistémique avec une sémantique ludique (connue en anglais sous le nom de *Game Theoretical Semantics (GTS)*). Le résultat de cette combinaison de la logique épistémique explicite avec la *GTS* a permis de développer l'aspect dynamique de la révision des croyances. Principalement développées à Amsterdam, particulièrement à Institut de la Logique, du Langage et les Sciences de la Computation *(ILLC)*, ces approches modales de la révision des croyances sont de plus en plus scrutées. [12] Cependant, ces études sont basées sur une sémantique des modèles dans le style de Tarski et ne partagent pas les fondements constructivistes de l'approche épistémique comme développés par les antiréalistes. [13]

En outre, de nouveaux résultats en logique linéaire de J.-Y. Girard mettent l'accent sur l'interface entre la théorie des jeux mathématiques et la théorie de la preuve, permettant ainsi de développer une nouvelle approche de l'interaction. Dans sa forme la plus générale, cette théorie est appelée *ludique* et partage en quelque sorte les principes théoriques de la théorie constructive des types et l'approche dialogique de la logique. Néanmoins, la ludique n'a pas encore été étendue à la logique modale et il semble que la théorie de la révision des croyances n'est plus dans leur intérêt de recherche. [14]

Tous les aspects de l'état de l'art étant dressés, nous pouvons désormais préciser les contours de notre contribution. Cette dernière se situe à l'intersection de la théorie des types de Martin-Löf, de l'approche dialogique et de la révision des croyances. Plus succinctement, notre objectif est de proposer une approche dialogique de la théorie de la révision des

---

10. Cf. Bonanno (2009) et Bonanno (2010).
11. Comme déjà souligné par Platon, l'apprentissage, en tant qu'acquisition de savoir se saisit par l'interaction avec les autres. Cf. Cousin (1849).
12. Cf. Van Benthem (2007) et Van Benthem (2011).
13. Cf. Van Benthem et Dégremont (2010).
14. Cf. Blass (1992), Girard (1999), Lecomte et Quatrini (2010), Lecomte et Tronçon (2011), Abramsky et Mellies (1999).

croyances dans le contexte de la théorie des types de Martin-Löf. Cela peut être formulé par la question suivante :

Comment reconstruire l'approche dialogique de la révision des croyances dans le contexte de la théorie des types de Martin-Löf ? En d'autres termes, peut-on concevoir un système de révision dans lequel l'acquisition de connaissances et les aspects interactifs de la signification sont exprimés dans le langage-objet ?

Pour répondre à cette question principale, nous nous sommes posés les interrogations subsidiaires suivantes qui signalent les différentes étapes de notre recherche.

- Comment exprimer dans le contexte de la théorie de la révision de croyances, les aspects interactifs de la signification qui caractérisent la sémantique locale des tableaux ?
- Comment formuler la logique modale constructive dans le contexte dialogique ?
- Quels sont les avantages de l'approche dialogique de la révision des croyances dans le contexte de la théorie des types de Martin-Löf ?

Un aspect du premier point a préalablement été développé par Rahman et Clerbout (2013) et Rahman et Clerbout (2015), notamment sur l'algorithme qui permet d'identifier les stratégies gagnantes pour des propositions valides dans la *CTT*. Notre objectif est justement de mettre en exergue le passage de ces stratégies gagnantes aux tableaux sémantiques dans le contexte de la révision des croyances. Les deuxième et troisième points sont essentiellement basés sur l'idée que les mondes sont considérés ici comme des ensembles d'hypothèses qui peuvent être interdépendants. Mais qu'est ce qui correspond, dans ce contexte, à la notion d'accessibilité épistémique de la logique modale standard ? L'accessibilité s'obtient dans la spécification de contextes d'hypothèses. Il convient de noter que dans ce contexte, le langage est totalement interprété. Ainsi, la spécification d'une hypothèse est une spécification concrète du contenu.

Ce qui constitue la contribution cruciale de l'approche dialogique est que ce processus de spécification doit être considéré comme un jeu de réponse à une question. De plus, l'approximation du savoir par le processus de spécification des hypothèses permet de mettre en relief le contenu par un jeu de questions et de réponses. Prenons à titre exemplatif, une assertion qui a été faite sous l'hypothèse selon laquelle *un individu est un Africain*. Les questions possibles que nous pouvons poser pour assurer le processus de spécification sont : *l'individu est-il un homme ou une*

Introduction

femme ? De quel pays l'individu vient-il ? Cela semble être étroitement lié aux jeux dialectiques de Platon et d'Aristote. Cependant, nous ne nous engagerons pas ici dans cette discussion fascinante.

Le troisième point peut se résumer essentiellement par ce qui suit :

le processus de révision peut être exprimé dans un contexte où l'acquisition de connaissance et les aspects interactifs de la signification sont saisis comme un jeu de questions et de réponses par rapport à un ensemble d'hypothèses initiales.

Ce troisième point permet ainsi de saisir l'idée principale de ce présent travail. Le processus de révision des croyances s'effectue par le déploiement progressif du contenu hypothétique dans un contexte d'interaction.

Ces trois points seront développés dans les deux grandes parties de ce présent travail.

La particularité de notre étude est que nous limitons notre reconstruction à la sémantique multimodale de la révision des croyances de Bonanno dans le contexte de la théorie des types de Martin-Löf. Cette théorie de Bonanno n'est pas constructive dans ses racines. C'est la raison pour laquelle nous circonscrivons notre approche à l'utilisation des axiomes dans le système de Bonanno, ainsi donc, nous n'allons pas nous engager à donner tous les détails de sa sémantique.

Pour ce faire nous nous consacrons, dans la première partie, à la présentation de théories de la révision des croyances. Le but n'est pas de faire un étalage des différentes théories de révision des croyances mais nous voulons ici nous intéresser à deux de ces théories de révision de croyances, à savoir la théorie AGM et la théorie de la révision des croyances de Giacomo Bonanno. Ce choix est motivé par le fait que la première (la théorie AGM) est considérée comme le soubassement des autres théories de révision qui ont été développées jusqu'à présent, puisqu'elle est la première à échafauder une étude formelle des mécanismes de révision des croyances. Outre cela, nous proposons dans les détails la notion de logique dialogique en présentant son contexte historique en rapport avec plusieurs approches développées récemment. Pour clore cette première partie, nous nous intéressons, également, aux règles de particules des connecteurs standard et des opérateurs modaux et temporels utilisés dans la théorie de la révision des croyances de Bonanno, ainsi que, les règles structurelles mettant en lumière le fonctionnement de l'approche dialogique de la théorie de Bonanno. Il s'agit de développer des systèmes qui permettent le passage des dialogues aux tableaux dans le contexte de la théorie de la révision des croyances de Bonanno en s'appuyant sur l'approche dialogique de cette théorie proposée par Virginie Fiutek. En d'autres termes, si les travaux de Clerbout ont permis d'élaborer l'algorithme qui permet de passer des stratégies aux tableaux, notre objectif dans ce chapitre est justement de mettre en évidence ce passage des dialogues aux tableaux sémantiques dans le contexte de la théorie de la révision des croyances.

Dans la deuxième partie intitulée *l'approche conversationnelle de la croyance dans le contexte de la théorie constructive des types et les dialogues*, nous construisons nos systèmes dialogiques de révision des croyances dans le contexte de la théorie des types de Martin-Löf. Pour atteindre notre visée, nous donnons un aperçu de la théorie constructive des types(CTT). Nous en esquissons ses éléments de base afin de montrer que ce langage, avec du contenu, remet en cause l'approche métalogique de la signification de la sémantique standard permettant de prendre en compte les différents aspects interactifs de la signification. Nous scrutons, aussi, l'approche dialogique de cette théorie constructive des types afin de construire un cadre conceptuel dans lequel celle-ci peut être davantage explicitée. Par la suite, nous développons l'approche constructive de la logique modale. Nous faisons, d'abord, un rappel de la logique modale et temporelle ainsi que leurs approches dialogiques, pour aboutir à la conception de la logique modale dans le contexte de la théorie constructive des types. La logique modale constructive se saisit à travers l'idée des mondes comme des hypothèses. Cette conception de la logique modale constructive, comme nous l'avons souligné précédemment, avait déjà été ébauchée par Ranta (1991) et étendue à la notion de la fiction par Rahman et Redmond (2014). Avant d'aborder cet aspect de la logique modale constructive, nous exposons les motivations qui sous-tendent une telle initiative. Il s'agit de considérer ce système dialogique modal constructif comme des dialogues dans lesquels les coups impliquent des questions et des réponses en rapport avec des contextes. Après cela, nous nous intéressons, à la notion de la croyance dans la théorie constructive des types. Nous montrons spécifiquement que le développement de la révision des croyances formalisée par Bonanno dans le contexte de la théorie constructive des types, revient à concevoir des systèmes dans lesquels l'acquisition de connaissances et les aspects interactifs de la signification sont exprimés au niveau du langage-objet. Il requiert alors de mettre en évidence l'aspect dynamique et pratique de la croyance dans le cadre de la théorie constructive des types. Ce qui permet de nous consacrer au développement d'une approche conversationnelle de l'opérateur de croyance. Cette analyse est motivée par l'approche brandomienne de la croyance selon laquelle une action est considérée comme une croyance si cette dernière est régie par un jeu d'offres et de demandes sur les raisons de cette action.

Introduction

Et pour terminer, nous nous concentrons sur notre développement de l'approche dialogique de la révision des croyances dans le contexte de la théorie des types de Martin-Löf. Ainsi, nous fournissons les différents axiomes (No Drop, No Add, Acceptance, Equivalence et Consistency) de la théorie de révision de Bonanno dans une conception dialogique de la *MTT*. Cette étude permet de montrer comment le processus de révision peut être appréhendé dans un même contexte où l'acquisition de la connaissance et les aspects interactifs de la signification sont saisis comme un jeu de questions et de réponses.

Première partie

Les théories standard de la révision des croyances et l'approche dialogique constructive

Chapitre 1

Les théories de la révision des croyances

Les théories de la révision des croyances constituent un domaine très varié de la recherche scientifique. Elles sont à cheval entre plusieurs disciplines, à savoir : l'intelligence artificielle, la logique formelle, la philosophie des sciences et de l'esprit, et les sciences cognitives.[15] Le processus de révision des croyances décrit les mécanismes de changement de croyances résultant de la prise en compte de nouvelles données d'informations par un agent. Elles ont été abordées sous différents aspects, entre autres, l'aspect qualitatif, quantitatif, probabiliste[16] ou logique.[17] C'est ce dernier aspect qui fera l'objet de notre étude dans ce chapitre.

La théorie de la révision a été élaborée dans les années 1980 par trois auteurs : Carlos Alchourrón, Peter Gärdenfors et David Makinson. Elle leur doit subséquemment la dénomination "théorie AGM".[18] Celle-ci est la première théorie formelle de révision des croyances, qui a permis la caractérisation formelle du processus de révision en proposant un ensemble de propriétés.

Cette caractérisation adopte des méthodes de révisions intuitives appelées théorèmes de représentations et de correspondances. Ces théorèmes ont longuement été critiqués, occasionnant ainsi le développement de plusieurs autres théories de révision telles que la théorie des révision

---

15. Cf. Bidoit et Froidevaux (1991b) et aussi Livet (2002)

16. Cf. Goldszmidt et Pearl (1996), Geffner (1992), Smets et Kennes (1994)

17. La logique appropriée pour rendre compte des méthodes de révision est la logique non monotone car elle permet de mettre en évidence tous les mécanismes du raisonnement.

18. Cf. Alchourrón *et al.* (1985), Alchourrón et Makinson (1982)

de croyances de Daniel Lehmann, la sémantique de révision des croyances de Giacomo Bonanno, la *conditional doxastic logic* de Baltag et Smets. [19]

Nous n'allons pas, dans ce chapitre, faire une étude historique de toutes ces théories de révision des croyances. Notre objectif est de nous intéresser à deux de ces théories qui, pour nous, constituent l'essentiel de ce qu'il nous faut pour démontrer notre thèse. Ces deux théories sont la théorie AGM et la théorie de la révision des croyances de Giacomo Bonanno.

1.1 Contexte historique et présentation de la théorie AGM

L'analyse formelle du processus de révision des croyances a été échafaudée pour répondre à des préoccupations de modélisation de changements de croyances, c'est-à-dire l'utilisation et la gestion des informations dans nos croyances dans la cohérence. Le problème qui se pose est que, bien souvent, la nouvelle information est en conflit avec nos anciennes croyances. [20] Comment incorporer cette information afin de maintenir l'équilibre dans notre système de croyance ? Cette épineuse question s'enracine dans plusieurs domaines de recherches tels que l'intelligence artificielle, le domaine juridique, la philosophie et bien d'autres. [21]

En intelligence artificielle par exemple, la difficulté porte sur l'exploitation des bases de connaissances. La nouvelle connaissance doit être intégrée pour augmenter l'expertise d'un système de base de connaissances. C'est le cas d'un robot qui doit prendre en compte une situation éventuellement différente de celle qui lui a été dictée au préalable. [22] C'est pourquoi, la dynamique de la connaissance est très indispensable en intelligence artificielle notamment dans la création des machines intelligentes qui sont capables de réagir comme des hommes. [23] A ce niveau, d'énormes progrès ont été réalisés, de nos jours, permettant aux machines de se substituer à l'homme. Dans le processus d'axiomatisation des systèmes de

---
19. Cf. Lehmann (1995), Baltag et Smets (2006), Smets et Kennes (1994)
20. Cf. Gerbrandy et Groeneveld (1997) et Gerbrandy (2007)
21. Les juristes ont mené des recherches sur la modélisation du changement de codes juridiques. Il est même rapporté que Alchourrón et Makinson avaient précédemment travaillé sur des mécanismes de changement de codes juridiques. Des économistes ont aussi, entrepris des études sur les représentations formelles des changements de croyances des agents économiques. Cf. Cormerais (2001), Bidoit et Froidevaux (1991a) et Prakken et Vreeswijk (2001)
22. Cf. (Asimov, Traduction de Paul Billon (2012))
23. Cf. Baroni et Giacomin (2009)

1.1 Contexte historique et présentation de la théorie AGM

croyances, la théorie AGM constitue la première véritable théorie formelle. Toutefois, plusieurs étapes importantes ont précédé cette théorie AGM qu'il convient de mentionner.

1.1.1 Contexte historique

Il s'agit ici de faire une description de la genèse de la théorie AGM et une analyse historique de certaines approches qui ont précédé ladite théorie. En effet, des systèmes très sophistiqués développés par des experts en intelligence artificielle ont fortement inspiré les informaticiens. En 1970, Jon Doyle construisit des systèmes de maintenance de la vérité. Ces systèmes avaient pour but, compte tenu d'un certain nombre d'inférences, de maintenir les raisons de la croyance dans la validité des formules inférées.[24] Et depuis, tous les systèmes de maintenance de la vérité suivent globalement le schéma introduit par Jon Doyle.

En plus de Doyle, nous pouvons mentionner le trio Ronald Fagin, Jeffrey Ullman et Moshe Vardi qui a conçu un autre système qui permet d'incorporer les informations en fonction de la priorité de la base de connaissances.[25] Cette priorité est définie selon la fiabilité de la base de connaissances. Ils ont aussi proposé une nouvelle approche de mises à jour dans laquelle une base de données est traitée comme un ensemble de théories. Pour ce faire, ils ont développé plusieurs opérations de mises à jour et d'équivalence de bases de données.

Outre cela, nous pouvons également évoquer la série d'études menée par Isaac Levi dans les années 70, dont l'objectif était d'élaborer une structure formelle de la dynamique épistémique, avait même évoqué certaines difficultés théoriques auxquelles était confronté le processus de révision.[26]

Dans le domaine philosophique aussi, la théorie de la révision des croyances y trouve ses repères. En effet, plusieurs philosophes tels que Lakatos Irme, Kuhn Thomas et bien d'autres[27] se sont penchés sur la question du changement des théories scientifiques.[28] Que faut-il faire lorsqu'une théorie est remise en cause par une autre ? La question a sus-

---

24. Pour plus de détails, consulter Doyle (1979)
25. Cf. Fagin et al. (1983)
26. Cf. Levi (1983), Baltag et al. (2008)
27. Cf. (Lakatos, trad. de Malamoud, Catherine and Spitz, Jean-Fabien (1994)) et (Kuhn, trad. de Laure Meyer (2008))
28. Il ne s'agit pas de la révision de croyances au sens technique du terme, mais de la description des changements des théories scientifiques. Nous pouvons, par exemple, consulter Quine et Ullian (1978) qui traitent des notions intentionnelles.

Chapitre 1 : Les théories de la révision des croyances

cité des débats empreints de passion.[29] C'est ce qui a stimulé Bachelard à employer le terme de "rupture épistémologique". Ce terme désigne, dans l'approche de la connaissance scientifique, le passage qui permet de connaître réellement, en rejetant certaines connaissances antérieures, qu'il est nécessaire de s'en défaire pour que se révèle la connaissance nouvelle.[30] Dans notre approche, le changement de paradigmes doit être vu comme le changement d'hypothèses. Ce changement s'opère à l'intérieur du paradigme. Il prend en compte les différents aspects du changement :

— premier aspect : la nouvelle hypothèse vient confirmer l'ancienne.
— second aspect : la nouvelle hypothèse contredit l'ancienne.

Ces différents travaux mentionnés montrent effectivement que certaines analyses formelles du processus de révision ont été entreprises bien avant la théorie AGM. Cependant, cette dernière a eu une influence majeure et c'est sur celle-ci que la plupart des travaux ultérieurs sur l'étude formelle du processus de révision vont s'arc-bouter. Pour comprendre davantage le fonctionnement de cette théorie, nous l'exposerons dans la section suivante.

1.1.2 La théorie AGM

C'est en 1985 que le trio Carlos Alchourrón, Peter Gärdenfors et David Makinson a proposé, pour la première fois, une axiomatisation du processus de révision des croyances.[31] En effet, c'est dans un célèbre article que ces auteurs ont fourni une caractérisation axiomatique des opérateurs de changement,[32] un ensemble de postulats susceptibles de permettre la modélisation les procédures de révision des croyances.[33]

Cette caractérisation du processus de révision a permis de fournir trois méthodes qui sont : l'expansion, la révision et la contraction. Avant d'examiner en profondeur ces méthodes, donnons quelques définitions :

Définition 1 (Langage). *Soit L, le langage propositionnel constitué de propositions atomiques ($p, q, r \ldots$) et des connecteurs usuels de la logique propositionnelle ($\neg, \wedge, \vee, \rightarrow, \leftrightarrow$). Les deux constantes logiques $\top$ et $\bot$ dénotent respectivement la tautologie et la contradiction. Ce langage est défini de manière suivante :*

---

29. Cf. Brandenburger et Keisler (2006)
30. Cf. Bachelard (1938)
31. Notre présentation de la théorie AGM est essentiellement basée sur le texte de Sébastien Konieczny. Cf. Konieczny (1999)
32. Belief revision et nonmonotonic logic are two sides of the same coin. Cf. Gärdenfors (1990)
33. Cf. Alchourrón *et al.* (1985), Alchourrón et Makinson (1986)

1.1 Contexte historique et présentation de la théorie AGM

$$\varphi := p \mid \neg\varphi \mid \varphi \wedge \varphi$$

Soit [E] un état épistémique.
[E]c [34] est l'ensemble de croyances qui est associé à [E].
A désigne une information quelconque.

Définition 2. *Une opération de conséquence sur un langage L est une fonction Cn : [E] → [E]c remplissant les trois conditions suivantes :*

$E \subseteq Cn[E]c$ **Inclusion**

1. $A \subseteq B$, alors $Cn(A) \subseteq Cn(B)$ **Monotonie**
2. $Cn(A) = Cn(Cn(A))$ **Idempotence**

Un ensemble de croyances est clos déductivement si $[E] = Cn([E]c)$.

En d'autres termes, cela signifie que tout ensemble de croyances est un sous-ensemble de ses conséquences. Les ensembles de croyances sont égaux aux conséquences de leurs ensembles.

Pour un souci de notation, nous allons adopter [E] pour l'ensemble de croyances et [E]c comme la clôture déductive de [E].

Un ensemble de croyances est équivalent à une formule α qui est la conjonction de formules de [E]. Les ensembles de formules déductivement clos sont appelés théories.

— [E]c ⊥ dénote une théorie inconsistante.
— [E]c ⊤ représente la base de connaissances qui ne contient que des tautologies.
— $[E]_L$ dénote l'ensemble de croyances définies sur L.

On notera [E] quand il n'y a pas d'ambiguïtés dans l'ensemble de croyances.

Un ensemble de croyances représente les croyances d'un agent qui reçoit une information A. Nous notons trois différents comportements de [E] face à l'information A. Ces trois comportements représentent les trois principaux modes de dynamisme des croyances d'un agent à savoir l'expansion, la révision et la contraction.

1.1.3 Expansion, Contraction et Révision

Les différents types de changement des croyances d'un agent dans la prise en compte d'une donnée d'informations sont représentés comme suit :

— Si A ∈ [E] cela veut dire que A est acceptée par l'ensemble de croyances.

---

[34]. [E]c est la clôture déductive

- Si ¬A ∈ *[E]* cela signifie que la négation de l'information A est dans *[E]* : A est refusée par l'ensemble de croyances.
- Si A ∉ *[E]* et ¬A ∉ *[E]* cela traduit le fait que A est indéterminée car ni la négation de l'information, ni l'information elle-même ne font pas partie de l'ensemble de croyances.

L'opération d'Expansion

L'expansion consiste à ajouter une information à une base de connaissances. Cela voudrait alors dire que l'information et l'ensemble de connaissances sont compatibles. Dans ce cas, A ∈ à *[E]*, l'information A est donc acceptée dans l'ensemble de croyances.

L'expansion est notée de la manière suivante : *[E]* + A

L'opération d'expansion + est exprimée par une fonction de *[E]* x L vers *[E]* (+ : *[E]* x L → *[E]*).

Cette fonction satisfait les propriétés suivantes :

- (*[E]*+1 : Clôture) *[E]* + A est une théorie
- (*[E]*+2 : Succès) A∈ *[E]* + A
- (*[E]*+3 : Inclusion) *[E]* ⊆ *[E]* + A
- (*[E]*+4 : Vacuité) Si A∈ *[E]* alors *[E]* + A = *[E]*
- (*[E]*+5 : Monotonie) *[E]* ⊆ H, alors *[E]* + A ⊆ H + A
- (*[E]*+6 : Minimalité) *[E]* + A est la plus petite base qui satisfait (*[E]*+1 - *[E]*+5)

Explication

- (*[E]*+1 : Clôture) affirme que le résultat de l'expansion est une théorie. Cela veut dire que l'expansion d'un ensemble de croyances par une information A donne un ensemble de croyances.
- (*[E]*+2 : Succès) soutient que l'information est vraie dans l'ensemble de croyances. L'information A est acceptée par l'ensemble de croyances.
- (*[E]*+3 : Inclusion) stipule que les anciennes croyances doivent être conservées lors de la prise en compte de l'information.
- (*[E]*+4 : Vacuité) dit que si l'information appartient déjà à l'ensemble de croyances, aucun changement ne se produit.
- (*[E]*+5 : Monotonie) stipule que l'opération d'expansion est monotone. Cela signifie que si nous avons deux ensembles de croyances *[E]* et H et que, *[E]* ⊆ H alors *[E]* + A ⊆ H + A.
- (*[E]*+6 : Minimalité) affirme que le changement est minimal. Cela signifie que le nouvel ensemble de croyances ne contient pas de croyances non justifiées lorsqu'on lui ajoute la nouvelle information.

1.1 Contexte historique et présentation de la théorie AGM

Ces différents postulats ci-dessus consistent à caractériser l'opération d'expansion. Ils renferment des conséquences notables qui méritent d'être mentionnées :

1. *[E]* + A = *[E]* + B si et seulement si B appartient à *[E]* + A et A appartient à *[E]* + B.
2. (*[E]* + A) + B = (*[E]* + B) + A.
3. Si ¬A ∈ *[E]*, alors *[E]* + A = *[E]*$_\perp$.

Pour la première conséquence : il y a une équivalence entre les deux résultats de l'expansion. Elle est une caractérisation de l'équivalence entre deux résultats d'expansion. Ces deux expansions donnent des bases équivalentes si l'information A est le résultat de l'expansion de la base de connaissance par B, symétriquement, si B est conséquence de l'expansion par A.

La deuxième propriété exprime la commutativité de l'expansion, cela signifie que l'ordre dans lequel se fait le changement n'influence pas le résultat de l'expansion. En effet, elle stipule que la conséquence introduit l'aspect commutatif de l'expansion, l'ordre des informations peut être changé sans que cela n'ait des répercussions sur l'opération d'expansion.

La troisième conséquence que nous avons mentionnée soutient que si non A appartient à *[E]*, alors, l'information n'est pas cohérente avec l'ensemble de croyances. Ainsi, après l'opération, nous obtenons un ensemble trivial.

L'opération de l'expansion satisfait ces propriétés susmentionnées, si et seulement si *[E]* + A Cn = (*[E]* U A).

L'opération de Révision

L'opération de la révision s'effectue lorsque la nouvelle information contredit l'ensemble de croyances. Dans ce cas, on ne peut pas utiliser l'expansion, il faut donc procéder à la révision, en abandonnant certaines croyances afin de maintenir la consistance du système. Il ressort de ce fait que, ce changement n'est pas monotone dans la mesure où l'information est ajoutée à l'ensemble de croyances sans que les anciennes ne soient forcément conservées. Plusieurs postulats ont été proposés dans le but d'accomplir avec efficacité cette opération de révision.[35] Mais avant de présenter ces postulats indiquons que l'opération de révision est notée comme suit :

---

35. Katsuno et Mendelson ont aussi proposé des correspondances des propriétés de la théorie AGM pour les croyances exprimées dans un langage propositionnel fini. Pour plus d'informations à ce sujet, consulter Katsuno et Madenlson (1991)

Chapitre 1 : Les théories de la révision des croyances

$$[E] * A$$

Elle est exprimée par une fonction de *[E]* x *L* vers *[E]'* (* : *[E]* x *L* →*[E]'*). Les postulats qui régissent l'opération de révision sont les suivantes :

— (*[E]**1 : Clôture) *[E]* * A est une théorie
— (*[E]**2 : Succès) A∈ *[E]**A
— (*[E]**3 : Inclusion) *[E]**A ⊆ *[E]* + A
— (*[E]**4 : Vacuité) Si ¬A∈ *[E]* alors *[E]*+ A ⊆ *[E]* * A
— (*[E]**5 : Consistance) *[E]** A = *[E]*$_\perp$ si et seulement si ⊢ ¬ A
— (*[E]**6 : Extentionalité) Si A ↔B alors *[E]** A = *[E]** B
— (*[E]**7 : Inclusion conjonctive) *[E]** (A ∧ B) ⊆ (*[E]** A) + B
— (*[E]**8 : Vacuité conjonctive) Si ¬B ∉ *[E]**A, alors (*[E]**A) + B ⊆ *[E]** (A∧ B)

Explication

— (*[E]**1 : Clôture) vérifie que le résultat de la révision est une théorie. La révision d'un ensemble de croyances est aussi un ensemble de croyances.
— (*[E]**2 : Succès) affirme que la nouvelle information est vraie dans le nouvel ensemble de croyances. C'est-à-dire que A ∈ à l'ensemble de croyances.
— (*[E]**3 : Inclusion) stipule que si on révise par la nouvelle information, la croyance qui est ajoutée doit être une conséquence de la nouvelle information et de l'ensemble de croyances.
— (*[E]**3 : Inclusion) et (*[E]**4 : Vacuité) les deux postulats pris ensemble signifient que lorsque la nouvelle information n'est pas en contradiction avec l'ensemble de croyances, alors la révision se résume à l'expansion. Autrement dit, le troisième axiome revient à une opération de révision normale où ¬A ∈ *[E]* et le quatrième est le cas où ¬A ∉ *[E]* alors il faut tout simplement faire une révision.
— (*[E]**5 : Consistance) dit que la meilleure manière d'avoir un ensemble inconsistant par une révision est de prendre en compte une information contradictoire.
— (*[E]**6 : Extensionnalité) stipule que de l'équivalence de deux propositions, il ressort que la révision de l'une est égale à la révision de l'autre. La révision est faite en fonction de la spécificité de la nouvelle information. Ces postulats que nous avons évoqués jusque-là, c'est-à-dire de (*[E]**1 à *[E]**6) sont les postulats de base de l'opération de révision.

1.1 Contexte historique et présentation de la théorie AGM

— ([E]*7 : Inclusion conjonctive) – ([E]*8 : Vacuité conjonctive), ce sont deux postulats supplémentaires [36] qui effectuent une attitude de révision en terme de minimal changement. La révision par la conjonction de deux informations revient à faire une révision pour la première information et une expansion pour la deuxième dans le cas où cette dernière ne contredit pas l'ensemble de croyances de la première révision.

Le caractère rationnel d'un opérateur de révision est résumé en ces points suivants : Le nouvel ensemble de croyances après l'opération de révision doit être consistant. Aussi, la nouvelle information doit être vraie dans le nouvel ensemble de croyances. Autrement dit, la nouvelle information ne doit pas occasionner des contradictions dans le nouvel ensemble de croyances. On parle alors, dans ce cas, de la primauté de la nouvelle information. En plus de ces deux points, il y a la minimalité de la révision. L'opération de révision doit s'effectuer en conservant le maximum de croyances dans l'ancien ensemble de croyances. Telles sont les propriétés de rationalité qu'un opérateur de révision peut satisfaire. C'est à juste titre que Harman [37] soutient ceci :

> *When changing beliefs in response to new evidence, you should continue to believe as many of the old beliefs as possible.*

Après avoir présenté et expliqué les différents postulats de l'opération de révision, nous allons voir maintenant celui de la contraction.

L'opération de Contraction

La contraction est le type de changement qui s'effectue lorsqu'une information est contractée de l'ensemble de croyances sans qu'aucune autre information ne soit ajoutée. Dans le cas de la contraction, A est indéterminée. Ce qui convient de faire, c'est la suppression de l'information qui crée le problème. La difficulté est que lors de la suppression, il peut s'avérer que l'on soit obligé de supprimer d'autres informations qui ne sont pas forcément celles qui posent problème, mais certaines qui impliquent cette information ou que cette information implique. Ce type de changement est approprié pour mener les raisonnements hypothétiques. Généralement, la contraction s'opère lorsque nous avons effectué une expansion et qu'il y a des contradictions, alors pour revenir à la connaissance initiale, nous rétractons l'information ajoutée de notre ensemble de croyances.

---

36. L'appellation des postulats supplémentaires a été nommée par Gärdenrfors. Cf. Gärdenfors (1990)
37. Cf. Harman (1986)

Chapitre 1 : Les théories de la révision des croyances

L'opération de contraction est notée comme suit :

$$[E] \triangleleft A$$

Cette opération est exprimée par une fonction $\triangleleft$ de $[E]$ x L vers $[E]$', ($\triangleleft : [E]$ x $L \rightarrow [E]$'

$[E] \triangleleft A$ vérifie les propriétés suivantes :

— ($[E] \triangleleft 1$: Clôture) $[E] \triangleleft A$ est une théorie
— ($[E] \triangleleft 2$: Inclusion) $[E] \triangleleft A \subseteq [E]$
— ($[E] \triangleleft 3$: Vacuité) Si $A \notin [E]$ alors $[E] \triangleleft A = [E]$
— ($[E] \triangleleft 4$: Succès) Si $\nvdash A$ alors $A \notin [E] \triangleleft A$
— ($[E] \triangleleft 5$: Restauration) Si $A \in [E]$, alors $[E] \subseteq ([E] \triangleleft A) + A$
— ($[E] \triangleleft 6$: Préservation) Si $A \leftrightarrow B$ alors $[E] \triangleleft A = [E] \triangleleft B$
— ($[E] \triangleleft 7$: Intersection) ($[E] \triangleleft A) \cap ([E] \triangleleft B) \subseteq [E] \triangleleft (A \wedge B)$
— ($[E] \triangleleft 8$: Conjonction) Si $A \notin [E] \triangleleft (A \wedge B)$, alors $[E] \triangleleft (A \wedge B) \subseteq [E] \triangleleft A$

Explication

— ($[E] \triangleleft 1$: Clôture) affirme que le résultat final est une théorie. C'est-à-dire que la contraction d'un ensemble de croyances donne toujours un ensemble de croyances.
— ($[E] \triangleleft 2$: Inclusion) stipule que lorsque la contraction s'opère, aucune nouvelle information n'est ajoutée à la base à l'ensemble de croyances.
— ($[E] \triangleleft 3$: Vacuité) formule que si l'information A, lors de la contraction, n'a pas été prise en compte par l'ensemble de croyances $[E]$, alors il n'y a pas d'opération à accomplir pour retirer A de l'ensemble de croyances car l'information n'a pas eu de conséquence notable sur l'ensemble de croyances initiales.
— ($[E] \triangleleft 4$: Succès) ce quatrième postulat affirme que l'opération de la contraction sera une réussite si A n'est pas une tautologie. C'est-à-dire que l'information qui a été contractée n'est pas une conséquence logique de l'ensemble qui a subi la contraction. Alors, il est dit de cette opération qu'elle s'est effectuée avec succès.
— ($[E] \triangleleft 5$: Restauration) assure que lorsque nous opérons une contraction de l'ensemble de croyances $[E]$ par A, et par la suite, nous accomplissons une opération d'expansion par A, nous aurons comme résultat final $[E]$.
— ($[E] \triangleleft 6$: Préservation) stipule que si deux propositions sont équivalentes alors, la contraction de la première est la même que celle

de la deuxième. Ainsi, le résultat d'une contraction ne dépend pas forcément de la syntaxe de l'information.
— ([E]◂7 : Intersection) affirme que l'intersection de la contraction de l'ensemble de croyances par A et de celle de B doivent être la contraction de la conjonction de A et de B.
— ([E]◂8 : Conjonction) ce dernier postulat exprime que l'opération de la contraction par la conjonction est minimale.

Les six premiers postulats sont des axiomes de base pour une opération de contraction. Et les deux derniers sont considérés comme des axiomes supplémentaires.

Par ailleurs, relativement à ce que nous avons dit plus haut, lors de l'opération de contraction, le nouvel ensemble ne devrait normalement plus contenir en son sein l'ensemble rétracté ou un ensemble qui implique ce dernier.[38] Cependant, nous remarquons que ce n'est pas souvent le cas. La contraction, dans ce cas, peut être effectuée par intersection totale ou partielle.[39]

— Dans le cas où l'opération de *contraction par intersection est totale* ou *Full Meet Contraction*, le résultat de la contraction est l'intersection de tous les ensembles de l'ensemble contracté qui n'implique pas A. Cette caractérisation de l'opération de contraction se saisit de manière formelle comme suit :

$[E]◂ A = \cap ([E] \perp A)$

— Dans le cas où tous les ensembles de croyances ne sont pas considérés, et que l'accent est mis seulement sur certains, on parle, dans ce cas, de *contraction par intersection partielle* ou *partial meet contraction*. Il existe alors une fonction γ qui sélectionne ces ensembles. Les critères de sélection se font selon la crédibilité des uns et des autres.[40] La contraction par intersection partielle[41] se conçoit de manière formelle comme suit :

$[E]◂ A = Cn(\cap \gamma ([E] \perp A))$

— Dans le cas où la fonction sélectionne un seul ensemble, on parle de *choix maximal* ou *maxi choice*. C'est-à-dire que la fonction a

---

38. A ce niveau, on parle de contraction sûre. Elle est basée sur l'idée de sécurisation des croyances. Une croyance est en sécurité lorsqu'elle n'implique pas l'information par laquelle la contraction s'est effectuée
39. Cf. (Konieczny, 1999, p.31) et Nzokou (2013)
40. Cf. (Konieczny, 1999, p.32)
41. La contraction par intersection totale est un cas particulier de la contraction par intersection partielle en ce sens que la fonction γ, dans ce cas, sélectionne tous les ensembles de l'ensemble contracté.

choisi le meilleur ensemble possible, le plus crédible. [42]

Toutes ces opérations nous ont permis de mettre en exergue l'attitude de l'information sur l'ensemble de croyances. Les unes peuvent être exprimées en fonction des autres à travers des identités qu'il convient d'énumérer.

Identité de Lévi

$[E]* A = ([E] \triangleleft \neg A) + A$

Cette identité donne la définition de la révision en fonction de la contraction et de l'expansion, c'est-à-dire, réviser un ensemble par A en effectuant la contraction de cet ensemble par A et par la suite l'ajouter à l'ensemble contracté.

Identité de Harper

$[E] \triangleleft A = [E] \cap ([E] * \neg A)$

L'identité de Harper, quant à elle, dit qu'il est possible de définir une opération de contraction si nous disposons d'une opération de révision.

Ces identités ont permis d'élaborer les deux théorèmes suivants :

Théorème 1. *Si l'opération de révision * satisfait de ([E]*1)à ([E]*6), alors, l'opération de contraction ◄ définie par l'identité de Happer satisfait ([E]◄1) à ([E]◄6). Aussi, ([E]*7) et ([E]*8) sont satisfaits alors ([E]◄7) et ([E]◄8) sont satisfaits pour l'opération de contraction ainsi définie.*

Théorème 2. *Si l'opération de contraction ◄ satisfait de ([E]◄1)à ([E]◄4) et ([E]◄6) et l'opération de l'expansion + satisfait ([E]+1)à ([E]+6), alors l'opération de révision par l'identité de Levi satisfait ([E]*1)à ([E]*6). Aussi, si ([E]◄7) et ([E]◄8) sont satisfaits alors ([E]*7) et ([E]*8) sont satisfaits pour la révision ainsi définie.*

Tous ces postulats que nous avons susmentionnés ont été critiqués vu leur caractère souvent intuitif. Parmi ces postulats, le plus critiqué est ([E] ◄ 5 : Restauration). Il semble que celui-ci crée une attitude néfaste pour les autres propriétés de contraction. Qu'est-ce qu'il en est réellement de ces critiques ? Nous allons les aborder dans le point suivant.

---

42. Pour plus d'explications, consulter Alchourrón et Makinson (1982)

1.1 Contexte historique et présentation de la théorie AGM

1.1.4 Les critiques sur la théorie AGM

Nous voulons aborder dans cette partie quelques critiques faites à la théorie AGM. Cependant, il convient de noter que ces critiques ne remettent pas en cause la crédibilité de la théorie. L'une des critiques adressées à la théorie AGM est que ses méthodes utilisées sont très intuitives. Cette critique concerne tous les postulats. En effet, la théorie AGM utilise des bases closes déductives appelées théories. Cet aspect déductif de ces théories présente des difficultés du point de vue algorithmique car il est difficile de représenter certaines opérations de révision.[43]

Aussi, comme nous l'avons mentionné antérieurement, le postulat le plus critiqué est celui de la restauration (recovery). Ce postulat demande qu'après avoir effectué la contraction d'un ensemble par une information A, pour retrouver cet ensemble initial, il faut procéder à l'expansion par cette information.[44] Le problème est que l'ajout de l'information qui a été préalablement retirée, crée des problèmes pour que le système puisse l'accepter à nouveau.[45]

Heureusement qu'il n'intervient pas lorsque nous définissons une opération de la révision sur la base de celle de la contraction.[46] Mais, c'est plutôt dans la réalisation d'une simple opération de contraction que se pose le problème. A cette critique du postulat de restauration, vient s'ajouter celui du succès ($[E]*2$). Ce postulat affirme que la nouvelle information est plus fiable que l'ensemble de croyances, donnant ainsi la priorité à l'information. Cependant, il faut souligner qu'il y a des cas où la nouvelle information n'est pas forcément la plus fiable. Il faut donc pour cela, effectuer une semi-révision. Elle consiste à adopter une méthode drastique qui est de ne pas tenir totalement compte de cette information peu fiable. Il faut cependant souligner que même si cette information est peu fiable, elle renferme des contenus épistémiques qui pourraient nous intéresser.[47]

---

43. Considérer des bases déductivement closes ne permettent pas à l'opération de révision d'être effectuée en bonne et due forme. Il est difficile de réviser des systèmes complexes.

44. Cf. Rott et Pagnucco (1999) et Nayak *et al.* (2003)

45. C'est à juste titre que Makinson affirme ceci : *The only one amoug the six ($[E]$◂1) à ($[E]$◂6) that is open to query from the point of the view of acceptability under its intended reading*

46. La restauration n'est pas également nécessaire dans la définition d'une opération de révision à partir de la contraction et de l'identité de Lévy.

47. Prenons l'exemple du robot qui a pour tâche d'intégrer de nouvelles informations données par des capteurs fiables. Il va s'en suivre que ($[E]*2$) sera effectué sans difficulté alors que si les informations données par les capteurs sont peu fiables, ($[E]*2$) posera problème. En revanche on aura tout de même des informations sur l'état du monde.

L'une des critiques également évoquées est celle de l'itération. Cette dernière permet d'étudier les attitudes du système de croyances. Cependant, il n'existe pas de méthodes adéquates dans la théorie AGM pour réaliser ce processus. Ses propriétés ne favorisent pas de manière successive deux opérations de révision. Alors qu'une théorie de révision de croyances doit être capable d'effectuer le processus de l'itération avec succès.[48]

C'est justement à cause de toutes ces faiblesses susmentionnées que la théorie AGM a été fortement fustigée, même si elle a eu le mérite d'être la première théorie à élaborer une analyse formelle du processus de révision. A la suite de cette dernière, plusieurs autres théories de révision ont vu le jour. Au nombre de celles-ci, nous avons la théorie de la révision des croyances de Giacomo Bonanno, sur laquelle nous tablerons dans la section suivante.

1.2 La théorie de la révision des croyances de Giacomo Bonanno

Dans cette section, notre ambition est d'aborder la théorie de la révision de croyances de Bonanno afin d'exposer déjà les premiers résultats auxquels nous sommes parvenus. Ceux-ci constituent une introduction aux différentes contributions de notre travail de recherche. La théorie de la révision de Bonanno est une théorie qui est essentiellement basée sur la méthode AGM à laquelle, le théoricien assigne un cadre multimodal et temporel.[49] C'est la raison pour laquelle nous avons exposé cette théorie AGM. En effet, si la théorie AGM utilise l'axiomatique pour rendre compte de l'étude formelle du processus de révision, Bonanno quant à lui développe les différents postulats AGM dans un cadre formel multimodal et temporel. Il utilise pour ce faire, les outils de la logique modale et temporelle[50] pour analyser son approche.

Pour atteindre son but, Bonanno écrit une série d'articles [Bonanno (2007), Bonanno (2009), Bonanno (2010)] dans lesquels il développe trois types de logique. Il fournit ainsi un ensemble d'axiomes qui permettent de caractériser chaque logique en question. Mais avant d'exposer ces types de logique, présentons d'abord la syntaxe, la sémantique et l'axiomatique de la théorie de Bonanno.

---

48. La non-réalisation du processus d'itération est due au fait que cette opération ne maintienne pas les informations conditionnelles. Cf. Baroni et Giacomin (2009)
49. Plusieurs travaux dans cette lignée ont été développés. Nous pouvons citer Segerberg (1999), Segerberg (1995), Van Benthem (2007) et Board (2004)
50. La présentation de la logique modale et temporelle se fera dans le chapitre 5.

1.2 La théorie de la révision des croyances de Giacomo Bonanno

1.2.1 La syntaxe

Le langage de Bonanno est une extension du langage de la logique propositionnelle classique. Ce langage est construit à partir des propositions atomiques $(p, q, r \ldots)$, de connecteurs usuels $(\neg, \wedge, \vee, \rightarrow)$, de deux opérateurs de temporalité F et P, d'un opérateur de croyance B, d'un opérateur d'information I et d'un opérateur de tous les états A.

$$\varphi := p \mid \neg\varphi \mid \varphi \wedge \psi \mid F\varphi \mid P\varphi \mid B\varphi \mid I\varphi \mid A\varphi$$

Ces relations d'équivalence peuvent être définies de la manière suivante :

$$\neg P \neg \varphi := H\varphi \quad \neg F \neg \varphi := G\varphi$$

L'interprétation intuitive de ces opérateurs est la suivante :
— $F\varphi$: Pour chaque instant futur il est le cas que φ.[51]
— $P\varphi$: Pour chaque instant précédent il a été le cas que φ.
— $B\varphi$: L'agent croit que φ.
— $I\varphi$: L'agent est informé que φ.
— $A\varphi$: Il est vrai dans tous les états que φ.
— $H\varphi$: Pour un instant précédent il a été le cas que φ.[52]
— $G\varphi$: Pour un instant futur il a été le cas que φ.

1.2.2 La sémantique

Dans la sémantique de Bonanno, un modèle s'obtient par adjonction de la fonction de valuation V à un cadre de la forme $\langle T, R^T, W, R^{Bt}, R^{It} \rangle$ où $\langle T, R^T \rangle$ représente un cadre de temps branché.

Dans le cadre $\langle T, R^T \rangle$:
— T représente l'ensemble non vide d'instants t tel que $t \in T$.
— R^T la relation binaire sur T qui détermine le successeur et le prédécesseur immédiats d'un instant quelconque t. Elle satisfait les conditions suivantes : Pour chaque t_1, t_2 et $t_3 \in T$

1. Si $t_1 R^T t_3$, $t_2 R^T t_3$ alors $t_1 = t_2$.

---

[51]. Dans la logique temporelle standard, F et P ont une portée existentielle mais nous les utilisons ici, comme ayant une portée universelle. Cela est motivé par un souci de mettre l'accent sur l'expression du temps dans l'approche dialogique de Bonanno

[52]. Dans la logique temporelle standard, H et G ont une portée universelle mais nous les utilisons ici, comme ayant une portée existentielle.

2. Si $<t_1, ..., t_n>$ est une sequence avec $t_i R^T t_{i+1}$ pour chaque $i = 1$, ..., $(n-1)$, alors $t_1 \neq t_n$

La condition 1 signifie que chaque instant a un unique prédécesseur. La condition 2 exclut les cycles dans le cadre.

— $tR^T t_1$ signifie que t_1 est le successeur immédiat de t ou t est le prédécesseur immédiat de t_1. Chaque instant peut avoir plusieurs successeurs immédiats.
— $\langle R^T \rangle$ dénote l'ensemble de tous les successeurs immédiats de t.

Dans un cadre $\langle T, R^T, W, R^{Bt}, R^{It} \rangle$.

— $\langle T, R^T \rangle$ est un cadre de temps branché comme décrit plus haut,
— W est l'ensemble non vide de mondes possibles w tel que $w \in W$,
— $R^{Bt}(w_n)$ est une relation binaire sur W qui représente les croyances de l'agent à t. Cette relation exprime l'ensemble des mondes w_n qui sont B-accessible à l'instant t.
— $R^{It}(w_n)$ est une relation binaire sur W modélisant l'information qu'un agent peut recevoir à t. Cette relation exprime l'ensemble des mondes w_n qui sont I-accessible à l'instant t.

La relation de croyance peut être considérée comme une relation KD45 dans la logique modale et la relation d'information comme les systèmes S4 ou S5 mais nous notons que Bonanno laisse ces options ouvertes.

Un modèle M est représenté par l'ensemble $\langle T, R^T, W, R^{Bt}, R^{It}, V \rangle$, où :

— $M, (w, t) \vDash p$ si et seulement si $w \in V(p)$ à t
— $M, (w, t) \vDash \neg p$ si et seulement si $M, (w, t) \nvDash p$
— $M, (w, t) \vDash (p \wedge q)$ si et seulement si $M, (w, t) \vDash p$ et $M, (w, t) \vDash q$
— $M, (w, t) \vDash (p \vee q)$ si et seulement si $M, (w, t) \vDash p$ ou $M, (w, t) \vDash q$
— $M, (w, t) \vDash (p \rightarrow q)$ si et seulement si $M, (w, t) \vDash \neg p$ ou $M, (w, t) \vDash q$
— $M, (w, t) \vDash Fp$ si et seulement si $M, (w, t_n) \vDash p$ pour chaque instant futur $t_n \in T$ tel que $(tR^T t_n)$
— $M, (w, t) \vDash Pp$ si et seulement si $M, (w, t_n) \vDash p$ pour chaque instant précédent $t_n \in T$ tel que $(t_n R^T t)$
— $M, (w, t) \vDash Bp$ si et seulement si $M, (w_n, t) \vDash p$ pour chaque $w_n \in W$ tel que $(wR^{Bt} w_n)$
— $M, (w, t) \vDash Ip$ si et seulement si $M, (w_n, t) \vDash p$ pour chaque $w_n \in W$ tel que $(wR^{It} w_n)$ et qu'il n'y a pas d'autres mondes dans lesquels p est vrai à t.

- $M,(w,t) \models Ap$ si et seulement si $M,(w_n,t) \models p$ pour chaque $w_n \in W$
- $M,(w,t) \models Hp$ si et seulement si $M,(w,t_n) \models p$ pour un instant précédent $t_n \in T$ tel que $(t_n R^T t)$
- $M,(w,t) \models Gp$ si et seulement si $M,(w,t_n) \models p$ pour un instant futur $t_n \in T$ tel que $(t R^T t_n)$

1.2.3 L'axiomatique

L'axiomatique de Bonanno est définie à partir des axiomes et règles suivants.
- Axiome K pour B : $B(\varphi \to \psi) \to (B\varphi \to B\psi)$
- Axiome K pour F : $F(\varphi \to \psi) \to (F\varphi \to F\psi)$
- Axiome K pour P : $P(\varphi \to \psi) \to (P\varphi \to P\psi)$
- Axiome K pour A : $A(\varphi \to \psi) \to (A\varphi \to A\psi)$

Axiomes temporels
- $\varphi \to F(\neg P \neg \varphi)$ ou $\varphi \to F(H\varphi)$
- $\varphi \to P(\neg F \neg \varphi)$ ou $\varphi \to P(G\varphi)$
- Axiome T pour A : $A\varphi \to \varphi$.
- Axiome S5 pour A : $\neg A\varphi \to A \neg A\varphi$
- Inclusion axiome B : $A\varphi \to B\varphi$
- Axiome exprimant le caractère non-standard de I : $(I\varphi \wedge I\psi) \to A\varphi \leftrightarrow \psi$.
$A(\varphi \leftrightarrow \psi) \to (I\varphi \leftrightarrow I\psi)$.

règles d'inférences
- Modus ponens : Si φ et $\varphi \to \psi$ alors ψ
- Necessitation pour A : si φ alors $A\varphi$
- Necessitation pour F : si φ alors $F\varphi$
- Necessitation pour P : si φ alors $P\varphi$

Après avoir présenté la syntaxe, la sémantique et l'axiomatique, nous nous intéressons maintenant aux trois types de logique que Bonanno a allégué principalement dans Bonanno (2009).

1.2.4 La première Logique : The weakest logic of belief revision

Cette première logique capture la notion la plus basique de minimalité de la révision des croyances. Elle vise à modéliser la manière dont les croyances d'un agent peuvent changer dans le temps notamment dans la prise en compte d'une information factuelle. Ici, Bonanno n'utilise que des formules booléennes.[53] Cette logique n'impose pas de restrictions. Il fournit dans la L_W (Weak Logic) trois axiomes dont les formulations formelles sont les suivantes :

1. $(B\varphi \land \neg B\neg\varphi \land B\psi) \rightarrow F(I\varphi \rightarrow B\psi)$
2. $(B\varphi \land \neg B\psi) \rightarrow F(I\varphi \rightarrow \neg B\psi)$
3. $(I\varphi \land H(B\varphi \land \neg B\neg \varphi)) \rightarrow (B\psi \rightarrow HB\psi)$

Le premier axiome dont Bonanno fait mention stipule que si l'agent croit que φ et croit aussi que ψ et que sa croyance de φ est non-trivial. Alors à chaque instant dans le futur, s'il est informé que φ alors il sera toujours le cas que l'agent croit que ψ.

Cela signifie que si l'agent est informé d'un fait qu'il croit non-trivial, alors il n'abandonne pas ses croyances factuelles. Prenons les exemples ci-dessous.

Exemple 1 :
Supposons que Marie croit que le portail de l'église est fermé et considère possible que le portail de l'église soit fermé et qu'elle croit que la cloche de l'église a sonné. Alors plus tard, si elle est informée que le portail de l'église est fermé alors elle croit toujours que la cloche de l'église a sonné.

Dans cet exemple, nous remarquons que l'information est reçue par le biais d'un fait. Elle n'impose pas de conditions. Bonanno nomme cet axiome *Weak No Drop (WND)*, pour exprimer la faiblesse du No Drop.

Le deuxième axiome qu'il présente renferme aussi l'idée de faiblesse. Et cela pour dire que le changement qui s'opère dans ce cas est minimal. Cet axiome, il le nomme *Weak No Add (WNA)*. Ici également, φ et ψ sont factuelles. Il soutient que si l'agent croit que φ et ne croit pas que ψ alors si à chaque instant dans le futur s'il est informé que φ alors il ne croit toujours pas que ψ. Cela veut dire que l'agent n'ajoute pas à ses croyances factuelles, les croyances dont il n'a pas l'information. Cette idée est exprimée informellement comme suit :

Exemple 2 :
Supposons que Marie croit que le portail de l'église est fermé et elle ne croit pas que la cloche de l'église a sonné. Alors plus tard, si elle est informée que le portail de l'église est fermé, alors elle ne croit pas que la cloche de l'église a sonné.

---

53. Les formules booléennes sont celles qui ne contiennent pas d'opérateurs modaux.

1.2 La théorie de la révision des croyances de Giacomo Bonanno

Bonanno allègue un troisième axiome qui capture véritablement l'idée de cette première logique, celle de la notion de changement minimal.

Cet axiome stipule que si l'agent est informé que φ et dans un instant dans le passé, l'agent croit φ et qu'il croit possible que φ alors s'il croit que ψ est équivalent à HBψ. Autrement dit, si l'agent est informé de quelque chose qu'il croit non-trivial dans un instant dans le passé alors il croit à un fait si et seulement s'il croyait que ce fait était le cas.

Exemple 3 :
Supposons que Marie est informée que le portail de l'église est fermé et dans un instant dans le passé elle croit que le portail de l'église est fermé. Et elle croit possible le portail de l'église soit fermé. Alors, si elle croit que la cloche de l'église a sonné alors elle croit que la cloche de l'église a sonné.

1.2.5 La seconde Logique : Logic of Qualitative Bayes Rule

Cette logique est le renforcement de la weakest logic, c'est-à-dire qu'elle est forte contrairement à la *weakest logic*. Nous le constatons à travers la formulation des différents axiomes que renferme cette logique. Bonanno fournit de même trois axiomes : *No Drop*, *No Add* et *QA*. Les deux premiers sont les correspondants des deux premiers axiomes que nous avons évoqués dans la logique précédente.[54]

De manière formelle, ils sont notés comme suit :

1. $(\neg B\neg\varphi \wedge B\psi) \to F(I\varphi \to B\psi)$ [55]
2. $\neg B\neg(\varphi \wedge \neg \psi) \to F(I\varphi \to \neg B\psi)$
3. $\neg B\neg\varphi \to F(I\varphi \to B\varphi)$

Le premier *No Drop* correspond à *WND*.[56] Nous constatons que la condition Bφ de l'antécédent est abandonnée. Nous soulignons que φ et ψ sont toujours des formules booléennes.

Le second axiome est *No Add*, il correspond à *WNA* de la première logique. Ici, l'agent croit possible à la fois φ et $\neg \psi$.

Le dernier axiome *QA* pour cette logique stipule que si l'agent croit possible φ alors si plus tard s'il est informé que φ alors il croit que φ.

---

54. Cf. (Bonanno, 2009, pp.8-9)
55. $\neg B\neg\varphi$ se traduit informellement par l'agent croit possible que φ.
56. Ici, nous présenterons de manière très succincte les axiomes, car nous y reviendrons pour plus de détails.

L'information ici n'est pas surprenante, elle est crue. Cet axiome QA est souvent identifié au succès de la théorie AGM.[57]

1.2.6 La troisième Logique : Logic of AGM

Comme son nom l'indique, cette logique est essentiellement basée sur la théorie AGM. Certains de ses axiomes sont liés à certains postulats de la théorie AGM.[58] Du point de vue pratique, elle est plus forte que les deux types de logique mentionnés ci-dessus. Elle est le renforcement de la *Logic of Qualitative Bayes Rule* à laquelle il ajoute quatre autres axiomes (A, $K7$, $K8$ et WC).

Leur formulation formelle donne ce qui suit :

1. $I\varphi \to B\varphi$
2. $G(I(\varphi \wedge \psi) \wedge B\chi) \to F(I\varphi \to B((\varphi \wedge \psi) \to \chi))$
3. $G(I\varphi \wedge \neg B\neg(\varphi \wedge \psi) \wedge B(\psi \to \chi)) \to F(I(\varphi \wedge \psi) \to B\chi)$
4. $(I\varphi \wedge \neg A\neg \varphi) \to (B\psi \to \neg B\neg \psi)$

Le premier axiome se nomme Acceptance. Il est le renforcement de l'axiome Qualitative Acceptance. Il stipule que si l'agent est informé que φ alors il croit que φ.

Le deuxième axiome de cette catégorie est $K7$. Il doit cette appellation au postulat 7 de l'opérateur de révision de la théorie AGM qui est considéré comme son correspondant. Cet axiome dit que si dans un instant futur, l'agent est informé que $(\varphi \wedge \psi)$ et qu'il croit que χ alors dans chaque instant dans le futur, s'il est informé que φ alors il croit que si $(\varphi \wedge \psi)$ alors χ.

Le troisième axiome affirme que si dans un instant futur l'agent est informé que φ et s'il croit possible que $(\varphi \wedge \psi)$ et il croit que si ψ alors χ alors à chaque instant dans le futur s'il est informé que $(\varphi \wedge \psi)$ alors il croit que χ. Cet axiome correspond au postulat 8 de l'opérateur de révision de la théorie AGM : d'où son nom $K8$.

Le quatrième axiome stipule que si l'agent reçoit des informations consistantes alors ses croyances sont aussi consistantes. Il reflète une faible consistance.

Par ailleurs, la notion d'itération a été abordée par Bonanno dans son article intitulé : *Belief change in branching time : AGM-consistency and iterated revision.*[59] Dans cet article, il développe un ensemble d'axiomes

---

[57]. Dans la théorie de Bonanno et dans la théorie AGM, l'information est fiable donc acceptée.

[58]. Dans l'approche de la révision des croyances de Bonanno, les croyances initiales sont identifiées aux ensembles déductifs clos *[E]*.

[59]. Cf. Bonanno (2010)

1.2 La théorie de la révision des croyances de Giacomo Bonanno

tout en essayant de mettre en exergue la notion d'itération. Ainsi pour atteindre cet objectif, il introduit de nouveaux axiomes modifiant certains axiomes qu'il avait mentionné dans ses articles précédents.[60]

Nous avons, pour l'essentiel, présenté la théorie de la révision des croyances de Bonanno. Pour ce qui suit, nous nous attarderons sur les différents axiomes qui nous intéresserons dans les chapitres suivants et tout au long de cette investigation heuristique à savoir No Drop, No Add, Acceptance,, Equivalence et Consistency. Nous les rappellerons très sommairement en fournissant des exemples.

No Drop : $(\neg B \neg \varphi \wedge B \psi) \to F(I\varphi \to B\psi)$.

Si l'agent croit possible que φ et qu'il croit que ψ alors, à un instant futur, s'il a l'information que φ alors il croit que ψ.

Cet axiome stipule que si l'information reçue n'est pas en contradiction avec les croyances initiales de l'agent alors il ne laisse pas tomber ses croyances.

Exemple de No Drop

Nous sommes dimanche et Marie se promène dans la ville qui compte un centre commercial et une boulangerie qui se trouve dans le centre commercial. Marie voit quelqu'un passer avec du pain, elle croit possible, en ce moment, que le centre commercial est ouvert et elle croit aussi que la boulangerie est ouverte sous l'hypothèse que le centre commercial n'est pas fermé le dimanche. Plus tard, en se dirigeant vers ce centre commercial, elle est informée par son ami Pierre que le centre commercial est ouvert, alors Marie continue de croire que la boulangerie est ouverte.

No Add : $\neg B \neg (\varphi \wedge \neg \Psi) \to F(I\varphi \to \neg B\Psi)$.

Si l'agent croit possible $(\varphi \wedge \neg \Psi)$, dans chaque instant possible, s'il a l'information que φ alors il croit que $\neg \Psi$.

Cet axiome dit que l'agent ne peut pas ajouter à ses croyances une dont la négation fait partie de son ensemble de croyances initiales.

Exemple de No Add

Alain se réveille le matin et il croit possible qu'aujourd'hui est dimanche et que la sonnette de l'école ne va pas sonner car sa mère n'est pas passée dans sa chambre pour le réveiller pour l'école. Plus tard, il est informé qu'aujourd'hui est dimanche alors il continue de croire que la sonnette de l'école ne va pas sonner.

Acceptance : $I\varphi \to B\varphi$

---

60. Virginie Fiutek a nommé certains de ces axiomes dont Equivalence, Consistency. Cf. Fiutek (2011)

Si l'agent est informé que φ, alors il croit que φ (peu importe si l'agent considérait φ possible ou non). Cet axiome stipule que la nouvelle information est digne de croyance.

Exemple Acceptance

Si Mariette est informée que Tweety est un oiseau qui chante alors elle croit que Tweety est un oiseau qui chante.

Equivalence : $\neg F \neg (I\psi \wedge B\varphi) \rightarrow F(I\psi \rightarrow B\varphi)$

Si un instant futur, si l'agent est informé que ψ et qu'il croit que φ alors, dans chaque instant dans le futur, s'il est informé que ψ alors, il croit que φ.

Cet axiome stipule que les différences dans les croyances sont dues aux différences dans les informations .

Exemple Equivalence

S'il est possible que dans un instant futur Noël est informé que la Chine est la plus grande puissance économique mondiale et qu'il croit que les États-unis ne sont plus la première puissance mondiale. Alors si plus tard, il est informé que la Chine est la plus grande puissance économique mondiale alors il continue de croire que les États-unis ne sont plus la première grande puissance.

Consistency : $B\varphi \rightarrow \neg B \neg \varphi$

Si l'agent croit que φ alors, il croit possible que φ.

L'axiome Consistency affirme que nos croyances sont consistantes.

Exemple Consistency

Si Prunelle croit que le plus grand avion est A380 alors elle croit possible que le plus grand avion est A380

Notre objectif dans ce premier chapitre était d'exposer les deux théories de la révision des croyances que nous estimons indispensables à notre travail de thèse, à savoir la théorie AGM et la théorie de la révision des croyances de Giacomo Bonanno. Nous retenons globalement que ces théories ont en commun la volonté de rendre formel le processus de révision. La première pour atteindre cet objectif, utilise des ensembles de propriétés. La seconde quant à elle, se sert d'un cadre multimodal pour formaliser le processus de révision. Cependant, ces théories sont-elles efficaces pour prendre en compte tous les aspects interactifs de la signification du processus de révision ? Autrement dit, requièrent-elles des structures plus dynamiques, plus pratiques pour mettre en évidence le

1.2 La théorie de la révision des croyances de Giacomo Bonanno

processus de révision ? Pour répondre à ces interrogations, nous allons mettre en évidence, dans la section suivante, le lien entre les dialogues et les tableaux sémantiques dans le contexte de révision des croyances de Bonanno. Mais avant, présentons la logique dialogique dans ses détails. Cette présentation est très importante dans la mesure où la logique dialogique constitue l'une des bases de notre approche. C'est pourquoi, nous insisterons amplement sur l'exposé de son contexte historique en rapport avec plusieurs approches développées récemment.

Chapitre 2

Jeux de dialogues et logique dialogique

Depuis la logique traditionnelle, dominée par la combinaison des jeux dialectiques et la théorie du syllogisme, l'interface entre l'argumentation, le raisonnement et la connaissance s'est accentuée. Ce qui a permis de structurer le dynamisme dans les débats scientifiques, plus précisément dans l'argumentation rationnelle. Cependant autour du $20^{\text{ème}}$ siècle, l'axiomatisation de la logique a créé un fossé entre la logique, l'argumentation et la théorie de la connaissance. Des programmes de recherche développés en logique mathématique ne s'intéressaient pas aux aspects interactifs et à la théorie de la signification dans la logique. Ainsi, dans l'optique de restaurer le lien entre la connaissance et le raisonnement logique, plusieurs approches formelles ont été échafaudées dont le but était de récupérer les aspects épistémiques et les aspects interactifs de la logique perdus après son axiomatisation.

Au nombre de ces approches, nous pouvons citer entre autres l'intuitionnisme, la logique épistémique, la logique dialogique. Cette dernière a été développée à la fin des années 1950 par Paul Lorenzen et approfondie par Kuno Lorenz. Inspirée par la conception de *la signification comme usage* de Wittgenstein, l'idée de base de l'approche dialogique de la logique, se trouve dans la signification des constantes logiques données par les normes ou les règles pour leur usage.

Cette propriété de la sémantique qui la sous-tend incite l'idée que la dialogique doit être comprise comme une sémantique pragmatiste. Dans le but de disséquer ce concept de logique dialogique, nous l'examinons en rapport avec plusieurs approches développées récemment telles que la logique linéaire, l'approche pragmatiste l'inférentialiste de Robert Brandom.

2.1 Le virage dialogique

Des recherches récentes démontrent que la théorie des expressions quantifiées d'Aristote et la notion du raisonnement formel prennent leurs racines dans certaines règles spécifiques des jeux dialectiques des *Topiques*. Ainsi, contrairement au point de vue traditionnel du rôle des *Topiques* d'Aristote, l'approche argumentative constitue l'essentiel de sa théorie de la signification des constantes logiques, et probablement, de toute sa philosophie de la science.

Après Aristote, notamment au cours du $20^{\text{ème}}$ siècle, plusieurs programmes de recherches se sont développés dans le domaine de la logique mathématique, créant une rupture théorique radicale entre la notion de connaissance et de l'objet de la logique. Plus précisément, la théorie de l'inférence et la théorie du raisonnement dialectique ont perdu leurs aspects dynamiques et épistémiques dans la logique. Ainsi, pendant les années qui ont immédiatement suivi l'échec du projet du positivisme logique, le lien entre la science en tant qu'ensemble de connaissances et la science comme un processus d'acquisition de connaissances a été rompu.

Toutefois, comme nous pouvons le constater très souvent en philosophie, les idées de la tradition ancienne sont reprises pour souligner les erreurs des mouvements plus jeunes et iconoclastes. C'est exactement ce qui s'est passé avec la relation entre la logique et la connaissance. L'inclusion ou l'exclusion du mouvement épistémique dans l'analyse du concept de proposition a provoqué des vifs débats empreints de passion.

En 1955, Paul Lorenzen a proposé une approche opérative. Cette approche avait pour objet, les liens conceptuels et techniques qui existent entre la procédure de la connaissance et la connaissance elle-même. Les idées de l'*Operative Logik* de Lorenzen comme le souligne Schröder-Heister (2008), ont eu des conséquences sur la littérature de la théorie de la preuve et mérite donc beaucoup d'attention. En effet, la notion de l'harmonie formulée par des logiciens qui a favorisé les approches épistémiques, plus particulièrement celle de Dag Prawitz, ont été influencées par les notions de l'admissibilité et de l'inversion de Lorenzen.

Les approches épistémiques qui se sont étiquetées "antiréalistes", suivant l'approche de Michael Dummett, ont puisé leurs arguments formels dans la mathématique de Brouwer et la logique intuitionniste. Les autres approches ont continué leur chemin avec les arguments de la tradition Frege-Tarski.

L'image décrite précédemment est, toutefois, incomplète. Il convient alors de signifier que, déjà dans les années 1960, la logique dialogique développée par Paul Lorenzen et Kuno Lorenz a été conçue en réponse à un certain nombre de discussions relatives à l'approche opérative de Lorenzen. Inspirée par *la signification comme usage* de Wittgenstein, la logique dialogique est basée sur l'idée que la signification des constantes logiques est donnée par les normes ou les règles de leurs usages. Cette approche représente une alternative des deux sémantiques : la sémantique des modèles et celle de la notion de preuve.

Dans cette même période des années 1960, Jaakko Hintikka a échafaudé la théorie de modèles en combinant les approches épistémiques modales et les traditions ludiques (ou traditions basées sur la théorie des jeux) pour développer ce qui est appelée aujourd'hui la *logique épistémique explicite*. Selon ce modèle, le contenu épistémique est introduit dans le langage comme un opérateur qui fournit des propositions plutôt que des contraintes métalogiques de la notion d'inférence. Ce type d'opérateur a été rapidement généralisé pour inclure plusieurs attitudes propositionnelles comme la connaissance et la croyance.

La sémantique ludique de Hintikka (appelé *Game Theoretical Semantics (GTS)*) enracine, comme c'est le cas dans le cadre dialogique, les concepts de la vérité ou validité dans des concepts de la théorie des jeux. Cependant, à la différence de la dialogique, la sémantique ludique de Hintikka construit sa théorie de la signification sur la notion de modèles.

Les jeux, comme le souligne Johan Van Benthem, comprennent une forte intersection entre ce que les agents ont comme connaissances et la manière dont ils agissent. La prééminence de ce paradigme en logique n'est pas à sous-estimer. Toutefois, notons encore que ce développement comprend aussi une extension majeure du point de vue classique. Les jeux sont typiquement un processus d'interaction comprenant plusieurs agents. Et effectivement, beaucoup de discussions en logique aujourd'hui ne concernent plus les notions d'agents-zéro telle que la vérité, ou des notions d'agents individuels telle que la preuve, mais concernent plutôt le processus de la vérification, l'argumentation, la communication ou, en général, l'interaction.

En fait, cette nouvelle tendance dans laquelle les opérateurs épistémiques sont combinés avec une approche théorique de jeux a eu un renouvellement parallèle dans les domaines de l'informatique théorique, la linguistique computationnelle, l'intelligence artificielle et la sémantique formelle de la programmation des langages. Cette tendance a été déclenchée par l'œuvre de Johan Van Benthem et ses collaborateurs à Amsterdam qui n'ont pas considéré seulement l'interface entre la logique et les jeux, mais ont aussi fourni des nouveaux outils efficaces pour régler le problème de l'expressivité d'un langage.[61] Plus spécifiquement,

---

61. Cf. Van Benthem (2011) et Van Benthem et Dégremont (2010).

2.1 Le virage dialogique

cette interface donne la capacité à la logique modale propositionnelle d'exprimer des fragments décidables de la logique du premier ordre.

Nous pouvons aussi évoquer le cas de nouvelles données de la logique linéaire fourni par J-Y Girard. Ces données constituent, d'une part, l'interface entre la théorie de jeux en mathématique et la théorie de preuve et d'autre part, la théorie d'argumentation et la logique. Ces approches ont inspiré d'autres travaux qui plaçaient les jeux sémantiques au cœur d'un nouveau concept de la logique connu sous le nom de l'*instrument dynamique de l'inférence*.[62]

Un virage dynamique, d'après Van Benthem, est en cours, et le travail de Kuno Lorenz est une étape décisive dans ce virage. En effet, le travail de Lorenz pourrait être qualifié comme le virage dialogique qui a rétabli le lien entre le raisonnement dialectique et l'interaction de l'inférence. Ce lien établit l'idée de base de plusieurs travaux qui sont en cours dans l'histoire et la philosophie de logique. Ces travaux datent des traditions indiennes, chinoises, grecques, arabes et jusqu'aux développements les plus contemporains de l'étude de l'interaction épistémique.

Cependant, à l'exception du célèbre article d'Aarne Ranta (1988), la position dynamique sur la conception épistémique de la logique dans ces deux formes : l'approche dialogique et celle qui est basée sur la GTS de Hintikka. Cette dernière ne prenait pas en compte l'approche épistémique à la logique appelée *Théorie Constructive des Types* (CTT).

Ce cadre propose un développement de l'isomorphisme de Curry-Howard. Il introduit des types dépendants et permet la formulation d'un langage entièrement interprété avec du contenu qui remet en cause l'approche standard métalogique de la sémantique formelle basée sur les modèles. En effet, c'est un langage entièrement interprété et inférentiel basé sur la CTT et parfaitement appliqué non seulement à la sémantique des langues naturelles, mais aussi aux fondations de la logique, l'informatique et de la mathématique constructive.

Au niveau philosophique, la CTT partage le point de vue kantien qui affirme que les jugements, et non les propositions, constituent les fondements de la connaissance. Selon cette perspective, l'ontologie de base est déterminée par les deux formes de jugement, à savoir les jugements catégoriques avec des éléments de preuves indépendants et les jugements hypothétiques avec des éléments de preuve dépendants c'est-à-dire les fonctions.

Cependant, le fait que jusqu'ici, il n'y a pas d'interface entre les approches théoriques des jeux et la CTT est particulièrement étonnant,

---

62. Cf. Blass (1992) et Lecomte et Quatrini (2010)

vu que le cadre dialogique et la logique constructive se construisent sur des bases philosophiques communes.

Une manière d'expliciter cette interface est de suivre la conception de Mathieu Marion sur le lien entre la dialogique et l'opinion pragmatiste de Robert Brandom (1994, 2000) sur l'inférentialisme. Cette opinion est motivée par deux constats faits par l'approche kantienne et celle de la lecture que Brandom a fait de Hegel :

— Les jugements sont des éléments fondamentaux de la connaissance.
— L'action et la cognition humaines sont caractérisées par certaines formes de vérification normative.
— La communication est principalement une coopération dans une activité sociale jointe plutôt qu'une activité de partage de contenu.

L'idée principale de l'approche épistémique, comme nous l'avons déjà susmentionnée, est que l'assertion ou le jugement équivaut à l'acquisition de connaissance, ce qui est indépendant du point de vue classique ou intuitionniste.[63] Alors, si la signification d'une expression est déployée dans des assertions, alors on obtient une approche épistémique à la signification.

En ce qui concerne le deuxième point, selon Brandom, l'aspect normatif est concrétisé via la notion *des jeux de questions et de réponses sur des raisons* de W. Sellars. Cette notion fait intervenir l'interaction des engagements et des droits. Effectivement, d'après le point de vue de Brandom, la chaîne des engagements et des droits dans un jeu d'offres et de demandes des raisons constitue le lien entre jugement et inférence. Sundholm (2013) offre la formulation suivante de la notion de l'inférence dans un contexte communicatif qui peut être analysé aussi comme une description de l'inférentialisme pragmatiste de Brandom :

> *When I say "Therefore" I give others my authority for asserting the conclusion, given theirs for asserting the premises*

Cette conception est assez proche de l'idée de base de l'approche dialogique à la signification. Néanmoins, il y a une distinction cruciale entre les deux. En effet, l'approche pragmatiste de la signification du cadre dialogique tout comme l'inférentialisme pragmatiste de Brandom considèrent que la signification d'une expression linguistique est liée au rôle de l'expression linguistique des jeux de questions et de réponses. Et confirme aussi la notion de justification de jugement de Brandom comme étant un ensemble d'engagements et de droits. La différence essentielle

---

63. Cf. (Prawitz, 2012, p. 47)

2.1 Le virage dialogique

entre ces deux approches est le fait que les dialogiciens stipulent que les niveaux fondamentaux doivent être distingués. Nous y reviendrons dans les prochains chapitres. Ces niveaux sémantiques incluent :

1. La description de la manière de formuler une question adéquate à une affirmation, et la manière d'y répondre.
2. Le développement des jeux constitué, par plusieurs combinaisons, des séquences de questions et de réponses proposées aux affirmations d'une thèse.

D'un point de vue dialogique, le niveau des jugements correspond à la dernière étape de la chaîne d'interactions susmentionnée. Plus précisément, les justifications des jugements correspondent au niveau des stratégies gagnantes qui sélectionnent les jeux. Elles se révèlent déterminantes pour tirer des inférences.

Nous tenons à signaler que les distinctions qui sont faites à l'intérieur du cadre dialogique entre la signification locale, le niveau structurel et le niveau de la stratégie semblent donner une réponse à la question posée par Brandom concernant son hypothèse d'*acquisition des concepts*. Cette dernière symbolise la maîtrise des rôles inférentiels. Toutefois, cela ne veut pas dire que pour considérer un concept particulier comme étant acquis, l'individu doit être capable de faire ou d'endosser en pratique toutes les bonnes inférences qui y sont incluses. Pour participer au jeu, il faut faire assez de bonnes actions.[64]

Pour acquérir la signification d'une expression, nous ne sommes pas dans l'obligation d'avoir une stratégie de victoire pour comprendre cette expression, et plus généralement, nous ne sommes pas dans l'obligation de gagner. Ce qui est requis, c'est que le joueur sache les actions importantes auxquelles il a droit et est engagé (signification locale).

Prenons à titre exemplatif le scénario suivant : le fait de savoir jouer aux échecs ne signifie pas qu'on est en possession d'une stratégie gagnante. Savoir jouer nous permet de connaître les stratégies qui peuvent mener à une victoire, si jamais, il y en a.

Par conséquent, une façon de comprendre le travail de Rahman et Clerbout (2015) est de donner les éléments qui lient l'approche pragmatique, l'acquisition des concepts de Brandom et l'approche constructive de la théorie de la preuve. Nous n'allons pas étudier dans ce texte l'élaboration rigoureuse d'un langage entièrement interprété dans les termes de l'approche dialogique constructive qui correspond à l'inférentialisme pragmatique de Brandom. Mais, nous considérons dans un premier temps

---

64. Cf. (Brandom, 1994, p. 636)

les idées philosophiques générales qui sous-tendent la théorie dialogique de la signification.

2.1.1 Les prédicateurs et les règles prédicateurs

L'approche standard du langage formel des fondements de la science, comme le souligne Sundholm (1997), fait du langage un objet métamathématique dans lequel la syntaxe est liée à la sémantique par l'assignation des valeurs de vérité à des chaînes des signes non interprétées (formules). Aujourd'hui, plusieurs reconstructions des systèmes logiques de la tradition historique suivent ce point de vue métalogique des langages formels et les fondements de la science développés au milieu des années 1930.

Cependant, comme nous le savons, ce point de vue ne s'applique pas aux idées du père de la logique formelle moderne Frege, en ce sens que les travaux réalisés avant l'influence de Hilbert, Gödel, Bernays et Tarski, représentent les expressions d'un langage scientifique exprimant un contenu. Le développement de langage entièrement interprété est l'une des caractéristiques de la théorie constructive des types d'aujourd'hui basée sur l'objectif qui est de rendre explicite, au niveau du langage, la signification des termes qui y interviennent. Ce mouvement contre le courant dominant était déjà présent dans le projet d'un *Orthosprache* proposé par le constructivisme d' Erlagen en 1970, qui a interrogé aussi l'approche du courant dominant à la théorie analytique de la signification de leur époque.

Le terme *Orthosprache* a été inventé par Paul Lorenzen.[65] L'idée qui le sous-tend est explicite : le développement constructif se fait par *l'introduction des exemples (exemplarisch)* dans le langage pour déterminer une terminologie scientifique. La qualification par des exemples fait référence à l'une des idées de la philosophie globale du langage de l'école d'Erlangen, à savoir l'idée que nous comprenons un individu par le fait qu'il illustre quelque chose. Les théoriciens de types le qualifient comme illustrant *un type*.

> *Yet even science cannot avoid the fact that things do not proffer themselves everywhere as different of their own accord, more often in important areas (e.g. in the social or historical sciences) science must decide for itself what it wants*

---

65. Cf. Lorenzen et Schwemmer (1975) cité en bas de page de la seconde édition du *Logische Propädeutik* (1972, p. 73, note de bas de page 1), et aussi traité dans la « bible » de l'école d'Erlagen : *Konstruktive Logik, Ethik und Wissenschaftstheorie*

2.1 Le virage dialogique

> to regard as of the same kind and what is of different kind, and address them accordingly.
>
> ...
>
> As we have said already, the world does not "consist of objects" (of "things in themselves") which are subsequently named by men
>
> ...
>
> In the world being disclosed to us all along through language we tend to grasp the individual object as individual at the same time that we grasp it as specimen of ... Further, when we say "This is a bassoon" we mean thereby "this instrument is a bassoon" ... or when we say "This is a blackbird", we presuppose that our discussion partner already knows "what kind of an object is meant", that we are talking about birds.[66]

Par conséquent, les prédicateurs de l'*Ortoshprache* sont introduits par l'étude des cas d'exemples. Comme l'a déjà remarqué Henri Poincaré dans ses disputes avec les logiciens, une terminologie scientifique ne consiste pas seulement en un ensemble de prédicateurs ou même de phrases qui expriment des propositions. Un langage scientifique adéquat constitue un système d'interrelations conceptuelles. L'élément logique principal du projet *orthosprache* est d'établir des transitions correspondantes par des *règles de prédicateurs* qui régissent le passage d'un prédicateur à l'autre. D'ailleurs, ces règles de transition sont formulées dans le cadre dialogique par la règle de prédicateur.

$x \varepsilon A \Rightarrow x \varepsilon B$

(où x est une variable libre et A et B sont des prédicateurs). Si un joueur avance un objet auquel le prédicateur A est appliqué, alors il est obligé d'associer le prédicateur B au même objet. L'idée est que, par exemple, si quelqu'un assume que « K est un basson » alors il est obligé d'aller plus loin dans son assomption pour considérer que « k est instrument musical » (où k est une constante d'individu). Dans le « Logische Propädeutik » l'application de ces normes se fait par la substitution des constantes individuelles par des variables libres.

Les constructivistes d'Erlangen appelaient de telles règles de transition qui structurent un langage scientifique (entièrement interprété) *les*

---
66. Cf. (Kamlah et Lorenzen, 1984, p.37)

normes matérielles analytiques. Ainsi, les propositions matérielles analytiques (ou plus littéralement les vérités analytiques matérielles) sont définies comme des propositions universellement quantifiées basées sur de telles normes matérielles analytiques.[67] Le criticisme des constructivistes d'Erlangen dans l'approche de la sémantique formelle à été amplement approfondi par Lorenz.

L'une des observations principales de l'interprétation de Lorenz à propos de la relation entre le premier et deuxième Wittgenstein est basée sur un criticisme détaillé de l'approche métalogique à la signification.[68] Comme Lorenz le signale, le cœur de la philosophie du langage de Wittgenstein est la relation interne entre le langage et le monde.

Les racines de cette perspective sont basées sur le *Un-Hintergehbarkeit der Sprach* : il n' y a pas de moyen de situer un langage logique hors du langage : (souvenons-nous du cas de marin de Neurath dans son radeau) :

> *Also propositions of the metalanguage require the understanding of propositions, [...] and thus can not in a sensible way have this same understanding as their proper object. The thesis that a property of a propositional sentence must always be internal, therefore amounts to articulating the insight that in propositions about a propositional sentence this same propositional sentence does not express anymore a meaningful proposition, since in this case it is not the propositional sentence that it is asserted but something about it. Thus, if the original assertion (i.e., the proposition of the ground-level) should not be abrogated, then this same proposition should not be the object of a metaproposition, [...]. While originally the semantics developed by the picture theory of language aimed at determining unambiguously the rules of "logical syntax" (i.e. the logical form of linguistic expressions) and thus to justify them [...] – now language use itself, without the mediation of theoretic constructions, merely via "language games", should be sufficient to introduce the talk about "meanings" in such a way that they supplement the syntactic rules for the use of ordinary language expressions (superficial grammar) with semantic rules that capture the understanding of these expressions (deep grammar).*[69]

Si nous reconsidérons l'extension faite par Hintikka de la distinc-

---

67. Cf. (Lorenzen et Schwemmer, 1975, p. 215)
68. Cf. (Lorenz, 1970, pp. 74-79)
69. (Lorenz, 1970, p.109)

tion de Van Heijenoort d'une *logique comme un domaine universel* et *la logique comme un calcul*, le point important, comme le souligne Tero Tulenheimo, c'est que l'approche dialogique partage certaines idées des deux conceptions. En effet, d'une part, l'approche dialogique partage avec les universalistes l'idée que nous ne pouvons pas nous mettre en hors du langage pour interpréter celui-ci. D'autre part, il partage avec les anti-universalistes l'idée que nous pouvons développer une reconstruction méthodique d'une pratique linguistique complexe à partir d'une interaction. La reconstruction est à la fois normative et pluraliste. Elle est normative parce que la reconstruction rétablit les règles d'une pratique correcte. Elle est pluraliste parce que les différentes pratiques peuvent déclencher le changement des normes établies par une reconstruction et donner une variation de significations.

Pour résumer les idées principales, dans le contexte de la logique, des considérations précédentes conduisent à une conception dans laquelle la signification n'est pas constituée par une relation externe entre les expressions et les valeurs de vérité. Mais celle-ci se saisit par le biais des différentes interactions qui déterminent la reconstruction (spécifique à une pratique argumentative et/ou linguistique donnée) d'un type des jeux de langages, appelés *dialogues*. Nous allons procéder à l'introduction de la logique qui découle de toutes ces considérations.

2.2 Jeux de dialogues

Comme nous avons susmentionné, la logique dialogique a été développée à la fin des années 1950 par Paul Lorenzen et approfondie par Kuno Lorenz. Inspiré par la conception de *la signification comme usage* de Wittgenstein, l'idée de base de l'approche dialogique de la logique, se trouve dans la signification des constantes logiques données par les normes ou les règles pour leur usage. Cette propriété de la sémantique qui la sous-tend incite l'idée que la dialogique doit être comprise comme une sémantique pragmatiste. Les règles qui fixent la signification pourraient être de plusieurs types, et elles déterminent le genre de la reconstruction d'une pratique argumentative et/ou linguistique des jeux de langages appelés *dialogues*. L'approche dialogique de la logique, comme nous le savons, n'est pas de la logique mais un cadre sémantique dans lequel des différentes logiques peuvent être développées, combinées ou comparées. Cependant, dans le souci de la simplicité et exemplification, nous introduisons seulement la version dialogique de la logique classique et intuitionniste.

Dans un dialogue, deux parties discutent une thèse en fonction de certaines règles fixées. Le joueur qui propose la thèse est appelé un proposant (**P**), son adversaire, celui qui met en cause la thèse est appelé l'opposant (**O**). Dans ses versions originales, les jeux se terminent après un nombre infini d'actions avec un joueur qui gagne et l'autre qui perd le jeu. Les actions ou mouvements dans un dialogue sont souvent compris comme des énoncés ou des actes de langage. Les règles sont de deux types : les règles de particules ou les règles pour des constants logiques (*partikelregeln*) et des règles structurelles (*Rahmenregeln*). Les règles structurelles déterminent le cours général du jeu de dialogue, alors que les règles de particules régissent les actions (ou énonciations) qui sont des requêtes (aux actions d'un adversaire) et les actions qui sont des réponses (aux requêtes).

Les points suivants sont importants pour l'approche dialogique :

1. La distinction entre la signification locale (des règles des constantes logiques) et la signification globale (les règles structurelles).

2. L'indépendance du joueur dans l'exécution de la signification locale.

3. La distinction entre le niveau de jeu (la victoire locale) et le niveau stratégique (l'existence d'une stratégie de victoire).

4. La notion de validité qui correspond à une stratégie de victoire indépendamment de tout modèle de stratégie de victoire.

5. La notion de victoire dans un jeu formel et d'une stratégie de victoire dans un modèle.

2.2.1 La logique et la signification dialogique

Dans la logique dialogique, les règles de particules sont décrites comme spécifiant *la sémantique locale*.

- La terminologie standard utilise les termes *challenge* ou *attaque* et *défense*. Cependant, nous tenons à indiquer qu'au niveau local (le niveau des règles de particules), cette terminologie devrait être débarrassée de toute stratégique.
- *Les énoncés déclaratifs* comprennent l'usage d'une formule, les énoncés interrogatifs ne font pas intervenir l'usage des formules.

La table suivante démontre les règles de particules, dans lesquelles X et Y représentent l'un des joueurs (**O**) ou (**P**) :

2.2 Jeux de dialogues

$\vee, \wedge, \to, \neg, \forall, \exists$	Attaque	Défense
$\mathbf{X} : (\alpha \vee \beta)$	$\mathbf{Y} : (? - \vee)$	$\mathbf{X} : \alpha$ ou $\mathbf{X} : \beta$ ($\mathbf{X}$ choisit)
$\mathbf{X} : (\alpha \wedge \beta)$	$\mathbf{Y} :? \wedge 1$ ou $\mathbf{Y} :? \wedge 2$ ($\mathbf{Y}$:choisit)	$\mathbf{X} : \alpha$ respectivement $\mathbf{X} : \beta$
$\mathbf{X} : \alpha \to \beta$	$\mathbf{Y} : \alpha$ ($\mathbf{Y}$ attaque en énonçant α et demandant β)	$\mathbf{X} : \beta$
$\mathbf{X} : \neg \alpha$	$\mathbf{Y} : \alpha$	— (pas de défense accessible)
$\mathbf{X} : \forall x \alpha$	$\mathbf{Y} :? - \forall x/k$ ($\mathbf{Y}$ choisit)	$\mathbf{X} : \alpha[x/k]$
$\mathbf{X} : \exists x \alpha$	$\mathbf{Y} :? \exists$	$\mathbf{X} : \alpha[x/k]$ ($\mathbf{X}$ choisit)

Dans le tableau, [x/k] représente le résultat de la substitution de la variable x pour la constant k pour chaque apparition du variable x dans la formule A. Une façon intéressante de considérer la signification locale est d'adopter un point de vue abstrait (sur la sémantique de la constante logique) qui distingue entre les types d'actions suivantes :
  a) Le choix des énoncés déclaratifs (la disjonction et la conjonction)
  b) Le choix des énoncés interrogatifs qui emploient des constantes individuelles (quantificateurs)
  c) Le changement des rôles du défenseur et challenger (le conditionnel et la négation).

Mentionnons brièvement deux phénomènes sur lesquelles nous allons revenir un peu plus tard.

- L'indépendance des joueurs : les règles de particules sont symétriques puisqu'elles sont indépendantes du joueur, c'est pourquoi elles sont formulées avec des variables. Comparons les avec les règles des tableaux ou le calcul des séquents. Elles sont asymétriques : un ensemble des règles à gauche, un autre ensemble des règles à droit.
- La propriété des sous-formules : si la signification locale d'une particule qui apparaît dans φ comprend des énoncés déclaratifs, les énoncés doivent être constitués de sous-formules de φ.

2.2.1.1 Les règles structurelles

Les règles structurelles déterminent le fonctionnement général du dialogue qui commence avec la « thèse ». La thèse est jouée par le proposant qui se doit de la justifier, en la défendant contre les critiques (ou attaques) possibles de l'opposant.

— **(RS-0)Règle de commencement**
La formule de départ est énoncée par **(P)**. Les actions alternées sont énoncées par **(P)** et **(O)**. Chaque action qui suit la formule de départ est soit une requête soit une réponse.

Commentaire : l'expression si possible se relie à l'énoncé de la proposition élémentaire.

Considérons la règle formelle suivante.

— **(RS-1)Règle de tactique de retard**
(P) et **(O)** ne peuvent que faire des actions qui changent la situation.
Commentaires : cette règle doit assurer que les jeux sont finis (bien qu'on puisse en avoir un nombre indéfini). Il possède plusieurs formulations avec différents avantages et inconvénients. La formulation originale de Lorenz utilise les rangs : certains éléments qui introduisent des restrictions explicites sur les répétitions. Les rangs semblent être plus compatibles avec l'objectif général de l'approche dialogique de distinction entre le niveau de jeu et le niveau stratégique. D'autres règles de la non-répétition semblent présupposer le niveau stratégique. En fait, si nous considérons que la signification est constituée d'interaction, nous avons besoin d'un moyen d'assurer la finitude des jeux parce qu'il n'existe aucune notion comme une interaction infinie. Ceci veut dire donc que la finitude est une propriété essentielle de l'interaction. La non finitude potentielle des jeux requise par des preuves qui comprennent des domaines non-finis est prise en charge au niveau des stratégies. [70]

Décrivons à présent la règle qui implémente l'utilisation des rangs.
— • Après l'action qui démarre la thèse, chacun des joueurs **(O)** et **(P)** choisit un nombre naturel N et M respectivement (appelés leurs rangs de répétition). Ensuite, les joueurs agissent alternativement, chaque action est une requête ou une réponse.
— • Au cours du dialogue, **(P)** et **(O)** peuvent attaquer ou défendre un énoncé.

— **(RS-2) Règle formelle**
(P) ne peut pas affirmer une proposition atomique sauf si **(O)** l'affirme auparavant. Les propositions atomiques ne peuvent pas être attaquées.
Le cadre dialogique est assez flexible pour définir ce que nous appelons souvent *dialogues matériels* qui considèrent que les propositions atomiques ont une valeur de vérité fixe :

---

70. Cf. Clerbout (2014a)

2.2 Jeux de dialogues

— **(RS-*2) Règle des dialogues matériels**
Seules les propositions qui représentent des vraies propositions peuvent être énoncées. Les propositions atomiques qui représentent des fausses propositions ne peuvent pas être énoncées.

— **(RS-3) Règle de victoire**
X gagne si c'est le tour de Y de jouer et qu'il ne peut entreprendre d'actions (une attaque ou une défense).

— **(RS-4i) Règle intuitionniste**
Dans chaque action, chaque joueur peut remettre en cause une formule (complexe) énoncée par son partenaire ou peut se défendre contre la dernière attaque qui n'a pas encore été défendue.

— **(RS-4c) Règle classique**
Dans chaque action, chaque joueur peut attaquer une formule (complexe) énoncée par son partenaire ou il peut se défendre contre toute attaque (y compris celles qui ont déjà été défendues)

- Notons également que le cadre dialogique offre une réponse détaillée à la question : la négation intuitionniste et classique sont-elles les mêmes négations ? les règles de particules dans les deux cas sont les mêmes cependant ce sont les règles structurelles ou la signification globale qui changent.

Dans l'approche dialogique, *la validité* est définie via une notion de stratégie de victoire, selon laquelle la stratégie de victoire de X veut dire que pour tout choix des actions de Y, X a au moins une action possible à sa disposition qui lui (X) permet de gagner :

Validité (définition) :
Une formule est valide dans un certain système dialogique si **(P)** a une stratégie de victoire formelle pour cette formule. Ainsi,

- α est valide s'il y a une stratégie de victoire pour **(P)** dans un dialogue formel Dc(α)

Commentaires sur la notion de la validité : validité comme légitimité

Helge Rückert indique, et avec raison, que la règle formelle déclenche une nouvelle notion de la validité : *Geltung* (la légitimité). *Geltung* ne doit pas être compris comme vrai dans tout modèle où la vérité est placée à un niveau métalogique externe aux jeux qui constituent une stratégie de victoire. Mais comme ayant une notion de vérité légitimée par un développement interne des jeux pertinents :

Plus généralement, c'est le fait de rassembler dans le langage-objet l'élément de preuve qui soutienne une proposition donnée autorisant **(P)** à réutiliser cet élément de preuve tout en avançant la même proposition atomique.

En logique dialogique standard, les objets qui soutiennent une proposition au niveau du jeu ou une justification au niveau de la stratégie ne sont pas vraiment exprimées au niveau du langage-objet. Par exception, les choix du joueur qui remet en cause un quantificateur universel, et ainsi la règle formelle donne une autorisation à (**P**) de réutiliser des formules atomiques avancées par (**O**). L'approche dialogique de la CTT qui a été récemment développée à pour but de combler cette limite.

En effet, si les bases ultimes d'une thèse dialogique sont des propositions atomiques ; elles sont implémentées par l'usage d'une règle formelle. Si les deux joueurs étaient restreints par la règle formelle, aucune proposition élémentaire ne pourra jamais être énoncée. Ainsi, nous implémentons la règle formelle qui limite le joueur, appelé *le proposant*, qui a ses propositions restreintes par cette règle.

En conséquence, la règle formelle introduit une asymétrie en relation aux engagements de (**O**) et (**P**), et plus particulièrement dans les cas du conditionnel. En fait, si (**O**) énonce un conditionnel, alors une attaque de (**P**), l'engage à énoncer une formule déclarative qui, enfin, doit être basée sur des actions atomiques de (**O**). Si c'est (**O**) qui attaque un conditionnel, aucun engagement n'est déclenché. Mais il est erroné de tirer de cette observation la conclusion que la signification locale du conditionnel n'est pas symétrique. L'idée même de l'indépendance d'un joueur c'est qu'elle est une propriété de la signification des particules logiques qui n'appartiennent pas au dialogue entier dans lequel (**P**) est engagé à une thèse.

D'ailleurs, l'asymétrie de la stratégie de victoire est déclenchée par l'asymétrie sémantique de la règle formelle. C'est la possibilité d'isoler la signification des engagements de la validité qui permet aux dialogiciens de parler de la symétrie des constantes logiques et ceci empêche le fait que des opérateurs faux soient introduits dans le cadre dialogique.

2.2.2 Exemples

Dans les exemples suivants, les colonnes externes indiquent le label numérique de l'action. Les colonnes internes précisent le nombre d'une action ciblée par une attaque. Les expressions ne sont pas listées selon l'ordre des actions, mais la défense est écrite sur la même ligne que l'attaque correspondante montrant, ainsi, la fin de la partie. Indiquons qu'il n'y a pas de défense contre une attaque de la négation.

Pour des raisons d'une notation simple, nous n'allons pas noter dans le dialogue les choix des rangs mais adopter un rang uniforme (**O**) : $n = 1$ (**P**) : $m = 2$

2.2 Jeux de dialogues

(O)			(P)	
			$p \vee \neg p$	0
1	$?_\vee$	0	$\neg p$	2
3	p	2	—	
[1]	[$?_\vee$]	[0]	p	4

Règles classiques : **(P)** gagne.

Le dialogue ci-dessous a la même thèse que celui qui est au-dessus. Dans ce dernier, **(O)** gagne selon les règles structurelles intuitionnistes parce qu'après la dernière attaque de l'opposant dans le coup 3, la règle structurelle intuitionniste interdit à **(P)** de se défendre (une fois encore) de l'attaque dans le coup 1 :

(O)			(P)	
			$p \vee \neg p$	0
1	$?_\vee$	0	$\neg p$	2
3	p	2	—	

Règle intuitionniste : **(O)** gagne.

Ex.2 : l'exemple suivant montre que **(P)** gagne la double négation s'il joue avec la règle classique, mais il perd si la règle est intuitionniste.

(O)			(P)	
			$\neg\neg p \to p$	0
1	$\neg\neg p$	0	p	4
	—	1	$\neg p$	2
3	p	2	—	

Règle classique : **(P)** gagne.

Chapitre 2 : Jeux de dialogues et logique dialogique

(**P**) ne gagnera pas avec la règle intuitionniste puisqu'il doit répondre à la dernière attaque. L'action défensive 4 est alors interdite car la dernière attaque de l'action 3 et 4 répond à l'attaque avancée par (**O**) dans son action 1.

(O)			(P)		
			$\neg\neg p \to p$	0	
1	$\neg\neg p$	0			
	–	1		$\neg p$	2
3	p	2		–	

Règle intuitionniste : (**O**) gagne.

(**P**) ne peut pas gagner parce que (**O**) attaque l'action 3 et (**P**) n'a plus d'action légale à sa disposition. (**O**) gagne puisque c'est lui qui joue le dernier coup.

Ex.3 :

Dans l'exemple suivant, le proposant peut gagner la double négation, malgré le fait qu'il joue avec des règles intuitionnistes. Souvenons-nous de l'exemple précèdent : la double négation de la logique intuitionniste n'est pas équivalente à la version positive de l'expression. Ici, (**P**) utilise le rang de répétition 2. Alors, il peut remettre en cause deux fois la même action de son adversaire.

(O)			(P)		
			$\neg\neg(p \vee \neg p)$	0	
1	$\neg(p \vee \neg p)$	0		–	
	–	1		$p \vee \neg p$	2
3	$? - \vee$	2		$\neg p$	4
5	p	4		–	
		1		$p \vee \neg p$	6
	$? - \vee$	6		p ☺	8

2.2 Jeux de dialogues

Ex.4

Il en est de même pour le cas suivant :

(O)			(P)		
			$\neg\neg(\neg\neg p \to p)$	0
1	$\neg(\neg\neg p \to p)$	0		–	
	–		1	$\neg\neg p \to p$	2
3	$\neg\neg p$	2			
			3	$\neg p$	4
5	p	4		–	
			1	$\neg\neg p \to p$	6
7	$\neg\neg p$	6		p ☺	8

Dans l'exemple suivant, nous avons séparé deux branches ou sous-dialogues pour des fins didactiques et non pour des raisons d'une séparation intrinsèque au développement du dialogue. Chaque branche est motivée par un choix possible de (O). Dans un sous-dialogue, il choisit de se défendre en avançant la partie gauche de la disjonction (de toute façon, c'est son choix) et dans l'autre, la partie gauche. Cependant, il perd dans les deux cas. En effet, ces jeux construisent ce que Clerbout (2013, 2014) appelle le cœur de la stratégie de victoire, c'est-à-dire (P) gagne indépendamment des choix de (O), et c'est la raison pour laquelle ces jeux construisent le cœur de la preuve de la validité de la thèse avancée par (P). Indiquons néanmoins que (P) gagnera dans tous les cas si les règles intuitionnistes ou classiques sont utilisées.

Ex.5

(O)			(P)		
			$[(p \vee q) \wedge \neg p] \to q$	0
1	$[(p \vee q) \wedge \neg p]$	0			

Chapitre 2 : Jeux de dialogues et logique dialogique

1	$[(p \vee q) \wedge \neg p]$	0				
3	$\neg p$		1	$? - \wedge_2$	2	
5	$p \vee q$		1	$? - \wedge_1$	4	
			5	$? - \vee$	6	

↙

(O)				(P)		
				$[(p \vee q) \wedge \neg p] \to q$	0	
				q ☺	8'	
1	$[(p \vee q) \wedge \neg p]$	0				
3	$\neg p$		1	$? - \wedge_2$	2	
5	$p \vee q$		1	$? - \wedge_1$	4	
7'	q		5	$? - \vee$	6	

↘

(O)				(P)		
				$[(p \vee q) \wedge \neg p] \to q$	0	
1	$[(p \vee q) \wedge \neg p]$	0				
3	$\neg p$		1	$? - \wedge_2$	2	
5	$p \vee q$		1	$? - \wedge_1$	4	
7	p		5	$? - \vee$	6	
			3	p ☺	8	

Dans les exemples suivants, nous laissons au lecteur de déterminer si la thèse peut être gagnée par (**P**) avec les deux règles intuitionniste et classique.

2.2 Jeux de dialogues

Ex.6 :

(O)			(P)	
			$\exists x(Px \vee Qx) \to \exists x(Px \vee Qx)$	0
1	$\exists x(Px \vee Qx)$	0	$\exists x(Px \vee Qx)$	2
3	$?-\exists$	2	$Pk_i \vee Qk_i$	6
5	$Pk_i \vee Qk_i$		1	$?-\exists$	4

Branche 1 :

(O)			(P)	
			$\exists x(Px \vee Qx) \to \exists x(Px \vee Qx)$	0
1	$\exists x(Px \vee Qx)$	0	$\exists x(Px \vee Qx)$	2
3	$?-\exists$	2	$Pk_i \vee Qk_i$	6
5	$Pk_i \vee Qk_i$		1	$?-\exists$	4
7	$?-\vee$	6	Qk_i ☺	10
9	Qk_i		5	$?-\vee$	8

Branche 2 :

(O)			(P)	
			$\exists x(Px \vee Qx) \to \exists x(Px \vee Qx)$	0
1	$\exists x(Px \vee Qx)$	0	$\exists x(Px \vee Qx)$	2
3	$?-\exists$	2	$Pk_i \vee Qk_i$	6
5	$Pk_i \vee Qk_i$		1	$?-\exists$	4
7	$?-\vee$	6	Pk_i ☺	10
9	Pk_i		5	$?-\vee$	8

Ex.7

(O)			(P)	
			$\forall x(Ax \vee Bx) \to (\forall x Ax \vee \forall x Bx)$	0
1	$\forall x(Ax \vee Bx)$	0	$(\forall x Ax \vee \forall x Bx)$	2
3	$?-\vee$	2	$\forall x Ax$	4
5	$?-k_i$				
7	$Ak_i \vee Bk_i$		1	$?-k_i$	6
			7	$?-\vee$	8

Branche 1

			$\forall x(Ax \vee Bx) \rightarrow (\forall xAx \vee \forall xBx)$	0
1	$\forall x(Ax \vee Bx)$	0		$(\forall xAx \vee \forall xBx)$	2
3	$? - \vee$	2		$\forall xAx$	4
5	$? - k_i$	4		Ak_i	10
7	$Ak_i \vee Bk_i$		1	$? - k_i$	6
9	Ak_i		7	$? - \vee$	8

Branche 2

			$\forall x(Ax \vee Bx) \rightarrow (\forall xAx \vee \forall xBx)$	0
1	$\forall x(Ax \vee Bx)$	0		$(\forall xAx \vee \forall xBx)$	2
3	$? - \vee$	2		$\forall xAx$	4
5	$? - k_i$	4			
7	$Ak_i \vee Bk_i$		1	$? - k_i$	6
9	Bk_i		7	$? - \vee$	8
				$\forall xBx$	10
11	$? - k_j$	10			

Ex.8

	(O)			(P)	
				$\forall x(\forall xAx \rightarrow Ax) \rightarrow \forall xAx$	0
1	$\forall x(\forall xAx \rightarrow Ax)$	0		$\forall xAx$	2
3	$? - k_i$	2			
5	$\forall xAx \rightarrow Ak_i$		1	$? - k_i$	4
			5	$\forall xAx$	6

Option 1 :

Branche 1

	(O)			(P)	
				$\forall x(\forall xAx \rightarrow Ax) \rightarrow \forall xAx$	0
1	$\forall x(\forall xAx \rightarrow Ax)$	0		$\forall xAx$	2
3	$? - k_i$	2		Ak_i☺	8
5	$\forall xAx \rightarrow Ak_i$		1	$? - k_i$	4
7	Ak_i		5	$\forall xAx$	6

2.2 Jeux de dialogues

Branche 2

	(O)			(P)	
				$\forall x(\forall xAx \to Ax) \to \forall xAx$	0
1	$\forall x(\forall xAx \to Ax)$	0		$\forall xAx$	2
3	$?-k_i$	2			
5	$\forall xAx \to Ak_i$		1	$?-k_i$	4
			5	$\forall xAx$	6
7	$?-k_j$	6			
9	$\forall xAx \to Ak_j$		1	$?-k_j$	8
			9	$\forall xAx$	10

Option 2 : Branche 1

	(O)			(P)	
				$\forall x(\forall xAx \to Ax) \to \forall xAx$	0
1	$\forall x(\forall xAx \to Ax)$	0		$\forall xAx$	2
3	$?-k_i$	2		Ak_i☺	8
5	$\forall xAx \to Ak_i$		1	$?-k_i$	4
7	Ak_i		5	$\forall xAx$	6

Branche 2

	(O)			(P)	
				$\forall x(\forall xAx \to Ax) \to \forall xAx$	0
1	$\forall x(\forall xAx \to Ax)$	0		$\forall xAx$	2
3	$?-k_i$	2			
5	$\forall xAx \to Ak_i$		1	$?-k_i$	4
			5	$\forall xAx$	6
7	$?-k_i$	6			
9	$\forall xAx \to Ak_i$			$?-k_i$	8
			9	$\forall xAx$	10
11	$?-k_i$	10			

Ex.9 :

(O)			(P)		
			$\neg \forall y \exists x Axy$	0
1	$\forall y \exists x Axy$	0			
3	$\exists x Axk_i$		1	$?-k_i$	2
			3	$?-\exists$	4

Branche 1

(O)			(P)		
			$\neg \forall y \exists x Axy$	0
1	$\forall y \exists x Axy$	0			
3	$\exists x Axk_i$		1	$?-k_i$	2
5	$Ak_j k_i$		3	$?-\exists$	4
7	$\exists x Axk_j$		1	$?-k_j$	6
9	$Ak_z k_j$		7	$?-\exists$	8
			1		

Le rang 2 interdit à **(P)** de recommencer une nouvelle attaque. Cependant, nous tenons à préciser que même si le rang est plus élevé, **(O)** gagnera toujours. La deuxième branche suivante indique que l'opposant peut terminer la partie sans l'intervention des rangs supérieurs. Il est suffisant de choisir la même constante individuelle. Sauf s'il a été concédé que Axy est réflexive avant le début de la *partie*, **(O)** gagne (dans cette branche) en faisant le choix de ne pas changer le constante individuelle utilisée par **(P)**.

Branche 2

O			P		
			$\neg \forall y \exists x Axy$	0
1	$\forall y \exists x Axy$	0			
3	$\exists x Axk_i$		1	$?-k_i$	2
5	$Ak_i k_i$		3	$?-\exists$	4

2.3 Les dialogues et les tableaux

Suite à l'idée séminale des fondements de la dialogique, la notion de la validité est atteinte via la notion théorique de stratégie de victoire. X est décrit comme ayant une stratégie de victoire s'il y a une fonction qui, pour chaque action-Y possible, donne la correspondante action-X qui garantit la victoire du jeu.

Nous savons que généralement les tableaux sémantiques pour la logique intuitionniste et classique, comme avaient formulé en 1968 dans une structure ressemblant à un arbre Raymond Smullyan et Melvin Fitting,[71] sont directement connectés par des jeux dialogiques, joués pour tester la validité dans le sens défini par ces logiques.[72]

Si (**P**) doit gagner contre tout choix de (**O**), nous devrons considérer deux situations différentes, à savoir, les situations dialogiques dans lesquelles (**O**) a indiqué une formule (complexe) et celles dans lesquelles (**P**) a indiqué une formule (complexe). Nous appelons ces deux situations principales les (**O**)-cas et les (**P**)-cas respectivement. Dans les deux situations, d'autres distinctions doivent être faites :

— (**P**) gagne en choisissant une attaque dans les (**O**)-cas ou une défense dans les (**P**)-cas, s'il peut gagner au moins l'un des dialogues qu'il choisit.
— (**O**) peut choisir une défense dans les (**O**)-cas ou une attaque dans les (**P**)-cas, s'il peut gagner tous les dialogues que (**O**) choisit.

Les règles qui clôturent les tableaux dialogiques sont les règles connues : une branche est clôturée si elle contient deux copies de la même formule atomique : une indiquée par (**O**) et l'autre par (**P**). Un tableau de ((**P**)A) (c'est-à-dire démarrant avant (((**P**)A) est fermé si chaque branche est fermée. Ceci démontre que les systèmes de stratégie pour les dialogues intuitionnistes et classiques ne sont rien d'autres que le système de tableau connu pour ces logiques. Il est important de remarquer que, pour un système de tableaux, la reconstruction des dialogues ne correspond pas action par action mais plutôt partie par partie. Les tableaux sont les descriptions métalogiques des dialogues et cette description n'est pas procédurale de manière dialogique par lui-même mais décrit le processus dialogique terminé.

---

71. Cf. ? et Fitting (1969).
72. Pour une preuve approfondie de la connexion entre tableaux et dialogues, consulter Clerbout (2014b).

Chapitre 2 : Jeux de dialogues et logique dialogique

Pour le système de tableau intuitionniste, la règle structurelle sur la restriction des défenses doit être considérée. L'idée est simple : le système de tableau permet toute défense possible (même celles qui sont atomiques) d'être écrite, mais dès que les formules déterminantes (négation, conditionnelle, quantificateurs universels) de **(P)** sont attaquées, toute forme de la formule-**(P)** sera supprimée. Ceci est une implémentation de la règle structurelle pour la logique intuitionniste.

Il est claire que, si une attaque sur la **(P)**-déclaration provoque la suppression des autres, alors **(P)** ne peut que répondre à la dernière attaque. Ces formules qui obligent le reste de la formule de **(P)** d'être supprimé, seront indiquées avec l'expression "$\Sigma_{[O]}$". Ce qui veut dire : dans l'ensemble Σ, il faut sauvegarder les formules **(O)** et supprimer toutes les formules de **(P)** antérieurement affirmées.

Cependant, les tableaux obtenus ne sont pas les mêmes que les standard. Une propriété spéciale des dialogues ludiques est la règle formelle célèbre, qui est à la base des toutes les difficultés associées à la preuve de l'équivalence entre la notion dialogique et la notion de la vérité fonctionnelle de la validité. Le rôle de la règle formelle, dans ce contexte, est d'inciter des dialogues ludiques qui généreront un arbre qui démontre la (possible) stratégie de victoire de **(P)**. Ainsi, la règle formelle agit comme un filtre contre des redondances, donnant à un système de tableau une faveur de la déduction naturelle.[73]

2.3.1 Tableaux classiques

((**O**)-Cas)	((**P**))-Cas)
$\Sigma, (\mathbf{O})A \vee B$	$\Sigma, (\mathbf{P})A \vee B$
....	....
$\Sigma, <(\mathbf{P})? - \vee > (\mathbf{O})A \mid \Sigma, <(\mathbf{P})? - \vee > (\mathbf{O})B$	$\Sigma, <(\mathbf{O})? - \vee > (\mathbf{P})A$
	$\Sigma, <(\mathbf{O})? - \vee > (\mathbf{P})B$
$\Sigma, (\mathbf{O})A \wedge B$	$\Sigma, (\mathbf{P})A \wedge B$
....	....
$\Sigma, <(\mathbf{P})? - L > (\mathbf{O})A$	$\Sigma, <(\mathbf{O}?) - L > (\mathbf{P})A \mid \Sigma, <(\mathbf{O})? - R > (\mathbf{P})B$
$\Sigma, <(\mathbf{P})? - R > (\mathbf{O})B$	
$\Sigma, (\mathbf{O})A \to B$	$\Sigma, (\mathbf{P})A \to B$
....	....
$\Sigma, (\mathbf{P})A \cdots \mid <(\mathbf{P})A > (\mathbf{O})B$	$\Sigma, (\mathbf{O})A; \Sigma, (\mathbf{P}), B$
$\Sigma, (\mathbf{O}), \neg A$	$\Sigma, (\mathbf{P}), \neg A$
....	....
$\Sigma, (\mathbf{P})A; —$	$\Sigma, (\mathbf{O})A; —$
$\Sigma, (\mathbf{O}) \forall x A$	$\Sigma, (\mathbf{P}) \forall x A$
....	....
$\Sigma, <(\mathbf{P})? - \forall x/k_i > (\mathbf{O})A_{[x/k_i]}$	$\Sigma, <(\mathbf{O})? - \forall x/k_i > (\mathbf{P})A_{[x/k_i]}$
	k_i est nouvelle
$\Sigma, (\mathbf{O}) \exists x A$	$\Sigma, (\mathbf{P}) \exists x A$
....	....
$\Sigma, <(\mathbf{P})? - \exists > (\mathbf{O})A_{[x/k_i]}$	$\Sigma, <(\mathbf{O})? - \exists > (\mathbf{P})A_{[x/k_i]}$
k_i est nouvelle	

---

73. Cf. Rahman et Keiff (2004)

2.3 Les dialogues et les tableaux

- Si Σ est une des formules signées de manière dialogique, et X est une seule formule signée de manière dialogique, nous écrirons Σ, X pour Σ ∪ {X}.
- Il faut veiller à ce que la formule sous la ligne représente toujours des paires d'actions d'attaque et de défense.
- La barre verticale "|" indique des choix alternatifs pour (**O**), la stratégie de (**P**) doit avoir une défense pour les deux possibilités (les jeux dialogiques qui définissent deux jeux possibles).
- Les règles qui contiennent deux lignes indiquent que c'est (**P**) qui a le choix. Et ainsi, il aura besoin d'un seul des deux choix possibles.
- Notez que les expressions entre les symboles telles que < (**P**)? > ou < (**O**)? > sont des actions. Plus précisément, elles sont des attaques mais pas des formules (assertions) qui pourront être attaquées. Ces expressions ne font pas vraiment partie du tableau. Elles sont des formules inclues dans l'ensemble de la formule.
— Ces expressions font plutôt partie de l'appareil algorithmique qui aide à reconstruire les dialogues correspondants.

Intuitivement :

1. Chaque application d'une règle déclenche le développement d'un arbre qui a pour racine la thèse principale.
2. Les choix alternatifs indiqués par la barre verticale ouvrent des branches.
3. Une branche est fermée si elle contient les deux ((**O**)a) et ((**P**) a) (pour a atomique)
4. Un arbre est fermé si toutes branches sont fermées.
5. S'il y a un arbre clos avec la thèse principale ((**P**)A)à sa racine, alors A est valide et (**P**) a alors une stratégie de victoire pour la formule.
6. Si au moins une branche de l'arbre avec la thèse principale ((**P**)A) n'a pas sa racine qui décrit la (**P**)-stratégie de victoire pour A, alors A n'est pas valide.

Tableau intuitionniste.

Les tableaux intuitionnistes sont générés avec l'addition de l'ensemble $\Sigma_{[O]}$, qui ne contient que des formules (**O**)-signées : la totalité des anciennes (**P**)-formules sur la même branche d'arbre est effacée.

Chapitre 2 : Jeux de dialogues et logique dialogique

((O))-Cas	((P))-Cas
$\Sigma, (O)A \vee B$	$\Sigma, (P)A \vee B$
....	....
$\Sigma, <(P)?-\vee>(O)A \mid \Sigma, <(P)?-\vee>(O)B$	$\Sigma_{[O]}, <(O)?-\vee>(P)A$
	$\Sigma_{[O]}, <(O)?-\vee>(P)B$
$\Sigma, (O)A \wedge B$	$\Sigma, (P)A \wedge B$
....	....
$\Sigma, <(P)?-L>(O)A$	$\Sigma_{[O]}, <(O?)-L>(P)A \mid \Sigma_{[O]}, <(O)?-R>(P)B$
$\Sigma, <(P)?-R>(O)B$	
$\Sigma, (O)A \rightarrow B$	$\Sigma, (P)A \rightarrow B$
....	....
$\Sigma_{[O]}, (P)A \cdots \mid <(P)A>(O)B$	$\Sigma_{[O]}, (O)A; \Sigma, (P), B$
$\Sigma, (O), \neg A$	$\Sigma, (P), \neg A$
....	....
$\Sigma_{[O]}, (P)A;-$	$\Sigma_{[O]}, (O)A;-$
$\Sigma, (O)\forall xA$	$\Sigma, (P)\forall xA$
....	....
$\Sigma, <(P)?-\forall x/k_i>(O)A_{[x/k_i]}$	$\Sigma, <(O)?-\forall x/k_i>(P)A_{[x/k_i]}$
	k_i est nouvelle
$\Sigma, (O)\exists xA$	$\Sigma, (P)\exists xA$
....	....
$\Sigma, <(P)?-\exists>(O)A_{[x/k_i]}$	$\Sigma_{[O]}, <(O)?-\exists>(P)A_{[x/k_i]}$
k_i est nouvelle	

Considérons ces deux exemples, l'un pour la logique classique et l'autre pour la logique intuitionniste.

Exemple

$((P))\ \forall x(\neg\neg Ax \rightarrow Ax)$
$<((O))?-\forall x/k>\ ((P))\ \neg\neg Ak \rightarrow Ak$
$((O))\neg\neg Ak$
$((P))Ak$
$((P))\neg Ak$
$((O))Ak$

Le tableau est clos : **(P)** gagne.

Le tableau intuitionniste suivant utilise la règle de suppression :
Exemple

~~$((P))\forall x(\neg\neg Ax \rightarrow Ax)$~~
$<(O)?-\forall x/k>$ ~~$(P)_{[O]}\neg\neg Ak \rightarrow Ak$~~
$((O))_{[O]}\neg\neg Ak$
~~$((P))Ak$~~
~~$((P))\neg Ak$~~
$((O))_{[O]}Ak$

Le tableau reste ouvert : **(O)** gagne.

Remarquez que $<(O)?-\forall x/k>$ n'a pas été supprimé. La règle de suppression ne s'applique qu'à la formule. Il est important de prendre ceci en considération lors de la reconstruction du dialogue correspondant. Si nous remplaçons dans le précédent Tableau **(O)** avec **(T)** et **(P)** avec **(F)**, les arbres sémantiques standards suivent :

2.3 Les dialogues et les tableaux

((**T**)-Cas)	((**F**))-Cas
(**T**)$A \vee B$	(**F**)$A \vee B$
....	....
(**T**)$A\|$(**T**)B	(**F**)A
	(**F**)B
(**T**)$A \wedge B$	(**F**)$A \wedge B$
....	....
(**T**)A	(**F**)$A\|$(**F**)B
(**T**)B	
(**T**)$A \to B$	(**F**)$A \to B$
....	....
(**F**)$A\cdots\|$(**T**)B	(**T**)A
	(**F**)B
(**T**)$\neg A$	(**F**)$\neg A$
....	....
(**F**)A	(**T**)A
(**T**)$\forall x A$	(**F**)$\forall x A$
....	....
(**T**)$A_{[x/k_i]}$	(**F**)$A_{[x/k_i]}$
	k_i est nouvelle
(**T**)$\exists x A$	(**F**)$\exists x A$
....	....
(**T**)$A_{[x/k_i]}$	(**F**)$A_{[x/k_i]}$
k_i est nouvelle	

Tableau intuitionniste :

(T-Cas)	(F-Cas)
(**T**)$A \vee B$	(**F**)$A \vee B$
....	....
(**T**)$A\|$(**T**)B	(**F**)$_{[T]}A$
	(**F**)$_{[T]}B$
(**T**)$A \wedge B$	(**F**)$A \wedge B$
....	....
(**T**)A	(**F**)$_{[T]}A\|$(**F**)$_{[T]}B$
(**T**)B	
(**T**)$A \to B$	(**F**)$A \to B$
....	....
(**F**)$_{[T]}A\cdots\|$(**T**)B	(**T**)$_{[T]}A$
	(**F**)B

Après avoir examiné le cadre conceptuel de la logique dialogique en scrutant son contexte historique et sa présentation, abordons maintenant les règles de particules de l'approche dialogique de la révision des croyances de Bonanno.

Chapitre 3

Des dialogues aux tableaux dans la RDC de Bonanno

Dès les origines de la logique dialogique, la notion de stratégie de victoire a été mise en relation d'abord avec le calcul des séquents, puis avec le système de tableaux sémantiques. Il a fallu toutefois attendre les travaux de Nicolas Clerbout [74] pour obtenir un algorithme qui transforme toute stratégie de victoire en un tableau fermé.

C'est sur une autre difficulté, celle qui concerne le passage des stratégies de victoire aux tableaux, que nous voulons dès à présent porter notre attention. En effet, si les travaux de Nicolas Clerbout et autres mettent en évidence les difficultés à rendre compte des propriétés métalogiques de la notion dialogique de stratégie de victoire [75], nous nous concentrerons dans ce chapitre sur la tâche difficile de l'expression dans les tableaux sémantiques des aspects interactifs de la signification.

Pour atteindre notre objectif, nous allons d'abord fournir le contexte historique et la présentation de la logique dialogique en rapport avec plusieurs approches développées récemment. Ensuite, nous allons proposer les règles de particules et structurelles dont nous avons besoin pour analyser la théorie de Bonanno. Enfin, nous développerons la connexion entre les dialogues et les tableaux sémantiques dans cette théorie.

---

[74]. Lorenzen/ Lorenz (1978), Felscher (1985) et Rahman (1993) ont développés les premières approches de la relation entre stratégie de victoire et calcul de séquent. Magnier (2013) a prouvé la correspondance entre la logique dialogique et la logique épistémique dynamique. Fiutek (2013) quant à elle, a établi une correspondance entre la logique dialogique et le système de Bonanno basé sur la révision des croyances. Clerbout (2014a) a fourni le premier développement détaillé d'un algorithme qui met en relation une stratégie de victoire et un tableau sémantique fermé.

[75]. Le lecteur peut aussi consulter cet article récent intitulé *First – Order Dialogical games and Tableaux*. Clerbout (2014b)

3.1 Les règles locales

Pour énoncer les règles, on utilisera les expressions suivantes :
X-!-φ, Y-!-φ, X-?-φ, Y-?-φ

— X-!-φ

X	!	φ
Joueur X	L'expression jouée par X est une formule qui doit être défendue.	L'expression jouée par X et qui, dans ce cas, correspond à une formule. S'il s'agit du début du dialogue, c'est la thèse.

— X-?-φ

X	?	φ
Joueur X	L'expression jouée par X est une question	L'expression jouée par X et qui, dans ce cas, correspond à une question.
		$\wedge_1$ (X-?-$\wedge_1$) $\wedge_2$ (X-?-$\wedge_2$) $\vee$ (X-?-$\vee$) $\forall x/c$ (X-?-$\forall x/c$) $\exists x$ (X-?-$\exists x$)

Nous retrouvons les mêmes tableaux pour le joueur Y car, comme nous le verrons plus bas, les coups de X et de Y sont les mêmes.

C'est un véritable échange argumentatif entre Y et X. Nous pouvons voir le déroulement de cette interaction argumentative entre les deux joueurs dans les deux tableaux suivants.

Connecteurs standards avec les contextes modaux	Assertion X	Attaque Y	Défense X
$\neg$, pas de défense	X! $\neg\varphi_{c,t}$	Y! $\varphi_{c,t}$	$\otimes$
$\wedge$, l'attaquant choisit un conjoint	X! $(\varphi \wedge \psi)_{c,t}$	Y?$\wedge_1$ ou Y? $\wedge_2$	X! $\varphi_{c,t}$ respectivement X! $\psi_{c,t}$
$\vee$, le défenseur choisit le disjoint	X! $(\varphi \vee \psi)_{c,t}$	Y? $\vee$	X! $\varphi_{c,t}$ ou X! $\psi_{c,t}$
$\rightarrow$, l'attaquant concède l'antécédent et le le défenseur affirme le conséquent	X! $(\varphi \rightarrow \psi)_{c,t}$	Y! $\varphi_{c,t}$	Y! $\psi_{c,t}$

Explications

Quand X affirme la négation d'une proposition, Y attaque la négation en assertant le contraire, c'est-à dire la proposition. Il n'y a pas de défense. Cela est exprimé dans le dialogue par le symbole ⊗. Il est possible de contre-attaquer la proposition en fonction de son connecteur principal.

Quand X affirme une conjonction, Y a le choix du conjoint que X doit défendre. En effet, le joueur X affirme en fait qu'il a une justification pour chacun des conjoints. Ainsi, Y attaque la conjonction en choisissant l'un des conjoints.

Quand X affirme une disjonction, X a le choix du disjoint qu'il veut défendre. Le joueur X affirme en fait qu'il a une justification pour au moins un des deux disjoints.

Quand X affirme une implication, Y concède l'antécédent et X doit affirmer le conséquent ou contre-attaquer l'antécédent.

Dans la table ci-dessous, nous présentons la sémantique locale des opérateurs modaux.

Les opérateurs modaux	Assertion X	Attaque Y	Défense X
L'attaquant choisit un instant futur t_n	X ! F $\varphi_{c,t}$	Y ? F $_{t_n}$ $(tR^T t_n)$	X ! φ_{c,t_n}
L'attaquant choisit un instant passé t_n	X ! P $\varphi_{c,t}$	Y ? P $_{t_n}$ $(t_n R^T t)$	X ! φ_{c,t_n}
L'attaquant choisit un contexte c_n	X ! B $\varphi_{c,t}$	Y ? B $_{c_n}$ $(cR^B t c_n)$	X ! $\varphi_{c_n,t}$
Attaque standard	X ! I $\varphi_{c,t}$	Y ? I $_{c_n}$ $(cR^{It} c_n)$	X ! $\varphi_{c_n,t}$
Attaque non-standard	X ! I $\varphi_{c,t}$	Y ! φ_{c_n}	$cR^{It} c_n$
L'attaquant choisit un contexte c_n	X ! A $\varphi_{c,t}$	Y ? A $_{c_n}$	X ! $\varphi_{c_n,t}$

Explications

Quand X affirme Fφ dans le contexte c et à l'instant t, Y choisit un instant futur t_n dans lequel X doit se défendre. En effet, si X affirme qu'à chaque instant futur il est le cas que φ, alors il s'engage à défendre φ à n'importe quel instant futur.

3.1 Les règles locales

Quand X affirme Pφ dans le contexte c et à l'instant t, Y choisit un instant précédent t_n dans lequel X doit se défendre. En effet, si X affirme qu'à chaque instant passé il a été le cas que φ, alors il s'engage à défendre φ à n'importe quel instant passé.

Quand X affirme Bφ dans le contexte c et à l'instant t, Y choisit un contexte c_n dans lequel X doit se défendre car si X affirme que l'agent croit que φ à (c,t), alors, X doit s'engager à défendre φ dans tous les contextes dans lesquels cet agent a des croyances.

Quand X affirme A φ dans le contexte c et à l'instant t, Y choisit un contexte c_n dans lequel X doit affirmer φ. En effet, si X affirme qu'il est toujours le cas que φ, il s'engage à défendre φ à n'importe quel contexte.

Quand X affirme I φ dans le contexte c et à l'instant t, Y a le choix entre deux attaques : il choisit soit une attaque standard soit une attaque non-standard. Dans l'attaque standard, Y choisit le contexte dans lequel X doit défendre φ, car X doit être capable de défendre φ dans n'importe quel contexte choisit par Y. Dans l'attaque non-standard, Y affirme la proposition dans un contexte c_n qu'il choisit et X doit être capable d'affirmer que le contexte c_n choisi par Y lui est I-accessible. En effet, l'idée de cette attaque est que Y défie X à montrer qu'il est aussi informé que φ est le cas dans ce contexte c_n.

Avant d'aborder les règles structurelles, il convient de donner quelques définitions qui nous seront très utiles dans la compréhension de ce qui suit :

Définition 3 (État d'un dialogue). *Un état d'un dialogue est un doublet* $\langle \rho, \Phi \rangle$ *dans lequel :*

— ρ : Rôle d'un joueur. Il (le rôle) est soit attaquant (?), soit défenseur (!). Le joueur X ou Y peut attaquer avec une question (?) ou avec une assertion (!). Cependant, une défense est toujours une assertion.

— Φ : Désigne l'expression étiquetée qui correspond à l'état du dialogue et qui a l'une des formes suivantes : X- !-φ, Y- !-φ, X- ?-φ, Y- ?-φ

C'est grâce aux états d'un dialogue qu'on va montrer comment jouer relativement à l'expression φ dont il est question dans le dialogue. Plus précisément, un état d'un dialogue décrit un coup.

Définition 4 (Coup). *Résultat d'une action qui consiste à jouer soit la thèse, soit une attaque, soit une défense, par un des deux joueurs.*

Définition 5 (Jeu). *Ensemble de coups.*

Définition 6 (Étape de jeu). *Jeu qui consiste en une attaque et la défense correspondante.*

Définition 7 (Partie). *Dans un dialogue fini, c'est l'ensemble des jeux qui commencent avec la thèse (toute partie est un jeu mais non pas inversement).*

Définition 8 (Dialogue). *C'est un ensemble de parties (le nombre des parties composantes est n+1 [n = nombre d'embranchements]).*

Après avoir proposé les règles locales de l'approche de Bonanno, présentons à présent les règles globales.

3.2 Les règles structurelles

Les règles structurelles, comme nous avons déjà susmentionné, établissent l'organisation générale du dialogue qui commence avec la « thèse ». La thèse est jouée par le proposant qui se doit de la justifier, en la défendant contre les critiques (ou attaques) possibles de l'opposant. Ainsi, lorsque ce qui est en jeu est de tester s'il y a une preuve de la thèse, les règles structurelles doivent fournir les bases pour choisir une stratégie gagnante. Elles seront choisies de manière à ce que le proposant réussisse à défendre sa thèse contre toutes les critiques possibles de l'opposant, si et seulement si la thèse est valide. Toutefois, différents types de systèmes dialogiques peuvent avoir différents types de règles structurelles. Pour ce qui est de notre système, les différentes règles structurelles sont mentionnées ci-après.

— **(RS-0)Règle de commencement**
  Toute partie d'un dialogue commence avec le joueur (**P**) qui énonce la thèse. Après l'énonciation de la thèse par (**P**), (**O**) doit choisir un rang de répétition. (**P**) choisit son rang de répétition juste après (**O**). Un rang de répétition est un entier positif correspondant au nombre de fois qu'un joueur peut répéter une attaque ou une défense.

— **(RS-1) Règle de déroulement du jeu**
  Les joueurs jouent chacun à son tour. Tout coup faisant suite au choix de répétition de (**P**) est soit une attaque soit une défense vis-à-vis d'une attaque précédente.

3.2 Les règles structurelles

— **(RS-2) Règle formelle**
   (P) est autorisé à énoncer une proposition atomique si et seulement si **(O)** a énoncé cette proposition en premier.

— **(RS-3) La règle formelle pour les instants**
   (P) ne peut pas introduire d'instants, il ne peut que réutiliser ceux introduits par **(O)**.
   Cependant, l'utilisation de la règle formelle pour les instants a besoin des précisions suivantes :

Pour attaquer un coup de la forme $\langle$**(P)**-c,t : F$\varphi\rangle$, **(O)** peut choisir n'importe quel instant t_n dans le futur.

Pour attaquer un coup de la forme $\langle$**(P)**-c,t : P$\varphi\rangle$, **(O)** peut choisir n'importe quel instant t_n dans le passé à condition qu'il n'ait jamais été choisi pour attaquer un coup de la forme $\langle$**(P)**-c,t : P $\varphi\rangle$.

Pour attaquer un coup de la forme $\langle$**(O)**-c,t : F$\varphi\rangle$, **(P)** peut seulement choisir un instant t_n déjà choisi par **(O)** pour attaquer un coup de la forme $\langle$**(P)**-c,t : F $\varphi\rangle$.

Pour attaquer un coup de la forme $\langle$**(O)**-c,t_n : P$\varphi\rangle$, **(P)** peut seulement choisir un instant t_n déjà choisi par **(O)** pour attaquer un coup de la forme $\langle$**(P)**-c,t : P $\varphi\rangle$.

Cependant, **(P)** peut choisir l'instant initial t pour attaquer un opérateur F ou un opérateur P sous certaines conditions :

— **(RS-3.1)**
   (P) peut choisir l'instant initial t pour attaquer un coup de la forme $\langle$**(O)**-c,t_n : F$\varphi\rangle$ si **(O)** a choisi l'instant t_n pour attaquer un coup de la forme $\langle$**(P)**-c,t : P$\varphi\rangle$.

— **(RS-3.2)** Dans ce cas précis, **(P)** peut réutiliser les propositions atomiques et les contextes, déjà introduits par **(O)**, dans un instant différent de celui de leur utilisation.

— **(RS-3.3)**
   (P) peut choisir l'instant initial t pour attaquer un coup de la forme $\langle$**(O)**-c,t_n : P$\varphi\rangle$ si **(O)** a choisi l'instant t_n pour attaquer un coup de la forme $\langle$**(P)**-c,t : F$\varphi\rangle$.

Chapitre 3 : Des dialogues aux tableaux dans la RDC

— **(RS-4) La règle formelle pour les contextes**
(P) ne peut pas introduire de contextes, il ne peut que réutiliser ceux introduits par **(O)**.
Cependant, l'utilisation de la règle formelle pour les contextes a besoin des précisions suivantes :

Pour attaquer un coup de la forme $\langle(\mathbf{O})\text{-}c,t:\mathrm{B}\varphi\rangle$, **(P)** peut choisir un contexte c_n déjà utilisé par **(O)** pour attaquer un coup de la forme $\langle(\mathbf{P})\text{-}c,t:\mathrm{B}\varphi\rangle$.

Si **(O)** n'a pas choisi de contexte pour attaquer un coup de la forme $\langle(\mathbf{P})\text{-}c,t:\mathrm{B}\varphi\rangle$, alors **(P)** peut choisir un nouveau contexte c_n.

Pour attaquer un coup de la forme $\langle(\mathbf{O})\text{-}c,t:\mathrm{B}\varphi\rangle$, **(P)** peut seulement choisir un contexte c_n déjà choisi par **(O)** pour attaquer un coup de la forme $\langle(\mathbf{P})\text{-}c,t:\mathrm{I}\varphi\rangle$ ou $\langle(\mathbf{P})\text{-}c,t:\mathrm{B}\varphi\rangle$.

Pour attaquer un coup de la forme $\langle(\mathbf{O})\text{-}c,t:\mathrm{A}\varphi\rangle$, **(P)** peut seulement choisir un contexte c_n déjà choisi par **(O)** pour attaquer un coup de la forme $\langle(\mathbf{P})\text{-}c,t_n:\mathrm{I}\varphi\rangle$ ou $\langle(\mathbf{P})\text{-}c,t_n:\mathrm{B}\varphi\rangle$ ou $\langle(\mathbf{P})\text{-}c,t_n:\mathrm{A}\varphi\rangle$ ou peut choisir un contexte c.

Cependant, **(P)** peut choisir un contexte c_n pour attaquer un coup de la forme $\langle(\mathbf{O})\text{-}c,t:\mathrm{B}\varphi\rangle$ sous plusieurs conditions que nous énumérons à partir de la **(RS-4.1)** :

Considérons trois instants t, t_n et t_{n+1} tels que t_n, t_{n+1} ont été choisis par **(O)** pour attaquer un coup de la forme $\langle(\mathbf{P})\text{-}c,t:\mathrm{F}\varphi\rangle$ et trois contextes c, c_n et c_{n+1}.

— **(RS-4.1)**
(P) peut réutiliser le contexte initial pour attaquer un opérateur I ou un opérateur A.

— **(RS-4.2)**
Si **(O)** a utilisé un contexte c_{n+1} pour attaquer l'opérateur B à (c,t), alors **(P)** peut réutiliser ce contexte c_{n+1} pour attaquer un opérateur I à (c,t_n) dans une attaque non-standard.

— **(RS-4.3)**
Si **(O)** a utilisé c_{n+1} pour attaquer un opérateur B à (c,t), s'il se

défend de l'attaque d'un opérateur I à (c_{n+1}, t_n) et s'il choisit c_n pour attaquer un opérateur B (c, t_n), alors **(P)** peut réutiliser c_n pour attaquer un opérateur B à (c, t).

— **(RS-4.4)**
Si **(O)** a choisi c_n pour attaquer un opérateur B à c, t_n et s'il se défend d'une attaque de l'opérateur I à c_n, t_n alors, **(P)** peut utiliser c_n pour attaquer un opérateur B à c, t_n.
— **(RS-4.5)**
Si **(O)** a utilisé un contexte c_n pour attaquer l'opérateur B à (c, t), alors **(P)** peut réutiliser ce contexte c_n pour attaquer un opérateur I à (c, t_n) dans une attaque non-standard.
— **(RS-4.6)**
Si **(O)** a utilisé un contexte c_n pour attaquer l'opérateur B à (c, t), alors **(P)** peut réutiliser ce contexte c_n pour attaquer un opérateur I à (c, t) dans une attaque standard.
— **(RS-4.7)**
Si **(O)** a choisi c_n pour attaquer un opérateur B à (c, t_n) et s'il se défend de l'attaque standard de l'opérateur I à (c, t_n) et à (c, t_{n+1}) alors, **(P)** peut réutiliser le contexte c_n pour attaquer l'opérateur B à c, t_{n+1}.
— **(RS-4.8)**
Si **(O)** n'a choisi aucun contexte, **(P)** peut alors dans ce cas introduire un nouveau contexte pour attaquer l'opérateur B.
— **(RS-5) Règle de Victoire**
Un joueur X gagne une partie si et seulement si l'adversaire ne peut plus jouer de coups.

3.3 Des règles structurelles aux tableaux sémantiques

Notre objectif, comme nous l'avons mentionnés antérieurement, est d'analyser le rapport entre stratégies gagnantes et tableaux sémantiques dans le contexte de la révision des croyances de Bonanno. Ce rapport nous permettra de mettre en exergue la difficulté d'exprimer les aspects interactifs de la signification dans les tableaux sémantiques. Pour ce faire, nous nous appuierons sur l'approche dialogique de la théorie de Bonanno développée par Fiutek.[76] Mais avant, commençons par fournir les dia-

---

76. Fiutek dans le cadre de ses travaux de thèse a fournit une approche dialogique du système de Bonanno. Cf. Fiutek (2013)

logues des différents axiomes de Bonanno pour ensuite exploiter le passage de ces règles aux tableaux sémantiques.

3.3.1 L'exemple du dialogue No Drop

Cet axiome stipule que si l'information reçue n'est pas en contradiction avec les croyances initiales de l'agent, alors il ne laisse pas tomber ses croyances.

			(O)			(P)			
						$(\neg B_\neg p \wedge B\, q) \to$ $F(Ip \to Bq)$	c	t	0
			$m := 1$			$n := 2$			
1	c	t	$\neg B_\neg p \wedge Bq$	0		$F(Ip \to Bq)$	c	t	2
3	c	t	? F t_1 $(tR^T t_1)$	2		$Ip \to Bq$	c	t_1	4
5	c	t_1	Ip	4		$B\,q$	c	t_1	6
7	c	t_1	? $Bc_1(cR^{Bt_1}c_1)$	6		q	c_1	t_1	20
9	c	t	$\neg B_\neg p$		1	? $\wedge_1$	c	t	8
			$\otimes$		9	$B_\neg p$	c	t	10
11	c	t	? B $c_2(cR^{Bt}c_2)$	10		$\neg p$	c_2	t	12
13	c_2	t	p	12		$\otimes$			
15	c	t	Bq		1	? $\wedge_2$	c	t	14
17	c_1	t	$cR^{It_1}c_2$		5	p	c_2	t_1	16
19	c_1	t	q		15	?B c_1	c	t	18

Explications

Selon la **RS-0**, la thèse est énoncée par (**P**) au coup 0. Au coup 1, (**O**) attaque l'implication en concédant l'antécédent et (**P**) affirme le conséquent. Au coup 3, (**O**) attaque l'opérateur temporel F et choisit comme instant futur t_1. (**O**) attaque l'implication du coup 4, en concédant Ip et (**P**) affirme le conséquent Bq. Au coup 7, (**O**) attaque l'opérateur B du coup 6, il choisit c_1. (**P**) ne peut pas répondre à l'attaque car (**O**) n'a pas encore introduit la proposition atomique q, selon la règle formelle **RS-2**, (**P**) ne peut pas introduire de propositions atomiques, il peut seulement réutiliser celles que (**O**) a déjà introduites. Il contre-attaque.

3.3 Des règles structurelles aux tableaux sémantiques

(**P**) attaque la conjonction du coup 1 et choisit le premier conjoint. (**O**) se défend alors en affirmant le premier conjoint. Au coup 10, (**P**) attaque la négation de coup 9. (**O**) ne peut pas se défendre. Selon les règles de particules de la négation, il n'y a pas de défense lors de l'attaque d'une négation alors, il se produit un changement de rôle du défenseur en attaquant. (**O**) attaque l'opérateur de croyance et choisit c_2 et (**P**) affirme $\neg p$ à c_2, t. Au coup 13, (**O**) attaque la négation du coup 12. (**P**) ne peut pas se défendre, alors, il passe à une attaque de la conjonction du coup 1, il choisit le deuxième conjoint. (**O**) répond en assertant le deuxième conjoint.

Au coup 16, (**P**) attaque l'opérateur d'information I par une attaque non-standard et choisit le contexte c_2, il demande à (**O**) de confirmer que ce contexte c_2 peut être réutilisé pour attaquer l'opérateur d'information. Cette attaque de (**P**) a été possible grâce à la règle structurelle **RS-4.2** : Si (**O**) a utilisé un contexte c_2 pour attaquer l'opérateur B à (c, t) alors, (**P**) peut utiliser c_2 pour attaquer un opérateur I à (c, t_1) dans une attaque non-standard. Après cette attaque, (**O**) se défend à (c_2, t_1). Au coup 19, (**P**) attaque l'opérateur B et choisit c_1 déjà introduit par (**P**). Cette attaque a été possible grâce à la **RS-4.3** : Si (**O**) a utilisé c_2 pour attaquer un opérateur B à (c, t), s'il se défend de l'attaque non-standard d'un opérateur I à (c_2, t_1) et s'il choisit c_1 pour attaquer un opérateur B c, t_1, alors (**P**) peut réutiliser c_1 pour attaquer un opérateur B à (c, t) (**O**) répond en affirmant q à (c_1, t). La formule atomique q étant introduite par (**O**) au coup 20, (**P**) répond à l'attaque antérieure du coup 6, il pose q à c_1 mais cette fois à t_1.

Ce coup 20 a été possible grâce à la **RS-3.2** : (**P**) peut réutiliser les formules atomiques et les contextes déjà introduits par (**O**) dans un instant différent de celui de leur utilisation. (**O**) ne peut plus faire de mouvement, alors (**P**) gagne la partie selon la règle de victoire **RS-5**.

3.3.1.1 Les conditions des règles structurelles du dialogue No Drop

Les règles structurelles qui correspondent à l'axiome No Drop sont **RS-4.2** et **RS-4.3** comme présentées plus haut.

La règle structurelle **RS-4.3** dit ceci :

P peut réutiliser le contexte c_1 pour attaquer un opérateur B à (c, t) si :

— (i) (**O**) a utilisé c_2 pour attaquer un opérateur B à (c, t).
— (j) (**O**) se défend d'une attaque non-standard de l' opérateur I à (c_2, t_1).

— (k) **(O)** a choisi c_1 pour attaquer un opérateur B (c, t_1).

Le schéma suivant décrit l'attaque de **(P)** de l'affirmation Bp à (c,t) de **(O)**, les conditions de l'attaque et la défense de **(O)**.

$$\begin{array}{ll} \textbf{(O)} \; Bp \; (c,t) \\ \hline (i)\textbf{(O)} \; [cR^{Bt}c_2] & \text{utilisation préalable de } c_2 \\ (j)\textbf{(O)} \; [cR^{It_1}c_2] & \text{défense de l'attaque de I} \\ (k)\textbf{(O)} \; [cR^{Bt_1}c_1] & \text{choix de } c_1 \\ \textbf{(P)} \; \langle ? \; B \; (c_1,t) \rangle \\ \textbf{(O)} \; p \; (c_1,t) \end{array}$$

La règle structurelle **RS-4.3** ainsi formulée, nous allons en faire de même pour la règle structurelle **RS-4.2**.

La règle structurelle **RS-4.2** nous dit ceci :

(P) peut réutiliser le contexte c_2 pour attaquer un opérateur I à (c, t_1) dans une attaque non-standard si :
(O) a utilisé auparavant ce contexte c_2 pour attaquer l'opérateur B à (c, t).

Le schéma ci-dessous décrit l'attaque de **(P)** au coup **(O)** Ip à (c, t_1), la condition de l'attaque et la défense de **(O)**.

$$\begin{array}{ll} \textbf{(O)} \; Ip \; (c,t_1) \\ \hline \textbf{(O)} \; [cR^{Bt}c_2] & \text{utilisation préalable de } c_2 \\ \textbf{(P)} \; \langle \; p \; (c_2, t_1) \rangle \\ \textbf{(O)} \; cR^{It_1}c_2 \end{array}$$

3.3.1.2 Des règles structurelles aux tableaux sémantiques

Dans cette dernière étape de notre travail, nous allons montrer les difficultés de formuler une règle de tableau de l'axiome No Drop à partir des schémas développés dans la section antérieure.

$$\begin{array}{ll} \textbf{(O)} \; Bp \; (c,t) \\ \hline (i)\textbf{(O)} \; [cR^{Bt}c_2] & \text{utilisation préalable de } c_2 \\ (j)\textbf{(O)} \; [cR^{It_1}c_2] & \text{défense de l'attaque de I} \\ (k)\textbf{(O)} \; [cR^{Bt_1}c_1] & \text{choix de } c_1 \\ \textbf{(P)} \; \langle ? \; B \; (c_1,t) \rangle \\ \textbf{(O)} \; p \; (c_1,t) \end{array}$$

3.3 Des règles structurelles aux tableaux sémantiques

Tableaux sémantiques de la RS-4.3

$$\frac{(\mathbf{T}) \; \mathrm{B}p \; (c,t)}{(\mathbf{T}) \; p \; (c_1,t)}.$$

c_1 ne doit pas nouveau.

En considérant les deux schémas ci-dessus, nous notons les différentes remarquables qui conviennent d'être spécifiées. Ces différences constituent les difficultés à incorporer les aspects interactifs dans les règles de tableaux. Dans l'algorithme qui transforme les stratégies de victoire en tableaux en général, les signatures (**O**) et (**P**) sont transformées respectivement en (**T**) et (**F**).

Dans notre cas, nous avons (**O**), (**P**), (**T**) mais pas (**F**). L'affirmation (**O**) $\mathrm{B}p \; (c,t)$ dans le premier schéma est représentée dans le deuxième schéma par (**T**) $\mathrm{B}p \; (c,t)$, l'utilisation préalable de c_2 désignée par le coup (i) dans le premier schéma n'a pas de correspondance dans le schéma 2. La défense de (**O**) de l'attaque de l'opérateur I désigné par le coup (j) dans le premier schéma n'est pas exprimée dans le schéma 2. Le choix du contexte c_1 par (**O**), désigné par le coup (k) dans le premier schéma, n'est pas non plus exprimé dans le deuxième schéma.

L'attaque de (**P**) de l'opérateur B n'est pas également exprimée dans le deuxième schéma. La réponse à l'attaque à (**P**) donnée par (**O**) dans le premier schéma correspond à (**T**) $p \; (c_1,t)$ dans le deuxième schéma. L'expression c_1 *ne doit pas nouveau* veut dire tout simplement que le contexte c_1 doit déjà avoir été utilisé. Nous venons de relever les différences que nous constatons dans les deux schémas précédents. Nous ferons de même pour les schémas suivants.

$$\frac{(\mathbf{O}) \; \mathrm{I}p \; (c,t_1)}{\begin{array}{l}(\mathbf{O}) \; [cR^{Bt}c_2] \quad \text{utilisation préalable de } c_2. \\ (\mathbf{P}) \; \langle \, p \; (c_2,t_1) \rangle \\ (\mathbf{O}) \; cR^{It_1}c_2 \end{array}}$$

Tableaux sémantique de la RS-4.2

$$\frac{(\mathbf{T}) \; \mathrm{I}p \; (c,t_1)}{(\mathbf{T}) \; cR^{It_1}c_2}.$$

c_2 ne doit pas être nouveau.

Dans le premier schéma, l'affirmation (**O**) $\mathrm{I}p \; (c,t_1)$, correspond à (**T**) $\mathrm{I}p \; (c,t_1)$ dans le deuxième schéma. L'utilisation préalable du contexte c_2 qui correspond à la condition de l'attaque de l'opérateur I par (**P**) n'est pas exprimée dans le deuxième schéma. L'attaque de (**P**) de l'opérateur I n'est pas aussi exprimée dans le deuxième schéma. La réponse de (**O**) dans le premier schéma correspond à (**T**) $cR^{It_1}c_2$ dans le deuxième schéma. L'affirmation : *le contexte c_2 ne doit pas être nouveau* mentionnée dans le schéma 2 stipule que c_2 doit avoir fait l'objet d'une utilisation préalable. Toutefois, que traduisent toutes ces différences ?

Ces différences s'expliquent par le fait que les tableaux ne prennent pas en compte la notion d'acte de langage. Ils sont monologiques. Le langage est dirigé vers un seul sens, c'est ce qui explique que dans les deuxièmes schémas qui correspondent aux tableaux, nous n'avons pas la signature (**F**). Nous assistons à une absence totale d'interaction, qui se justifie par le manque d'échanges argumentatifs. Les conditions des attaques et les attaques elles-mêmes ne sont pas identifiées dans les tableaux.

Après avoir mis en évidence la tâche ardue d'exprimer l'interaction dans les tableaux sémantiques de l'axiome No Drop, passons maintenant à l'axiome No Add.

3.3.2   L'exemple du dialogue No Add

$\neg B \neg (p \wedge \neg q) \rightarrow F(Ip \rightarrow \neg Bq)$.

Cet axiome stipule que si l'information reçue n'est pas en contradiction avec nos croyances initiales, l'agent n'ajoutera pas de croyances dont il n'a pas l'information.

3.3 Des règles structurelles aux tableaux sémantiques

			O			**P**			
						$\neg B\neg(p \wedge \neg q) \rightarrow$ $F(Ip \rightarrow \neg Bq)$	c	t	0
						$n := 2$			
			$m := 1$			$F(Ip \rightarrow \neg Bq)$	c	t	2
1	c	t	$\neg B\neg(p \wedge \neg q)$	0		$Ip \rightarrow \neg Bq$	c	t_1	4
3	c	t	? $Ft_1(tR^T t_1)$	2		$\neg Bq$	c	t_1	6
5	c	t_1	Ip	4		$\otimes$			
7	c	t_1	Bq	6	1	$B\neg(p \wedge \neg q)$	c	t	8
						$\neg(p \wedge \neg q)$	c_1	t	10
			$\otimes$						
9	c	t	? $Bc_1(cR^{Bt} c_1)$	8		$\otimes$			
11	c_1	t	$p \wedge \neg q$	10	11	? $\wedge_1$	c_1	t	12
13	c_1	t	p		11	? $\wedge_2$	c_1	t	14
15	c_1	t	$\neg q$		5	p	c_1	t_1	16
17	c_1	t_1	$cR^{It_1} c_1$		7	$?Bc_1(cR^{Bt_1} c_1)$	c	t_1	18
19	c_1	t_1	q		15	q	c_1	t	20

Explications

Au coup 0, La thèse est énoncée par (**P**), selon la **RS-0**. Au coup 1, (**O**) attaque l'implication en concédant l'antécédent et (**P**) affirme le conséquent. Au coup 3, (**O**) attaque l'opérateur temporel F, du coup 2 et choisit comme instant futur t_1. (**P**) répond à l'attaque du coup 3 en affirmant la formule à t_1. Ensuite, (**O**) attaque l'implication du coup 4, en concédant Ip et (**P**) affirme le conséquent $\neg Bq$. Au coup 7, (**O**) attaque la négation du coup 6. (**P**) ne peux pas se défendre car selon les règles de particules de la négation, il n'y a pas de défense lors de l'attaque d'une négation alors, il se produit un changement de rôle du défenseur en attaquant. (**P**) attaque la négation du coup 1. (**O**) ne peut pas non plus répondre à l'attaque de la négation. Il attaque alors l'opérateur B du coup 8, et introduit le contexte de croyance c_1. (**P**) répond à l'attaque en affirmant $\neg(p \wedge \neg q)$ dans le contexte c_1.

Au coup 11, (**O**) attaque la négation du coup 10 et, comme nous l'avons indiqué plus haut, il n'y a pas de défense pour la négation (**P**) contre-attaque la conjonction du coup 11 en demandant le premier conjoint. (**O**) lui donne le premier conjoint. Ensuite, (**P**) attaque encore la conjonction du coup 11 en demandant cette fois-ci le deuxième conjoint. (**O**) lui donne le deuxième conjoint au coup 15. **(P)** attaque l'opérateur d'information par une attaque non-standard et choisit le contexte c_1, il demande à **(O)** de confirmer que ce contexte c_1 peut être réutilisé pour attaquer l'opérateur d'information. Cette attaque de **(P)** a été possible grâce à la règle structurelle **RS-4.5** : si **(O)** a utilisé un contexte c_1 pour attaquer l'opérateur B à (c,t), alors **(P)** peut réutiliser ce contexte c_1 pour attaquer un opérateur I à (c,t_1) dans une attaque non-standard. **(O)** se défend à (c_1, t_1).

Au coup 18, **(P)** attaque l'opérateur B et choisit c_1 déjà introduit par **(O)**. Cette attaque a été possible grâce à la **RS-4.4** : si **(O)** a choisi c_1 pour attaquer un opérateur B à c,t et s'il se défend d'une attaque de l'opérateur I à c_1, t_1, alors **(P)** peut utiliser c_1 pour attaquer un opérateur B à c, t_1.

(O) répond en introduisant la formule atomique q à (c_1, t_1). **(P)**, à son tour, au coup 20, réutilise la formule atomique introduite par **(O)** au coup précédent pour attaquer la négation au coup 15. **(O)** ne peut pas se défendre car c'est une attaque de la négation, il ne pas non plus contre-attaquer car il y a plus de coups possibles. Alors, **(P)** gagne la partie selon la règle de victoire **RS-5**.

3.3.2.1 Les conditions des règles structurelles du dialogue No Add

Les règles structurelles qui correspondent à l'axiome No Add sont **RS-4.4** et **RS-4.5** comme nous l'avons indiqué ci-dessus.

La règle structurelle **RS-4.4** dit ceci :

(P) peut réutiliser le contexte c_1 pour attaquer un opérateur B à (c, t_1) si :

— (i) **(O)** a utilisé c_1 pour attaquer un opérateur B à (c, t).
— (j) **(O)** se défend d'une attaque non-standard de l'opérateur I à (c_1, t_1).

Le schéma qui va suivre décrit l'attaque de **(P)** à l'affirmation Bq à (c, t_1) de **(O)**, les conditions de l'attaque et la défense de **(O)**.

(O) Bq (c, t_1)	
(i)**(O)** $[cR^{Bt}c_1]$	utilisation préalable de c_1
(j)**(O)** $[cR^{It_1}c_1]$	défense de l'attaque de I
(P) $\langle ?\ B\ (c_1, t_1) \rangle$	
(O) q (c_1, t_1)	

3.3 Des règles structurelles aux tableaux sémantiques

La règle structurelle **RS-4.4** ainsi formulée, nous allons en faire de même pour la règle structurelle **RS-4.5**.

La règle structurelle **RS-4.5** nous dit ceci :

(P) peut réutiliser le contexte c_1 pour attaquer un opérateur I à (c, t_1) dans une attaque non-standard si :
(O) a utilisé auparavant ce contexte c_1 pour attaquer l'opérateur B à (c, t).

Pour cette règle **RS-4.5** nous n'avons qu'une seule condition.
Le schéma ci-dessous décrit l'attaque de **(P)** à l'affirmation Ip à (c, t_1) de **(O)**, la condition de l'attaque et la défense de **(O)**.

$$\frac{\textbf{(O) I}p\ (c, t_1)}{\textbf{(O) }[cR^{Bt}c_1]\quad \text{utilisation préalable de } c_1}$$
(P) $\langle\ p\ (c_1, t_1)\rangle$
(O) $cR^{It_1}c_1$

3.3.2.2 Des règles structurelles aux tableaux sémantiques

Ici, nous allons montrer les difficultés à formuler des tableaux sémantiques de l'axiome No Add à partir des schémas développés dans la section antérieure.

$$\frac{\textbf{(O) B}q\ (c, t_1)}{}$$
(i)**(O)** $[cR^{Bt}c_1]$ utilisation préalable de c_1
(j)**(O)** $[cR^{It_1}c_1]$ défense de l'attaque de I
(P) $\langle\ ?\ \text{B}\ (c_1, t_1)\rangle$
(O) $q\ (c_1, t_1)$

tableaux sémantiques de la RS-4.4

$$\frac{\textbf{(T) B}q\ (c, t_1)}{\textbf{(T) }q\ (c_1, t_1)}$$
c_1 ne doit pas être nouveau

Ces schémas ci-dessus montrent bien que les actes de langage sont difficilement exprimables dans le tableau sémantique de la **RS-4.4**. En effet, dans le schéma 1, l'affirmation **(O)** B$q\ (c, t_1)$ est représentée dans le schéma 2 par **(T)** B$q\ (c, t_1)$. L'utilisation préalable de c_1 désignée par le coup (i) dans le premier schéma n'a pas de correspondance dans le schéma 2. La défense de **(O)** de l'attaque de l'opérateur I désigné par le coup (j) dans le schéma 1 n'est pas exprimée dans le schéma 2. Par ailleurs, l'attaque de (**P**) de l'opérateur B n'est pas également exprimée dans le schéma 2. La réponse à l'attaque de (**P**), donnée par (**O**) dans le premier schéma, correspond à (**T**) $p(c_1,t)$ dans le schéma 2. L'expression c_1 *ne doit pas nouveau* veut dire tout simplement que le contexte c_1 doit déjà être introduit par (**O**). Nous venons de relever les différences que nous constatons dans les deux schémas précédents. Nous en ferons de même pour les schémas suivants.

$$\frac{(\mathbf{O})\ \mathrm{I}p\,(c,t_1)}{\begin{array}{l}(\mathbf{O})\ [cR^{Bt}c_1]\quad \text{utilisation préalable de } c_1\\(\mathbf{P})\ \langle\,p\,(c_1,t_1)\rangle\\(\mathbf{O})\ cR^{It_1}c_1\end{array}}$$

Tableaux sémantique de la RS-4.5

$$\frac{(\mathbf{T})\ \mathrm{I}p\,(c,t_1)}{(\mathbf{T})\ cR^{It_1}c_1}$$

c_1 ne doit pas être nouveau

Dans le premier schéma, l'affirmation (**O**) $\mathrm{I}p\,(c,t_1)$ correspond à (**T**) $\mathrm{I}p\,(c,t_1)$ dans le deuxième schéma. L'utilisation préalable du contexte c_1 qui correspond à la condition de l'attaque de l'opérateur I par (**P**) n'est pas exprimée dans le deuxième schéma. De même, l'attaque de (**P**) de l'opérateur I n'est pas aussi exprimée dans le deuxième schéma. La réponse de (**O**) dans le premier schéma correspond à (**T**) $cR^{It_1}c_1$ dans le deuxième schéma. L'affirmation : "c_1 *ne doit pas être nouveau*" mentionnée dans le schéma 2 stipule que c_1 doit avoir fait l'objet d'une utilisation préalable.

Dans cette description, nous remarquons effectivement qu'il est très difficile d'exprimer les aspects interactifs dans les tableaux sémantiques de l'axiome No Add.

Qu'en est-il pour l'axiome Acceptance ?

3.3 Des règles structurelles aux tableaux sémantiques

3.3.3 L'exemple du dialogue Acceptance

			(O)				(P)			
							I $p \to \mathrm{B}p$	t	c	0
			$m := 1$				$n := 2$			
1	t	c	Ip	0			Bp	t	c	2
3	t	c	?B $c_1(cR^{Bt}c_1)$	2			p	t	c_1	6
5	t	c_1	p	4	1		? I $c_1(cR^{Bt}c_1)$	t	c	4

Explications

Au coup 0, la thèse est énoncée par (P), selon la **RS-0**. Au coup 1, (O) attaque l'implication en concédant l'antécédent et (P) affirme le conséquent. Au coup 3, (O) attaque l'opérateur B du coup 2 et choisit comme contexte de croyance c_1. (P) ne répond pas à l'attaque du coup 3 car selon la règle formelle **RS-2**, (P) ne peut pas introduire de formule atomique. Alors il temporise puis passe à une contre-attaque. Il attaque l'opérateur d'information par une attaque standard au coup 1 et choisit le contexte c_1 déjà introduit par (O). Cette attaque de (P) a été possible grâce à la **(RS-4.6)** : si (O) a utilisé un contexte c_1 pour attaquer l'opérateur B à (c,t), alors (P) peut réutiliser ce contexte c_1 pour attaquer un opérateur I à (c,t) dans une attaque standard.

Par la suite, (O) répond à l'attaque du coup 4 en affirmant la formule à c_1. (P), dans le coup suivant, répond à l'attaque du coup 3, puisque (O) a introduit la formule atomique au coup précédent. Ainsi, (P) affirme p dans le contexte c_1 à t. (O) ne peut plus faire de mouvements. Alors (P) gagne la partie selon la règle de victoire **RS-5**.

3.3.3.1 Les conditions des règles structurelles du dialogue Acceptance

La règle structurelle qui correspond à l'axiome Acceptance est **RS-4.6**.

Cette dernière affirme ceci :

(P) peut réutiliser ce contexte c_1 pour attaquer un opérateur I à (c,t) dans une attaque standard si :

— (**O**) a utilisé ce contexte c_1 pour attaquer l'opérateur B à (c,t).

Pour cet axiome Acceptance, il n'a qu'une seule condition qui est mise en évidence.

En schématisant cela, nous avons ce qui suit :

$$\frac{(\mathbf{O})\ \mathrm{I}p\ (c,t)}{\begin{array}{l}(i)(\mathbf{O})\ [cR^{Bt}c_1]\quad \text{utilisation préalable de } c_1\\(\mathbf{P})\ \langle\,?\ \mathrm{I}\ (c_1,t)\rangle\\(\mathbf{O})\ p\ (c_1,t)\end{array}}$$

3.3.3.2 Des règles structurelles aux tableaux sémantiques

Mettons en exergue les difficultés à formuler des tableaux sémantiques de l'axiome Acceptance.

$$\frac{(\mathbf{O})\ \mathrm{I}p\ (c,t)}{\begin{array}{l}(i)(\mathbf{O})\ [cR^{Bt}c_1]\quad \text{utilisation préalable de } c_1\\(\mathbf{P})\ \langle\,?\ \mathrm{I}\ (c_1,t)\rangle\\(\mathbf{O})\ p\ (c_1,t)\end{array}}$$

tableaux sémantiques de la RS-4.6

$$\frac{(\mathbf{T})\ \mathrm{I}p\ (c,t)}{(\mathbf{T})\ p\ (c_1,t)}$$
c_1 ne doit pas être nouveau

Dans le premier schéma, l'affirmation (**O**) $\mathrm{I}p\ (c,t)$, correspond à (**T**) $\mathrm{I}p\ (c,t)$ dans le deuxième schéma. L'utilisation préalable du contexte c_1 qui correspond à la seule condition de l'attaque de l'opérateur I par (**P**) n'est pas exprimée dans le deuxième schéma. De même, l'attaque de (**P**) de l'opérateur I n'est pas exprimée dans le deuxième schéma. La réponse de (**O**) dans le premier schéma correspond à (**T**) $cR^{It_1}c_1$ dans le deuxième schéma. L'affirmation : "c_1 ne doit pas être nouveau" mentionnée dans le schéma 2 stipule que c_1 doit avoir fait l'objet d'une utilisation préalable par (**O**).

Nous remarquons que, tout comme dans les cas des autres axiomes, il est difficile de mettre en exergue l'interaction dans le tableau.

Passons maintenant au dialogue de l'axiome Equivalence.

3.3.4 L'exemple du dialogue Equivalence

$\neg F\neg(\mathrm{I}q \wedge \mathrm{B}p) \to F(\mathrm{I}q \to \mathrm{B}p)$

Cet axiome stipule que les différences dans les croyances sont dues aux différences dans les informations.

3.3 Des règles structurelles aux tableaux sémantiques

			O			**P**			
						¬ F¬(Iq∧ Bp) →F(Iq → Bp)	c	t	0
			$m := 1$			$n := 2$			
1	c	t	¬F¬(Iq ∧ Bp)	0		F(Iq → Bp)	c	t	2
3	c	t	? Ft_1($tR^T t_1$)	2		Iq → Bp	c	t_1	4
5	c	t_1	Iq	4		Bp	c	t	6
7	c	t_1	? B c_1($cR^{Bt}c_1$)	6		p	t_1	c_1	22
			⊗		1	F¬(Iq ∧ Bp)	c	t	8
9	c	t	? Ft_2($tR^T t_2$)	8		¬ (Iq ∧ Bp)	c	t_2	10
11	c	t_2	Iq ∧ Bp	10		⊗			
13	c	t_2	Iq		11	? ∧$_1$	c	t_2	12
15	c	t_2	Bp		11	? ∧$_2$	c	t_2	14
17	c	t_1	q		5	? I	c	t_1	16
19	c	t_2	q		13	? I	c	t_2	18
21	c_1	t_2	p		15	? Bc_1	c	t_2	20

Explications

Au coup 0, la thèse est énoncée par (**P**), selon la **RS-0**. Au coup 1, (**O**) attaque l'implication en concédant l'antécédent et (**P**) affirme le conséquent. Au coup 3, (**O**) attaque l'opérateur temporel F du coup 2 et choisit comme instant futur t_1. (**P**) répond à l'attaque du coup 3 en affirmant la formule à t_1. Ensuite, (**O**) attaque l'implication du coup 4 en concédant Iq et (**P**) affirme le conséquent Bp. Au coup 7, (**O**) attaque l'opérateur B du coup 6. (**P**) ne peut pas répondre à l'attaque car (**O**) n'a pas encore introduit la proposition atomique p, selon la règle formelle **RS-2**, (**P**) ne peut pas introduire de propositions atomiques, il peut seulement réutiliser celles que (**O**) a déjà introduites. Il contre-attaque la négation du coup 1. (**O**) ne peux pas se défendre car selon les règles de particules de la négation, il n'y a pas de défense lors de l'attaque d'une négation. Alors il se produit un changement de rôle du défenseur en attaquant. (**O**) attaque le deuxième opérateur temporel F du coup 8. (**P**) se défend en affirmant la formule à t_2.

Au coup 11, (**O**) attaque la négation du coup 10. (**P**) ne peut pas répondre, il contre-attaque la conjonction du coup 11 et demande le premier conjoint. (**O**) répond en affirmant le premier conjoint. (**P**) attaque la conjonction du coup 11, mais cette fois en demandant le second conjoint. (**O**) répond en affirmant le deuxième conjoint. Au coup 16, (**P**) attaque l'opérateur I du coup 5 et choisit le contexte initial c. Ce coup a été possible par grâce à la **RS-4.1** : (**P**) peut réutiliser le contexte initial pour attaquer un opérateur I ou un opérateur A. (**O**) se défend en affirmant la formule dans le contexte initial c. Au coup 18, (**P**) attaque un autre opérateur I, celui du coup 13 et choisit encore le contexte initial c, comme nous l'avons indiqué, la règle **RS-4.1** le lui permet. (**O**) se défend en affirmant q dans le contexte initial c à t_2.

Au coup 20, (**P**) attaque l'opérateur B du coup 15, et utilise le contexte c_1 grâce **RS-4.7** : si (**O**) a choisi c_1 pour attaquer un opérateur B à (c, t_1) et s'il se défend de l'attaque standard de l'opérateur I à (c, t_1) et à (c, t_2) alors, (**P**) peut réutiliser le contexte c_1 pour attaquer l'opérateur B à c, t_2. Au coup 21, (**O**) répond à l'attaque en affirmant p à (c_1, t_2). La formule atomique p étant introduite par (**O**), (**P**) la réutilise pour répondre à l'attaque du coup 7 à (c_1, t_1) ; (**P**) fait le denier mouvement alors, il remporte la partie selon la **RS-5**.

3.3.4.1 Les conditions des règles structurelles du dialogue Equivalence

La règle structurelle qui corresponde à l'axiome Equivalence est **RS-4.7**.

Elle allègue ce qui suit :

(**P**) peut réutiliser le contexte c_1 pour attaquer l'opérateur B à c, t_2 si :

(**O**) a choisi c_1 pour attaquer un opérateur B à (c, t_1) et s'il se défendre de l'attaque standard de l'opérateur I à (c, t_1) et à (c, t_2).

Les conditions sont récapitulées dans les trois points suivants :
— (i) (**O**) a utilisé c_1 pour attaquer un opérateur B à (c, t_1).
— (j) (**O**) se défend d'une attaque standard de l'opérateur I à (c, t_1).
— (k) (**O**) se défend d'une attaque standard de l'opérateur I à (c, t_2).

Le schéma suivant décrit l'attaque de (**P**) à l'affirmation Bp à (c, t_2) de (**O**), les conditions de l'attaque et la défense de (**O**).

3.3 Des règles structurelles aux tableaux sémantiques

$$\begin{array}{l}\textbf{(O)}\ \mathrm{B}p(c,t_2)\\ \hline (i)\textbf{(O)}\ [cR^{Bt_1}c_1]\quad \text{utilisation préalable de } c_1\\ (j)\textbf{(O)}\ [cR^{It_1}c]\quad \text{défense de l'attaque de I}\\ (k)\textbf{(O)}\ [cR^{It_2}c]\quad \text{défense de l'attaque de I}\\ \textbf{(P)}\ \langle\,?\ \mathrm{B}\ (c_1,t_2)\rangle\\ \textbf{(O)}\ p\ (c_1,t_2)\end{array}$$

Après avoir schématisé les différentes conditions de la **RS-4.7**, extrayons maintenant le tableau correspondant.

3.3.4.2 Des règles structurelles aux tableaux sémantiques

$$\begin{array}{l}\textbf{(O)}\ \mathrm{B}p(c,t_2)\\ \hline (i)\textbf{(O)}\ [cR^{Bt_1}c_1]\quad \text{utilisation préalable de } c_1\\ (j)\textbf{(O)}\ [cR^{It_1}c]\quad \text{défense de l'attaque de I}\\ (k)\textbf{(O)}\ [cR^{It_2}c]\quad \text{défense de l'attaque de I}\\ \textbf{(P)}\ \langle\,?\ \mathrm{B}\ (c_1,t_1)\rangle\\ \textbf{(O)}\ p\ (c_1,t_2)\end{array}$$

Tableau sémantique de la RS-4.7

$$\begin{array}{l}\textbf{(T)}\ \mathrm{B}p(c,t_2)\\ \hline \textbf{(T)}\ p\ (c_1,t_2)\end{array}$$

c_1 ne doit pas être nouveau

Les différences que nous pouvons relever dans les deux schémas ci-dessus sont les suivantes : dans le schéma 1, l'affirmation **(O)** Bp (c,t_2) est représentée dans le schéma 2 par **(T)** Bp (c,t_2). L'utilisation préalable de c_1 désignée par le coup (i) dans le premier schéma n'a pas de correspondant dans le schéma 2. La défense de **(O)** de l'attaque de l'opérateur I désignée par le coup (j) dans le schéma 1 n'est pas exprimée dans le schéma 2. Aussi, la deuxième défense de **(O)** de l'attaque de l'opérateur I désignée par le coup (j) dans le schéma 1 n'est pas exprimée dans le schéma 2. L'expression c_1 ne doit pas nouveau veut dire tout simplement que le contexte c_1 doit déjà être introduit par **(O)**. Nous venons de relever les différences que nous constatons dans les deux schémas.

Dans ces schémas, nous remarquons que l'attaque de l'opérateur par l'opérateur décrit une structure réflexive. Cette propriété nous permet de comprendre davantage les principes de l'opérateur d'information I, en général, ou peut-être cette particularité en rapport avec l'axiome Equivalence. Nous y reviendrons certainement. Abordons maintenant l'analyse de l'axiome Consistency.

3.3.5 L'exemple du dialogue Consistency

$Bp \rightarrow \neg B \neg p$

Cet axiome stipule que nos croyances sont consistantes.

	(O)					(P)			
						$Bp \rightarrow \neg B \neg p$	t	c	0
			$m := 1$			$m := 2$			
1	t	c	Bp	0		$\neg B \neg p$	t	c	2
3	t	c	$B \neg p$	2		$\otimes$			
5	t	c_1	p		1	? Bc_1	t	c	4
7	t	c_1	$\neg p$		3	? Bc_1	t	c	6
			$\otimes$		7	p	t	c_1	8

Explications

Au coup 0, la thèse est énoncée par (P), selon la **RS-0**.

Au coup 1, (O) attaque l'implication en concédant l'antécédent et (P) affirme le conséquent. Au coup 3, (O) attaque la négation du coup 2. (P) ne peux pas se défendre car selon les règles de particules de la négation, il n'y a pas de défense lors de l'attaque d'une négation. Alors il se produit un changement de rôle du défenseur en attaquant ; (P) contre-attaque l'opérateur B du coup 1 et introduit le contexte de croyance c_1. Cette attaque est spéciale car (P) a introduit un nouveau contexte. Ce coup a été possible grâce à la (**RS-4.8**).

La (**RS-5-8**) stipule : si (O) n'a choisi aucun contexte, (P) peut alors dans ce cas, introduire un nouveau contexte pour attaquer l'opérateur B.

(O) répond à l'attaque en assertant la formule atomique p. Au coup 6, (P) attaque l'opérateur B du coup 3 et choisit le même contexte c_1, qu'il a introduit. Au coup 7, (O) répond à l'attaque en affirmant $\neg p$ à c_1. Dans le coup suivant, (P) attaque la négation du coup 7. (O) ne peut pas répondre à l'attaque de la négation.

Aucun autre coup n'est possible. Alors, (P) gagne la partie.

3.3.5.1 Les conditions des règles structurelles du dialogue Consistency

La règle structurelle qui correspond à l'axiome Consistency est **RS-4.8**.

3.3 Des règles structurelles aux tableaux sémantiques

Cette règle structurelle **RS-4.8** dit ceci :

Si (**O**) n'a choisi aucun contexte, (**P**) peut alors dans ce cas, introduire un nouveau contexte pour attaquer l'opérateur B.

Pour ce cas de l'axiome Consistency, (**P**) a le droit d'introduire un nouveau contexte sous la condition que (**O**) ne l'ait fait auparavant.

Le schéma de cet axiome, nous donne ce qui suit :

$$\frac{\text{(O) B}p\ (c,t)}{\text{(P) } \langle\,?\ \text{B}\ (c_1)\rangle}$$
$$\text{(O) } p\ (c_1,t)$$

3.3.5.2 Des règles structurelles aux tableaux sémantiques

$$\frac{\text{(O) B}p\ (c,t)}{\text{(P) } \langle\,?\ \text{B}\ (c_1)\rangle}$$
$$\text{(O) } p\ (c_1,t)$$

tableaux sémantiques de la RS-4.8

$$\frac{\text{(T) B}p\ (c,t)}{\text{(T) } p\ (c_1,t)}$$

(c_1 doit être nouveau)

L'affirmation (**O**) Bp (c,t), dans le premier schéma, correspond à (**T**) Bp (c,t) dans le deuxième schéma. Ici, (**P**) n'est soumis à aucune restriction particulière si ce n'est qu'aucun contexte ne doit être introduit par (**O**). L'attaque de (**P**) de l'opérateur B n'est pas aussi exprimée dans le deuxième schéma. La réponse de (**O**) dans le premier schéma correspond à (**T**) p (c_1,t) dans le deuxième schéma. L'affirmation : "c_1 doit être nouveau" mentionnée dans le schéma 2 signifie que c_1 doit être introduit par (**P**). Un point très important qui mérite d'être souligné est que dans le tableau, on ne remarque même pas que le contexte c_1 a été introduit par (**P**) à cause de l'absence d'interaction.

Il ressort de l'analyse que nous avons effectuée plus haut, que le passage des stratégies de victoire aux tableaux sémantiques présente une difficulté énorme, celle d'exprimer les aspects interactifs dans les tableaux sémantiques, qui constituent des éléments indispensables à la signification. Les différences que nous avons relevées entre les stratégies de victoires et les tableaux sémantiques s'expliquent par le fait que les tableaux ne prennent pas en compte la notion d'acte de langage. Ils sont monologiques. Le langage est dirigé vers un seul sens, c'est ce qui explique le fait que dans les deuxièmes schémas qui correspondent aux tableaux, nous n'avons pas la signature (**F**). Nous assistons à une absence totale d'interaction, qui se justifie par le manque d'échanges argumentatifs. Les conditions des attaques et les attaques elles-mêmes ne sont pas identifiées dans les tableaux sémantiques. Ce manque d'interaction se justifie par le fait que les tableaux ne décrivent pas vraiment les jeux qui constituent une stratégie de victoire. Ils ne sont procédurales à la manière des dialogues.

Après cette analyse, il est impérieux de trouver un moyen idoine pour exprimer ces aspects interactifs indispensables des tableaux sémantiques dans le contexte de la théorie de la révision des croyances de Bonanno. Il nous semble qu'une façon de procéder pourrait être le développement d'une version dialogique de la révision des croyances dans laquelle les aspects interactifs seront introduits par l'entremise de la théorie constructive des types (CTT). Autrement dit, il s'agirait de proposer une formulation dialogique et constructive de la sémantique multimodale de Bonanno. Alors, il convient d'exploiter maintenant la théorie constructive des types afin de constituer un système beaucoup plus flexible pour incorporer l'interaction.

Deuxième partie

l'approche conversationnelle de la croyance dans le contexte de la théorie constructive des types et les dialogues

Chapitre 4

Aperçu de la CTT et les dialogues

Tandis que la tradition Frege-Tarski a préféré la vérité plutôt que la connaissance de la vérité comme fondement de la sémantique formelle, les intuitionnistes, quand à eux, considèrent qu'il n'y a pas de vérité sans expérience de la vérité. Cette conception de la vérité dépend bien évidemment de la preuve. Ainsi, la proposition et la signification sont fournies par la notion de preuve. C'est justement l'adjonction de cette approche et l'idée selon laquelle le langage-objet et le métalangage sont indissociables qui sont les idées maîtresses de la théorie constructive des types.

Le but de cette théorie est de formuler un langage entièrement interprété. Un langage avec du contenu remettant en cause l'approche métalogique de la signification de la sémantique standard, dans lequel les règles qui fixent la signification sont exprimées au niveau du langage-objet. Ainsi, comme nous l'avons mentionné précédemment, la manière la plus adéquate de fixer la signification et d'exprimer les aspects interactifs dans le langage-objet dans le système de Bonanno est de développer ce système dans le cadre de la théorie constructive des types.

Faire une présentation de cette théorie sera bénéfique pour dégager les avantages de l'exploitation de la révision des croyances dans le contexte de la théorie constructive des types.

Pour ce faire, nous exposons d'abord les fondements historiques et analysons les notions de base de cette théorie. Ensuite, nous scrutons l'approche dialogique de la théorie constructive des types afin de construire un cadre conceptuel dans lequel la CTT peut être davantage explicitée. Cette étude est très importante en ce sens qu'elle constitue le soubassement de notre travail et nous donne les rudiments de nos travaux futurs.

4.1 Les fondements historiques de la CTT

Initialement connue sous le nom de la théorie des types intuitionnistes, la théorie constructive des types prend ses sources dans la conception intuitionniste de la philosophie. Élaborée par Luitzen Egbertus Jan Brouwer, l'intuitionnisme avait pour objectif principal la restauration du système mathématique.[77] Il s'agissait de donner un nouveau visage à l'édifice mathématique qui avait vu ses fondements s'écrouler après la découverte des paradoxes vers la fin du $19^{\text{ème}}$ siècle et le début du $20^{\text{ème}}$ siècle.[78] Malheureusement, ce projet intuitionniste n'a pas eu un écho favorable chez les mathématiciens. C'est plutôt chez les philosophes que celui-ci aura des partisans et connaîtra ses heures de gloire.[79]

Même si Brouwer n'accorde pas une grande importance à la logique, il faut reconnaître que dans les débuts de l'intuitionnisme, c'est en logique que celle-ci est très présente.[80] En effet, Brouwer rejette les principes de base de la logique classique et fonde l'intuitionnisme sur des principes épistémiques ; ce qui conduit à l'abandon du principe du tiers-exclu.[81] Cette nouvelle approche de Brouwer révolutionne les fondements de la logique et des mathématiques. Nous n'allons pas nous attarder sur le tournant mathématique de l'intuitionnisme mais plutôt sur le tournant logique. Développée par Arend Heyting, élève de Brouwer, la logique intuitionniste avait pour finalité de donner une nouvelle orientation à la logique en redéfinissant les notions centrales de proposition, de vérité et de preuve. Plus précisément, la vérité d'une proposition dépend de la preuve.

La doctrine intuitionniste a fait objet d'interprétations diverses dans plusieurs domaines de recherche tels que la philosophie, la logique et les fondements des mathématiques, et plus récemment, dans l'informatique théorique. En effet, Michael Dummett propose de voir dans l'intuitionnisme une entreprise systématique de théorie « antiréaliste » de la signification, en développant un système épistémologique sous-jacent aux mathématiques et à la logique intuitionniste. Errett Bishop, quant à lui, fournit un système dans lequel tous les résultats des mathématiques classiques sont ré-interprétés sur les principes intuitionnistes, ce qui va aboutir à l'élaboration des *mathématiques constructives*. En outre, la notion d'existence a marqué les sillons de l'intuitionnisme. En effet,

---

77. Cf. Van Atten (2003)
78. Pour plus de détails, le lecteur peut consulter Heinzmann (1985), Heinzmann *et al.* (1986), Heinzmann (2013)
79. Cf. Marion (2004)
80. Cf. Brouwer (1913)
81. Cf. Heinzmann (1985)

conçue sous l'angle constructiviste, la preuve de l'existence doit être saisie comme une construction d'un objet.[82] Alors que pour les mathématiciens, plus précisément pour Hilbert, l'existence ne signifie pas autre chose qu'être non contradictoire. Brouwer s'oppose à cette conception et considère les mathématiques comme des constructions dont l'existence des objets relève de l'intuition.[83] Déjà autour des années 1950, commence à s'esquisser ce qui est aujourd'hui connu sous le nom de *correspondance (ou l'isomorphisme) de Curry-Howard*, dans laquelle sont établies les correspondances : *preuve/programme* et *formule/type* liées étroitement aux conditions qui définissent la logique intuitionniste dans le cadre de la déduction naturelle. Initialement conçue pour rendre constructif l'ensemble des mathématiques, la théorie constructive des types développée par le mathématicien scandinave, Per Martin-Löf, fournit un développement de l'isormorphisme de Curry-Howard entre propositions, types et ensembles , par l'introduction des *types dépendants*. Celle-ci donne la possibilité de déployer un langage entièrement interprété dans lequel les règles qui fixent la signification sont exprimées au niveau du langage-objet. C'est sur ces mots que nous ouvrons une autre brèche pour approfondir davantage les différentes notions de cette théorie constructive des types.

4.2 Proposition comme type

La conception de la proposition comme type tire ses sources de la logique intuitionniste. Nous savons que la logique classique est verifonctionnelle, c'est-à-dire que les valeurs de vérité d'une proposition dépendent des conditions de vérité des constantes logiques des parties qui la composent. Cette approche s'avère inacceptable par les intuitionnistes car selon eux, la proposition ne doit pas dépendre des conditions de vérité mais plutôt des conditions de preuve. Cela n'est pas étonnant puisqu'ils soutiennent que la vérité doit émaner de la preuve et donc défendre une *sémantique preuve théorique* (*prooftheorical semantics*). Ainsi, pour que $(\varphi \wedge \psi)$ soit une proposition, il faut qu'on ait la preuve de φ et la preuve de ψ. Toute proposition doit forcément mettre en exergue sa *règle d'introduction*. La loi absolue de la CTT est qu'on ne saurait faire une affirmation sans l'avoir rendue explicite soit par une méthode de construction, soit par une preuve que déploie sa construction en ayant donné au préalable sa règle de formation. A côté de ces règles de formation, nous avons des *règles usuelles d'introduction et d'élimination* des

---

82. Cf. Largeault (1993)
83. Cf. Heinzmann (1985)

4.2 Proposition comme type

différentes propositions. Toutes ces règles contribuent à la méthode de construction des différentes propositions. Les règles d'introduction sont associées à des constructeurs et permettent de construire les preuves des propositions à travers les opérateurs, c'est-à-dire qu'elles donnent les conditions pour qu'une proposition soit jugée vraie. Les règles d'élimination quant à elles, sont des sélecteurs qui sont justifiés par ces conditions. Présentons maintenant les règles usuelles de formation, d'introduction et d'élimination.

Les règles de formation

$$\frac{A : prop \quad B : prop}{A \wedge B : prop} \quad (\wedge\ F)$$

$$\frac{A : prop \quad B : prop}{A \vee B : prop} \quad (\vee\ F)$$

$$\frac{A : prop \quad B : prop}{A \rightarrow B : prop} \quad (\rightarrow\ F)$$

$$\frac{A : prop}{\neg A : prop} \quad (\neg\ F)$$

$$\frac{(x : A) \quad A : ens.\ B(x) : prop}{(\forall (x) : A)\ B(x) : prop} \quad (\forall\ F)$$

$$\frac{(x : A) \quad A : ens.\ B(x) : prop}{(\exists (x) : A)\ B(x) : prop} \quad (\exists\ F)$$

Après avoir donné les règles de formations des différentes propositions, présentons maintenant les règles d'introduction et d'élimination.

Les règles d'introduction

$$\frac{A\ vrai\quad B\ vrai}{A \wedge B\ vrai} \quad (\wedge\ I)$$

$$\frac{A\ vrai}{A \vee B\ vrai} \quad (\vee\ I)$$

$$\frac{\begin{array}{c}A\ (vrai)\\ \bot\ vrai\end{array}}{\neg A\ vrai} \quad (\neg\ I)$$

$$\frac{\begin{array}{c}(A\ vrai)\\ B\ vrai\end{array}}{A \to B\ vrai} \quad (\to\ I)$$

$$\frac{\begin{array}{c}(x:A)\\ B(x)\ vrai\end{array}}{(\forall(x):A)B(x)\ vrai} \quad (\forall\ I)$$

$$\frac{(a:A)\ B(a)\ vrai}{(\exists(x):A)B(a)\ vrai} \quad (\exists\ I)$$

Ranta insiste sur les rôles des règles de formations, des règles d'introduction et des règles d'élimination lorsqu'il affirme ceci :

> *for each logical operator, there is a formation (F) rule which tells that a proposition can be formed by means of the operator, given such and premisses. Introduction (I) rules state for any proposition formed by means of each operator the condition of judging it true. Elimination (E) rules are justified by the necessity of these conditions.*[84]

---

84. Cf. (Ranta, 1994, p.28)

4.2 Proposition comme type

Les règles d'élimination

$$\frac{A \wedge B \; vrai}{A \; vrai} \qquad (\wedge \; E)$$

$$\frac{\begin{array}{cc}(A \; vrai) & (B \; vrai)\\ A \vee B \; vrai \quad C \; vrai \quad C \; vrai\end{array}}{C \; vrai} \qquad (\vee \; E)$$

$$\frac{\neg A \; vrai \quad A vrai}{\bot \; vrai} \qquad (\neg \; E)$$

$$\frac{(A \; vrai)}{\dfrac{A \to B \; vrai \quad A \; vrai}{B \; vrai}} \qquad (\to \; E)$$

$$\frac{(\forall (x):A)B(x) \; vrai \quad a:A}{B(a) \; vrai} \qquad (\forall \; E)$$

$$\frac{(x:A, \; B(x) \; vrai)}{\dfrac{(\exists (x):A)B(x) \; vrai \; C vrai}{C \; vrai}} \qquad (\exists \; E)$$

Puisque l'expression "*A est vrai*" est admise ici comme une abréviation de ce qu'il existe *une preuve de A*, les règles indiquées ci-dessus doivent être lues comme une abréviation d'une formulation explicite des conditions de preuve. Énonçons maintenant la formation explicite :

Pour la présentation des règles, nous nous inspirons de l'article de Ranta (1991). Nous donnons les règles de la CTT pour les opérateurs théoriques énoncés ci-dessus et nous expliquons brièvement comment les constantes logiques usuelles sont définies en termes de ces opérateurs.[85]

L'opérateur ⊓ (produit cartésien d'une famille d'ensembles) :

$$\frac{\begin{array}{c}(x:A)\\ A : ens. \quad B(x) : ens.\end{array}}{(\sqcap x:A)B(x) : ens.} \; (\sqcap \; F) \qquad \frac{\begin{array}{c}(x:A)\\ b(x):B(x)\end{array}}{(\lambda x)b(x) : (\sqcap x:A)B(x)}$$

---

[85]. (Martin-Lof, 1984, pp.26-54)

$$\frac{c : (\sqcap x : A)B(x) \quad a : A}{Ap(c,a) : B(a)} \quad (\sqcap E)$$

$$\frac{a : A \quad \overset{(x : A)}{b(x) : B(x)}}{Ap((\lambda x)b(x),a) = b(a) : B(a)} \quad (\sqcap Eq1)$$

$$\frac{c : (\sqcap x : A)B(x)}{c = (\lambda x)Ap(c,x) : (\sqcap x : A)B(x)} \quad (\sqcap Eq2)$$

Dans la règle d'introduction, nous supposons comme d'habitude que x n'apparaît pas libre dans aucune hypothèse, exceptée (celle de la forme) x : A. La fonction à deux places Ap (x,y) est définie par la manière dont elle est introduite (dans la règle élimination) et comment elle est calculée (dans les règles d'égalité). Elle peut être interprétée comme "l'application de x à y" et c'est une méthode d'obtention d'un élément canonique de $B(a)$.[86]

La quantification universelle et l'implication matérielle sont alors définies comme suit :

$(\forall x : A)B(x) = (\sqcap x : A)B(x)$: prop pour A : ens. et B(x) : prop (x : A)

$A \rightarrow B = (\sqcap x : A)B$: prop pour A : prop et B : prop

L'opérateur $\sum$ (union disjointe d'une famille d'ensembles) :

$$\frac{A : \text{ens.} \quad \overset{(x : A)}{B(x) : \text{ens.}}}{(\sum x : A)B(x) : \text{ens.}} \quad (\sum F) \qquad \frac{(a : A) \quad b : B(a)}{(a,b) : (\sum x : A)B(x)}$$

$$\frac{c : (\sum x : A)B(x) \quad \overset{(x : A, y : B(x))}{d(x,y) : C((x,y))}}{E(c,(x,y)d(x,y)) : C(c)} \quad (\sum E)$$

---

86. Cf. (Martin-Lof, 1984, pp.28-29)

4.2 Proposition comme type

$$\frac{a : A \quad b : B(a) \quad \begin{array}{c}(x : A, y : B(x))\\ d(x,y) : C((x,y))\end{array}}{E(a,b,(x,y)d(x,y)) = d(a,b) : C((a,b))} \quad (\Sigma Eq)$$

Dans la règle d'élimination, $E(c,(x,y)d(x,y))$ est interprété comme " Exécuter c". Il donne une paire : substituer cela pour *(x, y)* dans *d (x, y)*.[87]

La quantification existentielle et la conjonction sont alors définies comme suit :

$(\exists x : A)B(x) = (\Sigma x : A)B(x)$: prop pour A : ens. et B(x) : prop (x : A)

$A \wedge B = (\Sigma x : A)B$: prop pour A : prop et B : prop

Remarques :

Dans le cas de la conjonction, nous obtenons les deux règles standard d'élimination en choisissant C pour A ou B et en définissant les projections gauche *p(c)* et droite *q(c)*

comme suit : *p(c) ≡ E(c(x,y)x)* et *q(c) ≡ E(c(x,y)y)*.[88]

Ensuite, nous obtenons les règles suivantes :

$$\frac{c : A \wedge B}{p(c) : A} \quad (\wedge E1) \qquad \frac{c : A \wedge B}{q(c) : B} \quad (\wedge E2)$$

L'opérateur + (union disjointe ou somme de deux ensembles) :

$$\frac{A : \text{ens.} \quad B : \text{ens.}}{A+B : \text{ens.}} \quad (+F)$$

$$\frac{a : A}{i(a) : A+B} \quad (+I1) \qquad \frac{b : B}{j(b) : A+B} \quad (+I2)$$

---

87. Cf. (Martin-Lof, 1984, p.40)
88. Cf. (Martin-Lof, 1984, pp.44-46)

Chapitre 4 : Aperçu de la CTT et les dialogues

$$\frac{c : A+B \quad \begin{array}{c}(x : A)\\ d(x) : C(i(x))\end{array} \quad \begin{array}{c}(y : B)\\ e(y) : C(j(y))\end{array}}{D(c(x)d(x)d(x),(y)e(y)) : C(c)}$$

$$\frac{a : A \quad \begin{array}{c}(x : A)\\ d(x) : C(i(x))\end{array} \quad \begin{array}{c}(y : B)\\ e(y) : C(j(y))\end{array}}{D(i(a),(x)d(x),(y)e(y)) = d(a) : C(i(a))} \quad (+\text{Eq1})$$

$$\frac{b : B \quad \begin{array}{c}(x : A)\\ d(x) : C(i(x))\end{array} \quad \begin{array}{c}(y : B)\\ e(y) : C(j(y))\end{array}}{D(j(b),(x)d(x),(y)e(y)) = e(b) : C(j(b))} \quad (+\text{Eq2})$$

Où i et j sont deux nouvelles constantes primitives donnant l'information qu'un élément de $A + B$ vient de A ou B, et lequel des deux il provient. Dans la règle d'élimination, $D(c,(x)d\ (x),(y)e(y))$ est interprété : " Exécuter c. Si elle donne l'élément canonique $i(a)$ alors substituer a pour x dans $d(x)$; si elle donne $j(b)$, alors substituer b pour y dans $e(y)$ ".

La disjonction est alors simplement définie comme suit :

$A \vee B = A + B$: prop pour A : prop et B : prop

L'absurde (ou "bottom") $\perp$:

Le symbole $\perp$ est simplement un autre nom de l'ensemble vide et, puisqu'il est toujours un ensemble de la règle de formation qui admet que $\perp$ est toujours une proposition, il n'a pas besoin de règle d'introduction pour $\perp$.

Cela est introduit seulement au moyen des règles d'élimination pour l'implication matérielle (pour les expressions de la forme $(A \rightarrow \perp)$). C'est en accord avec à la conception standard de $\neg A$ comme une abréviation pour $(A \rightarrow \perp)$ en logique intuitionniste.

Comme il n'y a pas de règle d'introduction pour $\perp$, il ne peut pas être une règle de l'égalité utilisant sa règle d'élimination. Enfin, la règle d'élimination exprime ce qu'on appelle *ex falso sequitur quodlibet* : le jugement que certains x est de type $\perp$ est contradictoire puisque $\perp$ n'est rien d'autre que l'ensemble vide. Ainsi, de cela nous pouvons conclure que $a : A$

4.2 Proposition comme type

Notons cependant que, ces remarques sont en quelque sorte simplistes : les règles de la CTT pour $\bot$ sont dérivées des règles pour des ensembles finis.[89]

4.2.1 Objets dépendants et jugements hypothétiques

La motivation de Per Martin-Löf était de rendre explicite ce qui se concevait de manière implicite. Plusieurs reproches étaient faits à la logique classique notamment le fait que Frege ne considère qu'un seul domaine d'individus pour formaliser les phrases.[90]

Par exemple, tous les chevaux sont blancs se traduit par :

$\forall x\ chevaux(x) \Rightarrow blanc(x)$
Ce qui voudrait en quelque sorte dire ceci :
pour tout individu dans l'univers, si c'est un cheval, alors il est blanc.

Contrairement à la théorie constructive des types qui spécifie plusieurs domaines d'individus tels que le domaine des *chevaux*, des *philosophes* etc. Alors, l'exemple pris au-dessus se traduirait par :

$((\forall x : CHEVAL)\ blanc(x))$.

Le prédicat *être blanc* s'applique donc à l'univers *CHEVAL*.
Si nous supposons que l'univers est vide alors que le jugement :

tous les chevaux sont blancs

est vrai, alors le jugement selon lequel

il existe un cheval blanc $(\exists(x) : CHEVAL)\ blanc(x)$ *sera faux.*

On ne peut pas prouver que l'individu *a* appartient au domaine *CHEVAL* puisqu'il n'existe pas. Tout ce qui est conçu comme vrai doit exister, c'est-à-dire avoir une preuve, la proposition est liée à l'ensemble de ses preuves. Ce qui nous permet d'aborder la notion de *proposition* comme ensemble

La proposition *x est un cheval* est vraie si *a* est une preuve de la proposition et *a* est un élément de l'ensemble *Cheval*.

---

[89]. Pour plus d'explications, cf. (Martin-Lof, 1984, pp.65-67)
[90]. Cf. Yapi (1984)

Si la proposition est fausse, cela voudrait dire que l'ensemble *Cheval* ne contient pas d'élément.

Une proposition est interprétée comme un ensemble dont les éléments représentent les preuves de la proposition. Dans la notation de la théorie constructive des types, quand nous avons :

$a : A$ cela signifie que *a est un élément de A*

Martin Löf utilise aussi cette notation $a \in A$, mais la notation la plus répandue est $a : A$

Pour signifier que a est un élément de l'ensemble A, il faut spécifier que A est du type ensemble *(Ens.)*.

Nous pouvons aussi avoir un jugement d'égalité de la forme a et b sont des éléments égaux de A. En formalisant ce jugement, nous obtenons ceci :

$a = b : A$

Ces jugements n'ont de sens que si A est un ensemble.

Le jugement $a = b : A$ présuppose que

$a : A$ et $b : A$

Il existe quatre principales formes de jugements qui sont utilisés dans la théorie des types de Martin Löf :

A : set	A est un ensemble
$A = B$: set	A et B sont des ensembles
$a : A$	a est un élément de l'ensemble A
$a = b : A$	a et b sont des éléments égaux de l'ensemble A

En outre, la théorie des types de Per Martin-Löf fait une distinction entre des jugements catégoriques et des jugements hypothétiques. Si les jugements catégoriques sont faits sans émettre des hypothèses, les jugements hypothétiques quant à eux, définissent la vérité sous réserve de certaines hypothèses.

Ces dernières sont du type :

$B : type\ (x : A)$

A est un type qui ne dépend pas d'hypothèses et B est un type quand $x : A$. Les jugements hypothétiques introduisent des fonctions de A à B :

$f(x) : B\ (x : A)$

Cette expression peut être lue de plusieurs manières :

$f(x) : B$ *pour tout x arbitraire tel que $x : A$*

f (x) : B sous l'hypothèse que x : A
f (x) : B pourvu que x : A
f (x) : B à condition que x : A
f (x) : B si x : A
f (x) : B dans le contexte où x : A
Le jugement *x : A* introduit une variable.
f (x) : B (x : A) est un jugement hypothétique.
Un élément *a* par exemple, l'ensemble A est substitué par *x* dans *f(x)*.

Ainsi par la règle de substitution, nous aurons la forme suivante :

$$\frac{(x : A)}{f(x) : B \quad a : A}{f(a) : B}$$

$$\frac{(x : A)}{f(x) : B \quad a = b : A}{f(a) = f(b) : B}$$

L'hypothèse *(x : A)* appartient au jugement hypothétique *f(x) : B* et la conclusion dépend de toutes les hypothèses des prémisses.

Par ailleurs, les propositions sont souvent formées en appliquant les fonctions propositionnelles aux individus. Ces dernières sont introduites par des jugements hypothétiques de la forme :

B(x) : prop (x : A) où A : ensemble

$$\frac{(x : A)}{B(x) : prop \quad a : A}{B(a) : prop}$$

$$\frac{(x : A)}{B(x) : prop \quad a = b : A}{B(a) = B(b) : prop}$$

4.3 Rapport de la théorie constructive des types au langage naturel

La théorie constructive des types présente une richesse majeure vis-à-vis du problème de la caractérisation de la proposition perçue à travers deux positions. La première s'identifie dans le point de vue frégéen qui se résume, pour l'essentiel, à l'idée qu'une proposition dénote soit le vrai soit le faux. Ce qui paraît implicite car la notion de proposition est saisie par la vérité et la fausseté de cette dernière. L'aspect épistémique de cette proposition n'est ainsi pas pris en compte. Ce n'est pas non plus la sémantique des mondes possibles qui permet de l'affiner quand elle affirme que la signification d'une proposition est alors l'ensemble des mondes possibles dans lesquels elle dénote "vrai", en tout cas, pour un certain point de vue. La deuxième, à savoir la tendance intuitionniste donne directement au langage ce qui est perçu de manière très implicite dans les mondes possibles. La signification d'une proposition peut s'identifier à un ensemble, il ne s'agit pas d'un ensemble de mondes mais d'un ensemble de preuves.

La question ici est de savoir comment peut-on admettre des preuves pour des propositions ordinaires ? Pour le langage formel, cela paraît beaucoup plus précis, pour ce qui est du langage ordinaire, les preuves n'apparaissent pas toujours très explicitement. Nous faisons allusion par propositions ordinaires aux propositions formulées dans le langage ordinaire, le langage naturel. Ranta discute ce point lorsqu'il donne cet exemple de Davidson :

> *The sentence Amundsen flew over the North Pole is made true by a flight made by Amundsen over the North Pole.* [91]

Ranta identifie la preuve d'une proposition ordinaire à l'*événement* qui produit ce dont elle parle. [92]

Il faut souligner que Ranta prend en compte les objections dans lesquelles l'idée d'*événement* demeure vraiment indécise. Par exemple, la guerre, doit-on considérer un seul événement ou plusieurs ? A cette question, Ranta affirme qu'il est possible de prendre autant de types d'événements. Il suffit simplement de spécifier ce qu'est un objet du type spécifié. La spécification peut se faire à partir d'*éléments canoniques* et ce que c'est pour *deux objets du même type d'être égaux*. Ainsi, on pourrait envisager un *type* pour les guerres et un *type* pour les tirs.

L'autre objection qui mérite d'être révélée est celle des objets tels que les guerres, les tirs, les vols en avion ou même les voyages au Pôle Nord qui ne sont vraiment pas présentés. Un nombre entier, par exemple, est représenté par son expression canonique. Cependant, il n'y a pas de manière concrète d'élément canonique qui peut se ramener à une guerre ou un vol en avion.

---

91. Cf. (Ranta, 1994, p.54)

92. Certaines approches telles que celles de Mulligan, Simons et Smith identifient la preuve des propositions ordinaires par un "truthmaker", ou par vérifacteur. Il faut entendre par vérifacteur ce qui vérifie ce dont on parle.

4.3 Rapport de la CTT au langage naturel

La solution à ces objections préconisent de travailler avec des types en général. Les ensembles nécessitent des règles d'introduction mettant en exergue la définition canonique des éléments. Cela n'est pas le cas des types en général de développer des mécanismes d'approximation pour atteindre les objets qui ne sont pas entièrement présentés comme c'est le cas des nombres réels.[93]

Nous pouvons relever une autre objection qui consisterait à prendre en compte l'infinitude des notions du langage en considérant les preuves indéterminées tout en captant, localement, des preuves déterminées. Ces dernières seraient obtenues à partir des objets infinis qui interagissent avec des objets du même genre, mais qui, eux, seraient déterminés par une méthode de construction bien définie.

Ainsi, en assimilant preuves et méthodes de construction, cela consisterait donc à prendre en compte des sortes de processus de preuves infinies. Alors, il est bien vrai que nous n'avons pas de preuves déterminées de ce qu'est une guerre, cependant, nous sommes capables de sélectionner dans sa caractérisation potentiellement infinie, quelques éléments qui fournissent une caractérisation déterminée de la guerre. Ces éléments sont inclus dans le processus de caractérisation de la preuve. Ce point est davantage discuté dans la section sur les contextes d'hypothèses dans le chapitre suivant, mais avant faisons une analyse des pronoms anaphoriques afin de montrer comment des expressions peuvent dépendre de contextes qui permettent de les spécifier.

4.3.1 Les pronoms anaphoriques

L'usage des pronoms anaphoriques est un cas très concret de l'utilisation d'expressions dépendant du contexte. Nous avons l'exemple du *il* dont l'usage se fait dans le contexte où on parle d'un humain masculin humain.

Considérons l'exemple suivant :

lorsqu'un homme dort, il rêve

Quand on formalise l'expression *un homme dort*, cela nous donne ce qui suit :

---

93. Nous pouvons aussi évoquer le cas des jeux de langage au sens de Wittgenstein dans lesquels on n'a pas besoin de donner la définition exhaustive d'une notion avant de la manipuler.

Chapitre 4 : Aperçu de la CTT et les dialogues

$$(\exists x : homme)\ dort(x)$$

Ensuite, prenant en compte la phrase *il rêve* fournie par une preuve de la phrase précédente.

$$z : (\exists x : homme)\ dort(x)$$

La fonction *b(z)* : *($\exists x$: homme) dort(x)* associe à toute preuve z du fait qu'un *homme dort* associe, une preuve du fait que ce même *homme rêve*. Il faudra alors extraire de la preuve ce qui désigne l'homme dont il question. Ainsi, puisque ($\exists$x : homme) dort(x) est l'ensemble des couples formés d'un x de type *homme* et d'une preuve de dort(x). Pour atteindre notre objectif, c'est-à-dire obtenir l'homme en question, il faudra mettre en exergue la projection de z sur sa première composante. Par définition du fonctionnement anaphorique, *il* est identifié à l'expression en surface de *il(p(z))*.

Cela permet d'obtenir, en utilisant la règle d'introduction de $\forall$, la formule suivante :

$$(\forall z : (\exists x : homme)\ dort(x))((il(p(z))rêve)))$$

Plus précisément, pour exprimer *il*, cette proposition est égale à la suivante :

$$(\forall z : (\exists x : homme)\ dort(x))((p(z)\ rêve))$$

La richesse de cette conception de l'anaphore permet d'analyser les phrases spécifiques telles que les *donkey sentences*

Les *donkey sentences*[94] sont des phrases du genre :

Si Pierre possède un âne, il le bat
Tout fermier qui possède un âne le bat

En considérant l'affirmation que *Pierre possède un âne*, nous obtenons la traduction suivante :

---

94. *donkey sentences* sont des phrases qui parlent d'âne. Elles sont très souvent utilisées pour rendre compte des expressions anaphoriques.

4.3 Rapport de la CTT au langage naturel

$$z : (\exists x : \hat{a}ne) \text{ Pierre possède}(x)$$

Nous savons que la preuve de ($\exists$x : A) B est une fonction qui transforme la preuve de A en une preuve de B. Nous obtenons ainsi un couple (u, v) dans lequel u est une méthode pour trouver x dans A et v une preuve de B, v est dépendant de x. Ainsi, en appliquant la projection p à z, on obtient l'âne dont il est question, et le projecteur q donne la deuxième composante, c'est-à-dire la preuve que *Pierre possède x*.

Il le bat se traduit donc par *Pierre bat p(z)*.

Tout cela se résume dans ce qui suit :

$$z : (\exists x : \hat{a}ne)(\text{Pierre possède}(x))(\text{Pierre bat } p(z))$$

Ainsi, si on applique à cette proposition $\forall$, on aura ceci :

$$(\forall z : (\exists x : \hat{a}ne)(\text{Pierre possède}(x)(\text{Pierre bat p(z)}))$$

Nous pourrons avoir dans le cas de la phrase *Tout fermier qui possède un âne le bat* :

$$(\forall z : (\exists y : fermier)(\exists x : \hat{a}ne) \ (y \text{ possède } x)(p(z) \text{ bat } p(q(z))))$$

Ces expressions anaphoriques sont davantage explicitées quand elles sont saisies dans le contexte de la théorie constructive des types. Ainsi, les contenus des propositions sont analysés en fonction des composantes de ces propositions.

Nous retenons que la théorie constructive des types est une approche qui permet la formulation d'un langage entièrement interprété dans lequel les règles qui fixent la signification sont données dans le langage-objet. Ce langage, avec du contenu, remet en cause l'approche métalogique de la signification de la sémantique standard permettant de prendre en compte les différents aspects interactifs de la signification. Notre objectif dans ce chapitre a été d'exposer cette théorie constructive des types en parcourant les différents aspects dans sa bonne compréhension, afin d'appréhender sa dimension pratique et significative.

L'approche dialogique de cette théorie permet de mettre en exergue les aspects interactifs de la signification. Élaborer une conception dialogique de la CTT propose un cadre qui associe la possibilité de prendre en compte l'interaction et d'exprimer les règles qui fixent la signification au niveau du langage-objet.

4.4 La logique dialogique et la CTT

Dans le cadre de la théorie constructive des types, les propositions sont des ensembles constitués d'éléments qui sont appelés des éléments de preuve. Lorsque l'ensemble n'est pas vide, on peut conclure que la proposition a une preuve et donc qu'elle est vraie. Dans son article de 1988, Ranta propose une manière d'utiliser cette approche en relation avec des approches ludiques. Il a adopté la sémantique ludique de Hintikka comme un cas d'étude, mais ses idées sont loin de celles proposées par Hintikka. L'idée de Ranta était que dans le contexte des approches à base de jeux, une proposition est un ensemble des stratégies de victoire pour le joueur qui fournit la proposition. Dans les approches des jeux, la notion de la vérité doit être localisée au niveau de telles stratégies de victoire. L'idée de Ranta devrait nous aider donc à appliquer sans risque et directement les méthodes reprises de la théorie constructive des types dans le cas des approches des jeux.

Mais dans la perspective des approches des jeux, réduire un jeu à un ensemble des stratégies de victoire n'est pas satisfaisant, et cela est plus important quand il s'agit d'une théorie de la signification. Cependant, il est particulièrement plus clair dans l'approche dialogique dans laquelle des différents niveaux de signification sont soigneusement distingués. Il y a donc le niveau des stratégies qui est un niveau de l'analyse de la signification, mais il y a aussi un niveau qui le précède. Ce dernier est appelé le niveau des jeux. Le rôle de celui-ci pour le développement d'une analyse est pertinent selon l'approche dialogique, comme a indiqué Kuno Lorenz dans son article de 2001.

> [...] *for an entity [A] to be a proposition there must exist a dialogue game associated with this entity [...] such that an individual play of the game where A occupies the initial position [...] reaches a final position with either win or loss after a finite number of moves* [...]

Pour ces raisons, nous préférerons interpréter les propositions comme un ensemble de ce que nous appellerons des objets ludiques en considérant une expression suivante :

$$p : \phi$$

4.4 La logique dialogique et la CTT

qui stipule que p est l'objet ludique de ϕ.

Ainsi, les travaux de Ranta sur des éléments de preuves et des stratégies constituent les fins, et non le début du projet dialogique.

4.4.1 La formation des propositions

Avant de disséquer les détails des objets ludiques, discutons d'abord la formation des expressions et plus particulièrement les propositions dans une approche dialogique. Dans des systèmes dialogiques standard, on présuppose que les joueurs utilisent des énoncés bien formés. On peut vérifier la *bonne formation* quand l'on le souhaite, mais la vérification est faite avec le méta-raisonnement, un processus qui permet de vérifier si la formule respecte la définition de la *bonne formation*. Le premier enrichissement que nous voudrions faire, c'est de permettre aux joueurs d'interroger le statut des expressions, plus particulièrement, de déterminer si une expression peut être appelée *une proposition*. Celles-ci sont des règles locales ajoutées aux règles de particules qui donnent des constantes logiques (cf. la prochaine section) à la signification locale.

Faisons une remarque avant d'analyser les règles de formation. La théorie dialogique de la signification est basée sur l'interaction argumentative, elle met ainsi en évidence des requêtes utilisées pour des attaques comme illustrant les règles de formation et les règles des particules de la prochaine section.

Les règles de formation sont données dans le tableau suivant. Notons qu'une affirmation " $\bot: prop$" ne peut pas être attaquée : ceci est une analyse dialogique du fait que *falsum* $\bot$ est une proposition par définition.

Affirmation	Attaque [quand challenges différents sont possibles, l'attaquant choisit]	Défense
$X\,!\,\Gamma : set$	$Y?_{can}\Gamma$ ou $Y?_{gen}\Gamma$ ou $Y?_{eq}\Gamma$	$X\,!\,a_1:\Gamma, X\,!\,a_2:\Gamma,...$ (X donne les éléments canoniques de Γ) / $X\,!\,a_i:\Gamma \Rightarrow a_j:\Gamma$ (X fournit la méthode de génération pour Γ) / (X donne la règle d'égalité pour Γ)
$X\,!\,\phi \vee \psi : prop$	$Y?_{F\vee 1}$ ou $Y?_{F\vee 2}$	$X\,!\,\phi : prop$ / $X\,!\,\psi : prop$
$X\,!\,\phi \rightarrow \psi : prop$	$Y?_{F\rightarrow 1}$ ou $Y?_{F\rightarrow 2}$	$X\,!\,\phi : prop$ / $X\,!\,\psi : prop$
$X\,!\,(\forall x:A)\phi(x) : prop$	$Y?_{F\forall 1}$ ou $Y?_{F\forall 2}$	$X\,!\,A : set$ / $X\,!\,\phi(x) : prop\,(x:A)$
$X\,!\,(\exists x:A)\phi(x) : prop$	$Y?_{F\exists 1}$ ou $Y?_{F\exists 2}$	$X\,!\,A : set$ / $X\,!\,\phi(x) : prop\,(x:A)$
$X\,!\,B(k) : prop$ (pour B)	$Y?_f$	$X\,!\,sic(n)$ (X indique que Y a asserté le même mouvement n)
$X\,!\,\bot : prop$	—	—

4.4 La logique dialogique et la CTT

La règle suivante n'est pas en soi une règle de formation mais plutôt une règle de substitution. Quand ϕ est une phrase élémentaire, la règle de substitution aide à expliquer la formation de telles propositions.

4.4.2 Substitution des énoncés

Quand une liste de variables apparaît dans une affirmation sous la réserve d'une condition spécifique lors de l'attaque, **Y** peut demander à **X** de substituer les variables : il fait cela en affirmant une instanciation de la condition dans laquelle **Y** choisit l'instanciation des variables.

Affirmation	Attaque	Défense
$\mathbf{X}\,!\pi(x_1,...,x_n)(x_i:A_i)$	$\mathbf{Y}\,!\tau_1:A_1,...,\tau_n:A_n$	$X\,!\pi(\tau_1,...,\tau_n)$

Un cas particulier qui démontre bien la substitution d'une affirmation est le cas où un attaquant ne fait qu'affirmer l'assomption telle qu'elle est sans introduire des termes d'instanciations. Ceci est particulièrement important dans le cas de la formation des jeux.

Affirmation	Attaque	Défense
$\mathbf{X}\,!\pi(\tau_1,...,\tau_n)(\tau_i:A_i)$	$\mathbf{Y}\,!\tau_1:A_1,...,\tau_n:A_n$	$X\,!\pi(\tau_1,...,\tau_n)$

4.4.2.1 La formation des dialogues

(a) Formation des affirmations conditionnelles

Une propriété pertinente des règles de formation requiert du fait qu'elles permettent aux présuppositions sémantiques et syntaxiques d'une thèse donnée d'être démontrées. Et ainsi, celles-ci peuvent être examinées par l'opposant avant que le véritable dialogue sur la thèse ne commence. Donc, si la thèse correspond à une affirmation ϕ, alors, avant qu'une attaque ne soit lancée, l'opposant peut demander sa formation. Sous la condition que A par exemple, est un ensemble, la défense de la formation de ϕ peut amener le proposant à affirmer que ϕ est une proposition. Dans de telles situations, l'opposant peut accepter de concéder que A est un ensemble, mais seulement après que le proposant ait montré la constitution de A.

(b) Des phrases élémentaires, la cohérence définitionnelle et des dialogues matériels analytiques

Si nous devrons suivre sans réflexion l'idée des règles de formation, la défense $sic(n)$ dans le cas des propositions atomiques n'est pas vraiment satisfaisante puisqu'à vrai dire, elle n'explore pas la formation de l'expression. Une possibilité que nous pouvons envisagée, c'est d'avoir une défense qui fait intervenir l'application des règles prédicateurs concédées et adéquates.[95] Alors, ce qui se passera est que l'attaque d'une proposition atomique est basée sur la consistance définitionnelle dans l'usage des règles prédicateurs concédées. Nous croyons que c'est ce que les dialogues-matériels utilisent : des dialogues à la consistance définitionnelle. Ceci conduit à l'usage de la règle analytique matérielle suivante pour la formation des dialogues :

Les propositions atomiques ne peuvent pas être attaquées. Cependant, (**O**) peut remettre en cause une phrase élémentaire affirmée par (**P**) si lui-même (l'opposant) ne l'a pas encore affirmée.

Remarque : Une fois que (**P**) a forcé (**O**) à concéder la proposition atomique dans la formation du dialogue, le dialogue procède en utilisant des stratégies.

Pour illustrer, nous discutons un exemple dans lequel le proposant affirme la thèse $(\forall x : A)(B(x) \to C(x)) : prop$

en ayant

$A : set, B(x) : prop(x : A), C(x) : prop(x : A)$

dans laquelle les trois propositions apparaissent comme des concessions initiales par l'opposant. Normalement, nous devons donner toutes les règles du jeu avant de donner un exemple, mais nous faisons une exception ici parce que les règles structurelles standard fournies plus haut sont suffisantes pour comprendre les jeux qui suivent. Nous nous focalisons sur l'illustration qui met en exergue la manière dont les règles de formation peuvent être utilisées.

	(**O**)			(**P**)	
I	$!A : set$				
II	$!B(x) : prop(x : A)$				
III	$!C(x) : prop(x : A)$				
				$!(\forall x : A)B(x) \to C(x) : prop$	0
1	n :=1			m :=2	2
3	$?_{F\forall 1}$	(0)		$!A : set$	4

Explications

— I à III : (**O**) concède que A est un ensemble et que $B(x)$ et $C(x)$ sont des propositions si x est un élément de A.

---

95. Cf. Rahman et Clerbout (2013)

4.4 La logique dialogique et la CTT

- Coup 0 : (**P**) affirme que la phrase principale, universellement quantifiée, est une proposition (sous les concessions faites par (**O**)).
- Coups 1 et 2 : les joueurs choisissent les rangs de répétition.
- Coup 3 : (**O**) attaque la thèse en demandant la partie gauche comme spécifiée par la règle de formation pour une qualification universelle.
- Coup 4 : (**P**) répond en affirmant que A est un ensemble. Ceci a été déjà fait pour la présupposition I ; alors si (**O**) attaque cette affirmation, le proposant peut faire référence à cette concession initiale. Plus tard, nous allons introduire la règle structurelle **RS-3**. Ainsi, (**O**) n'a plus de coups possibles, le dialogue prend fin et est gagné par (**P**).

En fait, ce dialogue ne prend pas en compte tous les aspects liés à la formation de $((\forall x : A)((B(x) \to C(x))) : prop$. Remarquons toutefois que les règles de formation permettent à l'opposant de faire le mouvement 3. Alors, il y a une autre coup possible pour (**P**) :

	(O)			(P)	
I	$!A : set$				
II	$!B(x) : prop\ (x : A)$				
III	$!C(x) : prop\ (x : A)$				
				$!(\forall x : A)(B(x) \to C(x) : prop)$	0
1	n :=1			m :=2	2
3	$?_{F\forall 2}$	(0)		$!B(x) \to C(x) : prop\ (x : A)$	4
5	$!x : A$	(4)		$!B(x) \to C(x) : prop$	6
7	$?_{F\to 1}$	(6)		$!B(x) : prop$	10
9	$!B(x) : prop$		(II)	$!x : A$	8

Explications

Le deuxième dialogue commence comme le premier jusqu'au coup 2. Puis :

- coup 3 : (**O**) attaque la thèse en demandant la partie droite.
- coup 4 : (**P**) répond, affirmant que $B(x) \to C(x)$ est une proposition pour *(x :A)*.
- coup 5 : (**O**) utilise la règle de substitution pour attaquer le coup 4 en donnant la condition.
- coup 6 : (**P**) répond en affirmant que $B(x) \to C(x)$ est une proposition.

— coup 7 : (**O**) attaque alors le coup 8 en demandant la partie gauche comme spécifiée par la règle de formation pour l'implication matérielle.

Pour se défendre, (**P**) a besoin de jouer une proposition atomique. Mais, puisque (**O**) n'a pas encore joué, (**P**) ne peut pas défendre à cet instant.

— coup 8 : (**P**) lance une contre-attaque contre l'assomption II en appliquant la règle de substitution.

— coup 9 : (**O**) répond au coup 8 et affirme que $B(x)$ est une proposition.

— coup 10 : (**P**) peut maintenant défendre en réaction au coup 7 et gagne ce dialogue.

D'ailleurs, il existe une autre possibilité pour l'opposant parce qu'il a un autre choix possible pour le coup 7 à savoir, demander la partie droite. Ceci conduit à un dialogue similaire à celui qui vient d'être exposé, sauf que la dernière partie est C(x) au lieu de B(x).

En montrant ces possibilités de l'opposant, nous avons ainsi abordé le niveau stratégique. C'est à ce niveau que la question de la *bonne formation* d'une thèse reçoit une réponse adéquate ; ce qui dépend d'une victoire permanente du proposant, c'est-à-dire, poser l'existence d'une stratégie de victoire.

Maintenant que nous avons terminé avec la clarification de la méthode dialogique des règles de formations, nous pouvons procéder à une analyse des jeux en introduisant les objets ludiques.

4.4.3 Les objets ludiques

L'idée est de fournir des jeux dialogiques dans lesquels les affirmations des joueurs ont la forme $p : \phi$ et acquièrent leur signification selon la façon dont ils sont utilisés dans le jeu. C'est-à-dire, la manière dont ils sont attaqués et/ou défendus. Ceci demande une analyse de la forme de l'objet ludique qui dépend de ϕ et comment cet objet ludique peut être obtenu à partir d'autres objets ludiques plus simples. Les sémantiques dialogiques standard pour des constantes logiques nous donnent l'information requise pour cet objectif. La constante logique principale de l'expression en question offre l'information critique.

Un jeu pour X ! $\phi \vee \psi$ est obtenu à partir de deux jeux P_1 et P_2, où P_1 est un jeu pour X ! ϕ et P_2 est un jeu pour X ! ψ. Selon l'approche dialogique standard de la disjonction, c'est le joueur X qui peut changer de P_1 à P_2 et vice-versa.

Un jeu est obtenu pour X ! $\phi \wedge \psi$, sauf que c'est le joueur Y qui peut changer de P_1 à P_2.

4.4 La logique dialogique et la CTT

Un jeu pour X ! $\phi \to \psi$ est obtenu de deux jeux P_1 et P_2, où P_1 est un jeu pour Y ! ϕ et P_2 est un jeu pour X ! ψ. C'est le joueur X qui peut changer de P_1 à P_2.

La règle de particule dialogique standard de la négation dépend de l'interprétation de $\neg \phi$ comme une abréviation de $\phi \to \bot$, bien qu'elle soit souvent implicite. Alors un jeu pour X ! $\neg \phi$ est obtenu pareillement comme celui qui est obtenu par le biais de l'implication matérielle, c'est-à-dire, à partir des deux jeux P_1, P_2 où P_1 est un jeu pour Y ! ϕ et P_2 est un jeu pour X ! $\bot$. X peut aussi changer de P_1 à P_1. Remarquez que cette approche prend en compte l'interprétation ludique standard de l'analyse de la négation comme un changement de rôles : P_1 est un jeu pour un Y-coup. En ce qui concerne des quantificateurs, nous allons en faire une discussion détaillée après les règles de particules. Pour l'instant, nous aimerons indiquer que, tout comme c'est le cas dans la théorie constructive des types, nous avons des quantificateurs dont le type de variable attachée est toujours spécifié.

Nous considérons donc les expressions du type $(Qx : A)\phi$, dans laquelle *(Q)* est un symbole de quantificateur.

Affirmation	Attaque	Défense
X ! ϕ (où aucun objet ludique n'a été spécifié pour ϕ)	Y ? play-object	X ! $p : \phi$
X ! $p : \phi \vee \psi$	Y ? prop	X ! $\phi \vee \psi : prop$
	Y[ϕ/ψ]	X ! $L^{\vee}(p) : \phi$ ou X ! $R^{\vee}(p) : \psi$ [le défendant a le choix]
X ! $p : \phi \wedge \psi$	Y ? prop	X ! $\phi \wedge \psi : prop$
	Y ?$_L$ ou Y ?$_R$ [le challenger a le choix]	X ! $L^{\wedge}(p) : \phi$ respectivement X ! $R^{\wedge}(p) : \psi$
X ! $p : \phi \to \psi$	Y ? prop	X ! $\phi \to \psi : prop$
	Y ! $L^{\to}(p) : \phi$	X ! $R^{\to}(p) : \psi$
X ! $p : \neg\phi$	Y ? prop	X ! $\neg\phi : prop$
	Y ! $L^{\neg}(p) : \phi$	X ! $R^{\neg}(p) : \bot$
X ! $p : (\exists x : A)\phi$	Y ? prop	X ! $(\exists x : A)\phi : prop$
	Y ?$_L$ ou Y ?$_R$ [le challenger a le choix]	X ! $L^{\exists}(p) : A$ respectivement X ! $R^{\exists}(p) : \phi(L(p))$
X ! $p : \{x : A|\phi\}$	Y ?$_L$ ou Y ?$_R$ [le challenger a le choix]	X ! $L^{\{\ldots\}}(p) : A$ respectivement X ! $R^{\{\ldots\}}(p) : \phi(L(p))$
X ! $p : (\forall x : A)\phi$	Y ? prop	X ! $(\forall x : A)\phi : prop$
	Y ! $L^{\forall}(p) : A$	X ! $R^{\forall}(p) : \phi(L(p))$
X ! $p : B(k)$ (pour B atomique)	Y ? prop	X ! $B(k) : prop$
	Y ?	X ! $sic(n)$

(X indique que Y a énoncé la même chose dans le coup n)

4.4 La logique dialogique et la CTT

Nous tenons à préciser que nous avons ajouté un coup du type Y ?$_{prop}$ dans lequel le joueur attaque le fait que l'expression de la partie droite des deux points est une proposition. Ceci assure la connexion entre les règles de formation des dialogues et la formation via la défense de X. Les détails sont donnés après avoir fourni les règles structurelles.

Il se peut que la forme de l'objet ludique ne soit pas explicite au début. Dans de tels cas, nous nous occupons des expressions du type : p : $\phi \wedge \psi$. Dans les attaques et défenses, nous utilisons des expressions comme $L^{\wedge}(p)$ et $R^{\wedge}(p)$ dans notre exemple. Nous appelons ces expressions *les instructions*. Leurs interprétations respectives sont fournies par la partie gauche et la partie droite de (**P**).

Dans les instructions, nous indiquons les constantes logiques qui sont mises en exergue. Cela permet le fait que les formulations soient assez explicites, plus particulièrement, dans le cas des instructions. Nous devons retenir qu'il y a d'importantes différences entre les objets ludiques dépendant des constantes logiques.

Considérons par exemple la conjonction et la disjonction :

- Un objet ludique p d'une disjonction est composé de deux objets ludiques, mais chacun d'eux constitue un objet ludique suffisant pour la disjonction. D'ailleurs, c'est le défenseur qui fait le choix entre $L^{\wedge}(p)$ et $R^{\wedge}(p)$.
- Un objet ludique p d'une conjonction est aussi composé de deux objets ludiques mais, dans ce cas précis, les deux ne sont pas nécessaires pour la conjonction. C'est alors le privilège pour l'attaquant de demander soit les deux, soit un (si les autres règles le lui permettent).

A cet égard, $L^{\wedge}(p)$ et $R^{\wedge}(p)$ sont en fait deux différentes choses et la notation prend cela en compte.

Focalisons-nous sur les règles des quantificateurs. La sémantique dialogique met en évidence le fait qu'il y a deux moments distincts lorsqu'on considère la signification des quantificateurs : le choix d'un terme de substitution adéquat pour la variable liée et l'instanciation de la formule après le remplacement de la variable liée avec un terme de substitution choisi. Mais, en même temps, dans l'approche dialogique standard, il y a une sorte de présupposition qu'il y a une collection universelle dans laquelle il y a des quantificateurs. Cependant, les choses sont bien différentes dans le contexte d'un langage explicite de la CTT.

La théorie constructive des types est claire sur le fait que dès que des propositions sont considérées comme des ensembles, il y a une similarité de base. D'une part entre la conjonction et le quantificateur existentiel, et d'autre part, entre l'implication matérielle et le quantificateur universel.

L'idée qui sous-tend cela, c'est qu'ils sont formés de façons similaires et leurs éléments sont générés par les mêmes types d'opérations. Dans notre approche, cette similarité se manifeste dans le fait qu'un objet ludique pour une expression existentiellement quantifiée a la même forme qu'un objet ludique d'une conjonction. Pareillement, pour un objet ludique d'une expression universellement quantifiée a la même forme que celle d'une implication matérielle.

La règle de particule qui vient juste avant celle de la quantification universelle est une nouvelle règle dans l'approche dialogique. Elle comprend des expressions utilisées souvent dans la théorie constructive des types pour prendre en compte des sous-ensembles séparés. L'idée est de comprendre que les éléments de A pour que ϕ exprime au moins un élément $L^{\{...\}}(p)$ de A témoignant $\phi(L^{\{...\}}(p))$. La même correspondance lie les conjonctions et les quantifications existentielles. Cela n'est pas surprenant puisque de telles affirmations ont un aspect existentiel : dans $\{x : A|\phi\}$ la partie gauche « $x : A$ » signale l'existence d'un objet ludique. Nous tenons à spécifier que puisque l'expression représente un ensemble, il n'y a pas de présupposition du fait qu'elle est une proposition lorsque X fait une affirmation. C'est pourquoi, elle ne peut pas être attaquée par une requête " *?prop*".

Dans le cadre de l'approche dialogique de la CTT, comme nous avons susmentionné, chaque objet est connu comme une instanciation d'un type et constitue la forme la plus élémentaire d'une assertion $a : A$. Aussi, les instructions sont en fait des engagements remplaçants des expressions dans un sens très proche que ceux mentionnés plus haut. Certes, une étude approfondie traitant l'approche remplaçante des expressions et les rôles des instructions n'a pas encore été prise en compte. Mais, il est nécessaire de faire une exploration formelle entre les conséquences des analyses de Brandom et les idées philosophiques qui sous-tendent la notion d'instruction.

En guise de conclusion sur les règles de particules, et pour compléter nos remarques sur la légitimité (Geltung) dans l'approche dialogique, considérons maintenant les règles du cas élémentaire. Dans cette règle, aussi bien que, dans la règle de formation associée, la défense *sic (n)* consiste à rappeler que l'adversaire a fait les affirmations auparavant. Les mécanismes sont similaires à ceux de la règle formelle de la formulation standard vue plus haut sauf que ceux-ci s'appliquent aux deux joueurs et ne sont pas limité au proposant. La similarité est que la règle assure la possibilité de voir les deux joueurs faire des réutilisations. Mais puisque cet aspect de la règle formelle est déjà capturé, ceci veut dire que nous pouvons travailler avec une version modifiée ; nous l'introduisons dans la

4.4 La logique dialogique et la CTT

prochaine section avec plus d'explications.

Malgré la similarité que nous venons de mentionner, il y a une différence cruciale avec les jeux dialogiques standard qu'il convient d'évoquer. Les propositions élémentaires sont associées avec des objets ludiques, et de telles propositions peuvent être associées avec de différents objets ludiques dans le déroulement du jeu. Le point le plus important est que la défense *sic(n)* n'exprime pas une réutilisation pour la proposition élémentaire seule, mais l'affirmation entière. Ainsi, nous avons une règle de jeu qui stipule que pour une proposition élémentaire donnée, il y a plusieurs manières de donner des raisons (de défendre), comme il y a aussi plusieurs objets ludiques. La formulation de la règle avec la défense *sic(n)* est très différente de la règle standard au niveau local : *sic(n)* est une abréviation qui est utile dans la formulation d'une règle abstraite. Mais à cause de l'introduction des objets ludiques, il représente une sémantique bien développée en ce qui concerne la demande de réponses.

A part la règle de la séparation des sous-ensembles et la règle des phrases élémentaires, nous avons jusqu'ici adapté les règles des jeux dialogiques standard au langage explicit avec lequel nous travaillons. A cause de la nature explicite de ce langage, il y a plus des règles liées à l'explication des significations des objets ludiques et types. Les prochaines règles concernent ce qui est appelé *égalité définitionnelle* dans le contexte de la CTT. Ces règles introduisent un différent type de proposition conditionnelle. Ces propositions sont celles dans lesquelles le défenseur est celui qui est engagé à défendre l'expression de la proposition et ainsi à l'affirmer éventuellement, plutôt que l'attaquant.

Dans la CTT standard, on n'a pas besoin de faire une telle distinction puisqu'il n'y a pas de joueurs. Pourtant, dans le contexte des jeux dialogiques, la distinction peut et doit être faite selon celui qui affirme la condition. Par conséquent, nous utilisons (< ... >) pour signaler que le joueur qui fait l'affirmation est celui qui est engagé à l'expression de la proposition conditionnelle. Nous avons déjà considéré le dernier cas dans notre chapitre que π représente l'affirmation et (< ... >) la condition à laquelle l'énonciateur est engagée. La forme générale de la règle des conditions de la forme ancienne est la suivante :

Affirmation	Attaque	Défense
$X! \pi <...>$	$Y? [\pi]$	$X! [\pi]$
	ou	
	$Y? [<...>]$	$X! [<...>]$
	où $?[\pi]$ et $![\pi]$ remplacent respectivement le challenge et la défense contre π et il en est de même pour $?[<>], ![<>]$	

Effectivement, dans l'affirmation initiale, X s'engage à π et à la condition. Ainsi Y a le droit d'interroger les deux, et c'est à lui de choisir celui qu'il veut. La règle souligne que l'attaquant peut interroger chaque partie de l'affirmation initiale, et que dans chaque cas, il le fait selon la forme de l'expression. Une illustration devrait aider à mieux comprendre la règle. Admettons que l'affirmation initiale est $p : (\forall x : A)B(x) < c : C >$, qui est vu comme $c : C$. Nous avons $B(x)$ pour tout $x : A$, le joueur qui fait l'affirmation s'engage à la condition. Alors, la règle est appliquée de façon suivante :

Affirmation	Attaque	Défense
$X\,!\,p : (\forall x : A)B(x) < c : C >$	$Y\,?\,L^\forall(p) : A$	$X\,!\,R^\forall(p) : B(L(p))$
	ou	
	$Y\,?\,_{[c:C]}$	$X\,!$ sic (n)

Dans ce cas, π comprend la quantification universelle et la condition est la propositionnelle élémentaire $c : C$. Ainsi, la première possible attaque de Y comprend l'application de la règle de particule pour la quantification universelle. Alors que la deuxième possible attaque est faite par l'application de la règle pour les propositions élémentaires. Les défenses possibles par X sont alors déterminées respectivement par ces règles.

Un cas typique où les conditions de la forme ($< \ldots >$) apparaissent est le cas de la substitution fonctionnelle. Admettons, par exemple, qu'une certaine fonction f a été introduite : $f(x) : B(x : A)$. Quand le joueur utilise $f(a)$ dans l'affirmation, pour $a : A$, l'attaquant a le droit de lui demander le terme de substitution réalisé. Néanmoins, $f(a)$ peut être utilisée soit du coté gauche, soit au coté droit des deux points.

A cet égard, nous aurons deux règles :

Substitution des fonctions :

Affirmation	Attaque	Défense
$X\,!\,f(a) : \phi$	$Y\,f(a)?_{<=>}$	$X\,!\,f(a)/k_i :$ $\phi < f(a) = k_i : B >$
$X\,!\,\alpha : \phi[f(a)]$	$Y\,f(a)? <=>$	$X\,!\,\alpha : \phi[f(a)/k_i] < \phi[f(a)] = \phi[f(a)/k_i] : set >$

($<=>$) les attaques indiquent que la substitution est liée à une certaine égalité et le défenseur endosse une égalité dans la conditionnelle de la défense. La deuxième règle α peut être un objet ludique ou une instruction.

4.4 La logique dialogique et la CTT

Remarque importante :
Dans ces deux règles, c'est le défenseur qui est engagé à la condition dans la défense qui exprime alors un double engagement. Alors, on pourrait considérer que les règles peuvent aussi être formulées comme comprenant deux attaques (et deux défenses). Cependant, il y a deux problèmes avec une telle approche. Pour des besoins d'illustration, considérons une telle formulation à deux reprises alternatives de la deuxième règle :

Affirmation	Attaque	Défense
$\mathbf{X}\,!\,\alpha : \phi[f(a)]$	$\mathbf{Y}\ L(f(a))/?$	$\mathbf{X}\,!\,p : \phi[f(a)/k_i]$
	$\mathbf{Y}\ R(f(a))/?$	$\mathbf{X}\,!\,\phi[f(a)] = \phi[f(a)/k_i] : set$

Le premier problème est que la deuxième attaque fonctionne comme si la condition $\phi[f(a)] = \phi[f(a)/k_i]$ était implicite dans l'affirmation initiale et donc, elle a dû être rendu explicite. Ce n'est qu'après que X choisit k_i pour la substitution que la condition doit être établie. Le deuxième problème, c'est que pour cette formulation alternative, c'est l'attaquant qui peut choisir entre le fait de demander à X de faire la substitution et lui demander d'affirmer une condition. En conséquence, cela lui donne, par exemple, la possibilité de ne jouer que la deuxième attaque sans demander la substitution. Ce qui nous ramène au premier problème.

D'ailleurs, introduire un choix pour l'un des joueurs conduira à la multiplication du nombre de jeux alternatives auxquels la règle peut s'appliquer (plus particulièrement dans les cas où le rang de répétition de l'attaquant est 1). Pour toutes ces raisons, la formulation alternative de la règle est moins satisfaisante que celle que nous avons donnée plus haut.

La substitution est fortement liée à la Π-règle d'égalité, que nous allons maintenant introduire avec Σ et ∨-égalité.

(Π-égalité) :
Nous utilisons la notation Π de (**T**) qui prend en compte les cas de la quantification universelle et l'implication matérielle.

Affirmation	Attaque	Défense
$\mathbf{X}\,!\,p : (\Pi x : A)\phi$ $\mathbf{Y}\,!\,L^{\Pi}(p)/a : A$ $\mathbf{X}\,!\,R^{\Pi}(p) : \phi(a/x)$	$\mathbf{Y}?_{\Pi-Eq}$	$\mathbf{X}\,!\,p(a) = R^{\Pi}(p) : \phi(a/x)$

(Σ-Egalité)

La règle est pareille pour la quantification existentielle, la séparation des sous-ensembles, et la conjonction. Ainsi, nous utilisons aussi la notation de la CTT qui considère l'opérateur Σ.

Dans la règle suivante, I^Σ peut être soit L^Σ soit R^Σ.

Affirmation	Attaque	Défense
$\mathbf{X}!\,p:(\Sigma x:\phi_1)\phi_2$ $\mathbf{Y}!\,I^\Sigma(p)/?$ $\mathbf{X}!\,p_i/I^\Sigma(p):\phi_i$	$\mathbf{Y}?_{\Sigma\text{-}Eq}$	$\mathbf{X}!I^\Sigma(p) = p_i:\phi_i$

Remarquons que ces règles ont des multiples pré-conditions. Effectivement, il n'y a pas d'affirmation unique qui déclenche la règle d'application. D'une perspective dialogique, ces règles sont censées permettre à l'attaquant de prendre davantage d'information à partir du jeu actuel, y compris les résolutions des instructions, pour obliger X à faire une certaine égalité.

Ces règles suggèrent fortement une connexion entre les règles d'égalité de la CTT pour des constantes logiques et le moyen des instructions dialogiques(< ... >). Et ce, à travers ce que nous appelons dans notre prochaine section leur résolution. Ainsi, il est important de se rappeler qu'il y a d'importantes différences entre elles, et surtout que les règles de particules définissent les opérations des propositions qui sont différentes des opérations théoriques de l'ensemble dans la CTT.

Discutons cette idée avant de donner les règles restantes. Le point principal concerne les règles d'indépendance des joueurs que nous avons brièvement mentionnées au début de ce chapitre. Plus précisément, nous faisons référence au fait que les règles présentées dans cette section sont les mêmes pour les deux joueurs, voilà pourquoi elles sont formulées avec les variables x et y. Plusieurs études ont déjà lié la notion de l'indépendance du joueur du cadre dialogique contre de différentes connexions de trivialisation telles que les différentes variations de *tonk de Prior*. Et plus généralement, la demande de l'harmonie entre les règles d'introduction et les règles d'élimination de Dummett.

Dans le contexte de la CTT, les relations harmonieuses entre les règles d'introduction et les règles d'élimination sont rendues plus explicites par l'association d'une constante logique à une règle d'égalité adéquate. Plus précisément, la possibilité d'avoir de telles règles d'égalité garantit l'harmonie entre les règles d'introduction et les règles d'élimination.

4.4 La logique dialogique et la CTT

Mais, en même temps, les triplées des règles : introduction-élimination-égalité, dans sa présentation normale du cadre de la CTT renforce une certaine forme d'asymétrie entre les règles d'introduction et les règles d'élimination. L'idée même d'avoir besoin des règles pour être harmonieux incite la possibilité de considérer une approche avec des règles d'un même type, soit d'introduction, soit d'élimination et de fournir des règles de correspondances harmonieuses de l'autre type [96]. En accordant la priorité aux règles d'introduction, Gentzen (1934) remarque déjà une direction de cette possibilité et la présentation standard de la CTT seule, suit cet aspect. En effet, les règles d'égalité établissent l'harmonie des règles d'élimination en ce qui concerne les règles d'introduction déjà données. Cela veut dire que nous pouvons commencer avec les règles d'introduction, puis déduire de celles-ci les règles correspondantes d'élimination et vérifier qu'elles soient harmonieuses.

Ainsi, les règles d'égalité de la présentation standard ne peuvent pas être utilisées pour atteindre la possibilité inverse, à savoir, commencer avec les règles d'élimination pour ensuite chercher les règles d'introduction correspondantes. A notre connaissance, ce programme n'a pas été pris en compte dans les détails, mais certaines références et suggestions ont été faites. Une manière prometteuse pour remplacer les règles d'égalité standard, η-conversion [97] a été adoptée. Mais, une fois encore, le résultat sera la converse de la présentation standard ayant toujours un type de règle.

Notre suggestion est que l'approche dialogique est plus adéquate dans ce contexte parce que la dichotomie entre l'introduction et l'élimination n'apparaît pas dans les règles. L'indépendance des joueurs garantit cela ainsi que les cas de Π-égalité et Σ-règle d'égalité. Les règles dialogiques n'ont pas cet aspect "unilatéral" des règles d'égalité de la CTT ou l'alternatif de η-conversion.

En même temps, la connexion entre l'approche dialogique et la CTT devient évidence, comme nous allons l'établir et quand nous considérons les applications (par les joueurs) des règles dialogiques au niveau des stratégies. L'application (**P**) contre (**O**) nous donne non seulement les règles d'introduction contre celles d'élimination dans le sens de la CTT mais aussi deux versions de Π et Σ-égalité.

D'ailleurs, il semble que ces deux versions donnent les règles standard d'égalité de la CTT d'un coté, et le η-conversion de l'autre coté.

---

96. Cf. Dummett (1993)
97. Cf. Primero (2008)

Ceci donc est prometteur par rapport à la remarque de Dummett (1993) susmentionnée, et il constitue le sujet de plusieurs travaux en cours sur la notion de l'harmonie à la lumière de l'approche dialogique de la CTT.

La réflexivité de l'ensemble :

Affirmation	Attaque	Défense
$\mathbf{X}\,!\,A : set$	$\mathbf{Y}\,?_{set}$ refl	$\mathbf{X}\,!\,A{=}A$:set

La symétrie des ensembles

Affirmation	Attaque	Défense
$\mathbf{X}\,!\,A = B : set$	$\mathbf{Y}\,?_{B}$ symm	$\mathbf{X}\,!\,B{=}A$:set

La transitivité des ensembles

Affirmation	Attaque	Défense
$\mathbf{X}\,!\,A = B : set$ $\mathbf{X}\,!\,B = C : set$	$\mathbf{Y}\,?_{A}$ trans	$\mathbf{X}\,!\,A{=}C$:set

La réflexivité dans A

Affirmation	Attaque	Défense
$\mathbf{X}\,!\,a : A$	$\mathbf{Y}\,?_{a}$ refl	$\mathbf{X}\,!\,a = a : A$

La symétrie dans A

Affirmation	Attaque	Défense
$\mathbf{X}\,!\,a = b : A$	$\mathbf{Y}\,?_{b}$ symm	$\mathbf{X}\,!\,b{=}a$:A

La transitivité dans A

Affirmation	Attaque	Défense
$\mathbf{X}\,!\,a = b : A$ $\mathbf{X}\,!\,b = c : A$	$\mathbf{Y}\,?_{a}$ trans	$\mathbf{X}\,!\,a{=}c$:set

L'égalité des ensembles

Affirmation	Attaque	Défense
$\mathbf{X}\,!\,A = B : set$	$\mathbf{Y}?_{ext}\,a : A$	$\mathbf{X}\,!\,a : B$
	$\mathbf{Y}?_{ext}\,a = b : A$	$\mathbf{X}\,!\,a = b : B$

4.4 La logique dialogique et la CTT

Affirmation	Attaque	Défense
$\mathbf{X}\,!\,B(x):set\ (x:A)$	$\mathbf{Y}\,!\,x=a:A$	$\mathbf{X}\,!\,B(x/a):set$
$\mathbf{X}\,!\,B(x):set\ (x:A)$	$\mathbf{Y}\,!\,a=c:A$	$\mathbf{X}\,!\,B(a)=B(c):set$
$\mathbf{X}\,!\,b(x):B(x)\ (x:A)$	$\mathbf{Y}\,!\,a:A$	$\mathbf{X}\,!\,b(a):B(a)$
$\mathbf{X}\,!\,b(x):B(x)\ (x:A)$	$\mathbf{Y}\,!\,a=c:A$	$\mathbf{X}\,!\,b(a)=b(c):B(a)$

Dans ces dernières, nous avons considéré des cas plus simples où il n'y a qu'une assomption dans la condition ou le contexte. Les règles peuvent être généralisées pour les conditions qui ont des multiples assomptions.

Ceci comprend la présentation de la notion dialogique des objets ludiques et les règles qui donnent une description abstraite du déroulement local des jeux dialogiques. Après cela, nous considérons les conditions globales présentes dans le développement des jeux dialogiques.

4.4.4 Le développement d'un jeu

Dans cette section, nous discutons d'autres types de règles dialogiques à savoir, les règles structurelles. Ces règles gouvernent, comme nous l'avons susmentionné, la manière dont les jeux progressent globalement et sont un aspect important de la sémantique dialogique.

Nous travaillons avec les règles structurelles suivantes :

RS-0 (Règle de début)
Chaque dialogue commence avec l'opposant qui affirme des concessions initiales, s'il y en a. Le proposant affirme la thèse. Après cela, chaque joueur choisit d'intégrer les rangs de répétition.

RS-1i (La règle intuitionniste de déroulement)
Les joueurs agissent de façon alternée. Après le choix des rangs de répétition, chaque action est une attaque ou une défense en réaction à une ancienne action, en accord avec les règles de particules. Le rang de répétition d'un joueur impose le nombre de fois qu'un joueur peut attaquer une formule. Les joueurs ne peuvent que répondre qu'à la dernière attaque non-répondue par l'adversaire.

RS-2 (Priorité à la règle de formation)
(O) commence en attaquant la thèse avec la requête *?prop*. Le jeu continue avec d'abord l'application des règles de formation pour vérifier que la thèse est effectivement une proposition. Après ceci, l'opposant est libre d'utiliser les autres règles locales tant que les règles structurelles le permettent.

RS-3 (Règle formelle modifiée)

Les propositions atomiques de (**O**) ne peuvent pas être attaquées. Cependant, (**O**) peut attaquer une (**P**)-action élémentaire s'il ne l'a pas encore jouée. Puisque nous avons des règles de particules pour des propositions atomiques qui comprennent la défense *sic (n)*, nous n'avons pas besoin d'une règle formelle qui l'autorise. Néanmoins, nous devons nous assurer en même temps que l'aspect strictement interne lié à l'idée de Geltung dans l'approche dialogique de la signification n'est pas perdu, et que, l'asymétrie entre le joueur (**P**) qui énonce la thèse, et son adversaire (**O**) est prise en compte. C'est pour cette raison que la règle standard formelle est remplacée par la version modifiée.

RS-4.1 (La résolution des instructions)

Quand un joueur affirme une action dans laquelle les instructions I1,...,I apparaissent, l'autre joueur peut lui demander de remplacer les instructions (ou une partie) avec des objets ludiques adéquats. Si l'instruction (ou la liste d'instructions) apparaît dans le coté gauche des deux points et l'affirmation est la queue d'une proposition quantifiée universellement ou d'une implication, alors c'est l'attaquant qui choisit l'objet ludique. Dans ce cas, le joueur qui attaque l'instruction est aussi l'attaquant du quantificateur universel et/ou de l'implication Sinon, c'est le défenseur de l'instruction qui choisit l'objet ludique adéquat.

Affirmation	Attaque	Défense
$\mathbf{X}!\,\pi(I_1,...I_n)$	$\mathbf{Y}\; I_1,...,I_m/?\; m \leq n$	$\mathbf{X}!\,\pi(b_1,...b_m)$ si l'instruction qui apparaît au coté droit de deux points est la racine de soit un universel soit l'implication (tel que $I_i........I_n$) apparaît aussi au coté gauche de deux points de l'affirmation. Alors $b_1....b_m$ sont choisis par l'attaquant. Autrement, c'est le défenseur qui choisit

Remarque

Dans le cas des instructions enchâssées $I_1(...(I_k)...)$, les substitutions sont considérées comme commençant de I_k à I_1 : tout d'abord, substituez I_k avec un objet ludique b_k, puis $I_{k-1}(b_k)$ avec b_{k-1} etc... jusqu'à $I_1(b_2)$. Si une telle substitution progressive à été déjà faite une fois, un joueur peut remplacer $I_1(...(I_k)...)$ directement.

RS-4.2 (la substitution des instructions)

Lorsque dans un jeu, l'objet ludique a été choisi par l'un des deux joueurs pour une instruction I, et que le joueur X fait une affirmation

4.4 La logique dialogique et la CTT

$\pi(I)$, alors l'adversaire peut demander à substituer I avec b dans l'affirmation :

Affirmation	Attaque	Défense
$\mathbf{X}\,!\,\pi(I)$ (où I/b a été établi précédemment)	$\mathbf{Y}\,I/b?$	$\mathbf{X}\,!\,\pi(b)$

L'idée c'est que la résolution d'une instruction dans une action donne un objet ludique pour un terme de substitution. Alors, le même objet ludique peut être considéré comme le résultat de toute occurrence du même terme de substitution. De tout façon, les instructions sont des fonctions, et doivent alors donner le même objet ludique pour le même terme de substitution.

RS-5 (la règle de victoire)
Pour chaque (**P**), un joueur qui affirme $p : \bot$ perd le jeu. En effet, avec cette action le joueur annonce qu'il abandonne la partie. Sinon le joueur qui fait la dernière action gagne le dialogue.

Comparées avec les règles des jeux dialogiques standard, les additions dans les règles que nous devons considérer, sont **RS-2** et **RS-4.1-2**. Également, la règle formelle **RS-3** et la règle de victoire sont un peu différentes. Puisque nous avons explicité l'utilisation de $\bot$ dans nos jeux, nous devons ajouter certaines règles : Il convient alors d'affirmer que ce *falsum* conduit à une perte immédiate. Ceci explique la formulation de la règle de victoire ci-dessus.

Nous avons besoin des règles **RS-4.1** et **RS-4** à cause de certaines propriétés du langage explicite de la CTT. Dans cette dernière, il est possible de rendre compte des questions de dépendance, la portée et autres, directement au niveau du langage. Les deux règles attribuent les objets ludiques aux instructions. Dans ce sens, plusieurs questions, telles que l'anaphore, trouvent un traitement convaincant et adéquat. L'exemple typique, que nous considérons ci-dessous, est un exemple des phrases communément appelé « la phrase de l'âne » :

Chaque personne qui possède un âne le frappe

La règle **RS-2** est consistante avec un aspect fréquent dans la CTT, c'est-à-dire, commencer les démonstrations en vérifiant et établissant les aspects liés à la formation des propositions avant de prouver leur vérité. Retenons que cette étape prend en compte aussi la formation des ensembles, la spécification des éléments canoniques, la génération des éléments non-canoniques, etc..., qui apparaissent dans des affirmations hypothétiques et des quantificateurs.

Dans le contexte de la présente étude, nous pouvons supposer que le fait que les expressions sont bien formées, les joueurs doivent toujours pouvoir donner des justifications pour la bonne formation des expressions qu'ils utilisent. Pour atteindre cet objectif, nous allons prendre des exemples qui garantissent la bonne formation des hypothèses requises qui sont implémentées comme des concessions initiales par l'opposant au début de chaque jeu.

Il semble que nous pouvons libéraliser la règle **RS-2**, à cause du nombre des règles que nous avons introduit, une vérification attentionnée sera une tâche délicate que nous n'allons pas tenter de mener dans cette étude. Pour l'instant, nous voudrions juste mentionner qu'il est important, dans le contexte des dialogues, de laisser le processus lié aux règles de formation en les combinant librement avec le déroulement du jeu. En fait, cela n'est pas en désaccord avec les pratiques d'interaction sur le statut des expressions une fois qu'elles sont introduites dans le jeu. Admettons, par exemple, que le joueur (**P**) affirme $p : \phi \vee \psi$, c'est-à-dire, la disjonction de la proposition. Dans ce cas, l'autre joueur sait comment attaquer cette disjonction et devrait être libre de continuer à explorer la formation de l'expression pour attaquer la première affirmation. Le point c'est que, d'une façon générale, il semble plus sage de vouloir vérifier si ϕ est une proposition ou non. Après cela, X défend la disjonction. Faire cela dans un cadre tel que celui de la CTT pourrait entraîner des confusions, mais l'approche dialogique à la signification devrait naturellement permettre cet aspect dynamique additionnel. Selon notre point de vue, distinguer les étapes liées à la formation des autres aspects de la signification dans l'optique de la CTT est plus adéquat puisqu'on veut généraliser le résultat.

Les définitions des jeux et stratégies sont les mêmes que celles données plus haut. Nous allons, toutefois, insister sur celles-ci. Un jeu pour ϕ est une séquence d'actions dans laquelle ϕ est la thèse affirmée par le proposant, et qui respecte les règles du jeu. Le jeu dialogique de ϕ est l'ensemble de toutes les parties possibles de ϕ et sa forme extensive n'est rien d'autre que sa représentation avec la méthode d'arbre. Ainsi, chaque branche dans cet arbre qui commence avec la racine est la représentation linéaire de la partie dans le jeu dialogique. Nous disons qu'un jeu ϕ est terminal quand il n'y a plus de coups possibles. Une stratégie pour le joueur X dans un jeu dialogique donné est une fonction qui octroie une X-action légale à chaque jeu terminal dans lequel c'est au tour de X d'agir. X gagne le jeu, si sa stratégie adoptée est une stratégie de victoire. Il n'est pas rare de voir, à un même pied d'égalité, que la X-

4.4 La logique dialogique et la CTT

stratégie comme l'ensemble des jeux terminaux provient des coups de X.

La forme extensive est alors la représentation d'arbre de cet ensemble.[98] Le résultat équivalent entre les jeux dialogiques et la CTT est établi par des procédures de translation entre la forme extensive et les P-stratégies.

Exemple

Nous concluons cette présentation des jeux dialogiques par une illustration. L'exemple est tiré de Rahman et al. (2014), il comprend un dialogue dans lequel nous avons la fameuse phrase *tout le monde qui possède un âne, le frappe*.

Dans son article de 1986, Sundholm[99] analyse profondément ce fameux cas problématique dans le contexte de la CTT. Comme déjà connu, le problème c'est de donner un moyen par lequel on peut capturer l'antécédent du pronom *le*. L'idée de Sundholm, c'est que le langage explicite de la CTT permet d'exprimer et de rendre compte de telles dépendances dès qu'on prête attention au fait qu'*un homme qui possède un âne* est un membre de l'ensemble :

$$\{x : M | (\exists y : D) Oxy\}$$

Pour une explication détaillée de la théorie constructive des types, nous pouvons consulter l'article de Sundholm. Ce qui nous intéresse ici c'est l'antécédent du pronom qui est traité de la même façon en utilisant les instructions dialogiques. Alors, nous écrivons la phrase de l'âne de la manière suivante :

$$(\forall z : \{x : M | (\exists y : D) Oxy\}) B(L^{\{...\}}(z), L^{\exists}(R^{\{...\}}(z)))$$

M est l'ensemble des hommes, D est l'ensemble d'âne, Oxy représente *x possède y* et Bxy représente *x frappe y*.

Le tableau suivant présente un dialogue dans lequel il y a cette phrase de l'âne qui fonctionne comme la concession initiale de l'opposant.

---

98. Pour plus d'explication de ces notions, consulter Clerbout (2014a)
99. Cf. Sundholm (1986)

Chapitre 4 : Aperçu de la CTT et les dialogues

	(O)			(P)	
I	$!M : set$				
II	$!D : set$				
III	$!Oxy : set \, (x : M, y : D)$				
IV	$!Bxy : set$				
V	$!p : (\lambda z)z : \{x : M\}(\exists y : D)Oxy\}$ $(L^{\{\cdots\}}(z), L^{\exists}(R^{\{\cdots\}}(z)))$				
VI	$!m : M$				
VII	$!d : D$				
VII	$!p' : Omd$				
1	$?play - object$	(0)		$!B(m,d)$	0
3	$n := \ldots$		(V)	$m := \ldots$	2
25	$!R^{\forall}(p) : B(L^{\{\cdots\}}(z), L^{\exists}(R^{\{\cdots\}}(z)))$	(0)		$q! : B(m,d)$	30
5	$L^{\forall}(p)/?$	(4)		$!L^{\forall}(p) : \{x : M\}(\exists y : D)Oxy\}$	4
7	$?L$	(6)		$!z : \{x : M\}(\exists y : D)Oxy\}$	6
9	$L^{\{\cdots\}}(z)/?$	(8)		$!L^{\{\cdots\}}(z) : M$	8
11	$?R$	(6)		$!m : M$	10
13	$R^{\{\cdots\}}(z)/?$	(12)		$!R^{\{\cdots\}}(z) : (\exists y : D)Omy$	12
15	$L^{\exists}(R^{\{\cdots\}}(z))/?, R^{\exists}(R^{\{\cdots\}}(z))/?$	(14)		$!(L^{\exists}(R^{\{\cdots\}}(z)), R^{\exists}(R^{\{\cdots\}}(z))) : (\exists y : D)Omy$	14
17	$?L$	(16)		$!(d,p') : (\exists y : D)Omy$	16
19	$L^{\exists}(R^{\{\cdots\}}(z))/?$	(18)		$!L^{\exists}(d,p') : D$	18
21	$?R$	(16)		$!d : D$	20
23	$!R^{\exists}(R^{\{\cdots\}})/?$		(25)	$!R^{\exists}(d,p') : Omd$	22
27	$!R^{\forall}(p) : B(m,d)$		(25)	$p' : Omd$	24
29	$!q : B(m,d)$		(27)	$L^{\{\cdots\}}(x)/m, L^{\exists}(R^{\{\cdots\}}(z))/d$	26
				$R^{\forall}(p)/?$	28

4.4 La logique dialogique et la CTT

Explications

— Les actions I-VII : ces actions sont les concessions initiales de (**O**). Les actions I et IV prennent en charge la formation des expressions. Après cela, l'opposant concède la proposition principale et des propositions atomiques qui sont liées à l'ensemble M, D et Oxy.

— Les actions 0-3 : le proposant affirme la thèse. Les joueurs choisissent leurs rangs de répétition dans l'action 1 et 2. Les valeurs de rang de répétition qu'ils choisissent ne sont pas importants pour ce que nous voulons illustrer ici. Quand (**P**) affirme la thèse, il n'a pas spécifié d'objet ludique, alors (**O**) le lui demande dans l'action 3.

— Action 4 : le proposant choisit de lancer une contre-attaque en remettant en cause la phrase à l'âne qui est concédée dans le coup V. La règle lui permet de répondre directement à l'attaque, mais il ne pourra pas gagner.

— Action 5-24 : le dialogue continue alors dans une manière directe avec l'application des règles pour les objets ludiques. Plus précisément, ce dialogue démontre le cas où (**O**) choisit d'attaquer l'affirmation de (**P**) autant qu'il peut avant de répondre à l'attaque de l'action 4 de (**P**).

Remarquons que l'opposant ne peut pas attaquer l'expression atomique du proposant affirmée aux actions 10, 20, et 24, puisque (**O**) a fait la même affirmation dans sa concession initiale VI à VIII, la règle formelle **RS-3** modifiée l'empêche de les attaquer.

— Action 25, quand il n'y a plus d'attaques possibles, (**O**) revient sur la dernière attaque non-répondue par (**P**) qui est l'action 4, et se défend selon la règle de particule de la quantification universelle.

— Action 26-27, la résolution des règles $L^{\{\ldots\}}(z)$ et $L^{\exists}(R^{\{\ldots\}}(z))$ a été déjà effectuée pendant le déroulement du dialogue dans les actions 9-10 et 23-24. Ainsi l'opposant peut utiliser les substitutions établies pour attaquer l'action 25 selon la règle structurelle **RS-4.2**. L'opposant se défend en faisant les substitutions demandées.

— Action 28-30. Le proposant demande alors l'objet ludique qui est représenté par l'instruction $R^{\forall}(z)$. L'opposant affirme exactement ce que (**P**) doit défendre dans l'attaque de l'action 3 de (**O**). Signalons qu'à cet instant, ceci représente la dernière attaque sans réponse de (**O**), alors (**P**) a la permission d'y répondre selon la règle structurelle **RS-1i**. Cette action est possible en corrélation avec son action 30. Puisque (**O**) aura fait la même affirmation, la règle **RS-3** l'empêche d'attaquer. Il n'a donc plus d'action possible. Alors le proposant gagne le dialogue.

L'exemple illustre les applications de la plupart des règles de l'approche dialogique.

Nous tenons à insister sur la manière dont des instructions dialogiques enrichissent le langage afin de rendre compte des relations de dépendance, telles que l'anaphore, et leur résolution. C'est la raison pour laquelle nous avons choisi l'exemple de la phrase de l'âne. La logique dialogique ainsi que la théorie constructive des types permettent davantage de lever le voile sur certains aspects implicites du raisonnement. Ainsi, il serait convenable d'analyser la logique modale dans le contexte de la théorie constructive des types afin de l'épurer de tout aspect métaphysique.

Chapitre 5

Approche constructive de la logique modale

Développer la logique modale dans le style de la théorie constructive des types est essentiellement basé sur l'idée selon laquelle le raisonnement doit se faire en tenant compte des hypothèses. Autrement dit, il s'agit de relativiser les jugements dans les contextes d'hypothèses, et donc d'émettre des jugements hypothétiques. Ici, les labels abstraits qui sont utilisés dans la logique modale standard comme des mondes possibles, sont substitués par des hypothèses. Notre objectif est de concevoir une logique modale qui soit plus concrète, ou mieux, plus pratique, c'est-à-dire moins métaphysique. Cette conception nous permettra de concevoir une logique modale avec du contenu dans laquelle il n'y a pas de distinction entre le langage-objet et le métalangage. En d'autres termes, il sera question de fournir une logique modale dans laquelle les règles qui fixent la signification sont exprimées au niveau du langage-objet. Pour atteindre notre objectif, nous allons d'abord présenter la logique modale propositionnelle et temporelle, ensuite nous donnerons les motivations de la conception d'une logique modale constructive, pour enfin développer cette dernière comme l'avait déjà ébauché Aarne Ranta dans son article *constructing possible world* et étendu plus tard à la notion de fiction par Rahman et Redmond (2014).

5.1 Approche dialogique de la logique modale et temporelle standard

Notre ambition, dans cette section, est de présenter de manière très succincte la logique modale et la logique temporelle [100] avant d'aborder la logique modale dans le contexte de la théorie constructive des types.

La logique modale est une extension de la logique propositionnelle classique à laquelle on ajoute deux connecteurs unaires :

nécessité □
possibilité ◊

□p signifie que p est nécessairement vrai.
◊p signifie que p est possiblement vrai.

Exemples :
¬ □ φ : il n'est pas nécessaire que les femmes votent. [101]
¬◊φ : il n'est pas possible que les femmes votent.
□¬φ : il est nécessaire que les femmes ne votent pas.
◊¬φ : il est possible que les femmes ne votent pas.

En logique modale, □ et ◊ sont inter-définissable :
□φ si et seulement si ¬◊¬φ
◊φ si et seulement si ¬□¬φ

La logique modale trouve ses origines dans la logique aristotélicienne. En effet, Aristote dans les deux tiers des *premiers analytiques* et *De l'interprétation* a consacré ses travaux aux syllogismes modaux. Par exemple, dans *De l'interprétation*, Aristote entame une discussion sur les liens logiques entre les formes de possibilité et les formes de nécessité.

Les premières tentatives de formalisation de la logique modale se situe vers la fin du 19ème siècle. Un développement de cette formalisation dans un style algébrique a été fourni par Le logicien français Hugh MacColl [102] et plus tard axiomatisé par Clarence Lewis en 1918.

Plus tard, Hintikka a pris les rênes en combinant ses connaissances mathématiques avec les idées de Von Wright sur la logique modale. [103]

---

100. Nous rappelons que la logique temporelle est aussi une logique modale. Cependant, nous les présentons l'une après l'autre afin de mettre en évidence leurs spécificités.
101. φ signifie les femmes votent.
102. Hugh MacColl est à l'origine de la formulation de l'axiome T (□ $\varphi \to \varphi$). Cf. Rahman et Redmond (2008)
103. Cf. Hintikka (1962) et Hintikka (1976)

5.1 Approche dialogique de la logique modale et temporelle

Il s'est attelé à l'étude d'une sémantique de la modalité et des attitudes propositionnelles où la connaissance d'une proposition est exprimée par le moyen d'un opérateur modal. Ces approches ont mis fin aux nombreux balbutiements de l'approche formelle de ces notions. Cela fut un tremplin marquant ainsi le début d'un demi-siècle prospère, ouvrant l'accès à de nouveaux développements en logique. Dès le début des années 1960, la notion de sémantique des mondes possibles a émergé et les premiers résultats peuvent être trouvés dans les travaux de Carnap.[104] Ces travaux ont été repris et enrichis avec la notion d'accessibilité entre les mondes par Hintikka et la sémantique de Kripke. Sémantique fondée sur un univers de mondes possibles, cela veut dire que le modèle n'est pas constitué d'un seul ensemble, mais il se subdivise en *mondes* entre lesquels existe une relation.[105] Ces approches sémantiques se sont avérées très fructueuses dans l'interprétation des notions telles que la logique épistémique, la logique doxastique, la logique temporelle, la logique déontique et autres.[106]

C'était l'époque où la logique modale est rapidement devenue un outil important pour le raisonnement dans toutes sortes de disciplines à l'image de l'informatique, l'économie etc.[107]

Donnons quelques définitions :

En logique modale, les propositions ne sont vraies ou fausses qu'en fonction d'un modèle bien défini. Le modèle est une extension de la notion de structure. La structure $\langle W, R \rangle$ est définie à partir de deux éléments : l'ensemble des mondes W et une relation R définie sur W. Le modèle $\langle W, R, V \rangle$ ajoute à la structure une *fonction de valuation* qui assigne à chaque monde les propositions qui sont vraies dans ces mondes.

Ainsi, une formule φ est valide dans un modèle $\langle W, R, V \rangle$ si φ est vrai dans tous les mondes W de ce modèle. Une formule est valide dans une structure si cette formule est vraie dans tous les mondes W de chaque modèle basé sur cette structure. Autrement dit, une formule φ est valide dans une structure si cette formule est vraie dans tous les modèles de cette structure.

Si Σ-structure est une collection de structures, φ est Σ-valide si φ est valide dans chaque structure de Σ.

Une structure $\langle W, R \rangle$ est :

---

104. Cf. Carnap (1946)
105. Cf. Kripke (1963)
106. Cf. Gerbrandy (1999), Kooi (2003) et Dung (1995)
107. Cf. Humberstone (1987), Lindström et Rabinowicz (1999a), Lindström et Rabinowicz (1999b) et Levesque (1990)

Chapitre 5 : Approche constructive de la logique modale

— réflexive si $w_i R w_i$ pour chaque w_i de W.
— symétrique si $w_i R w_j$ implique $w_j R w_i$ pour tous w_i et w_j de W.
— transitive si $w_i R w_j$ et $w_j R w_k$ implique $w_i R w_k$ pour tous w_i, w_j et w_k de W.
— sérielle si pour chaque w_i de W il y au moins un w_j tel que $w_i R w_j$.
— linéaire si pour tout w_i, w_j de W soit $w_i R w_j$ ou $w_j R w_i$.

Pour la suite, nous allons mettre en relief les conditions de ces structures et les différentes logiques qui les caractérisent.

LOGIQUE	Conditions des structures
K	Aucune condition n'est imposée sur cette structure
D	Sérielle
T	Réflexive
B	Réflexive, Symétrique
K4	Transitive
S4	Réflexive, Transitive
S4.3	Réflexive, Transitive, linéaire
S5	Réflexive, Symétrique, Transitive.

Cela nous amène à mettre en relation la validité des formules et les propriétés des structures. La validité des formules caractérisent les différentes structures.

FORMULE	Conditions des structures
1. $\Box(\varphi \to \psi) \to (\Box\varphi \to \Box\psi)$	Pas de conditions
2. $\Box\varphi \to \Diamond\varphi$	Sérielle
3. $\Box\varphi \to \varphi$	Réflexive
4. $\varphi \to \Box\Diamond\varphi$	Symétrique
5. $\Diamond\varphi \to \Box\Diamond\varphi$	Symétrique et Transitive
6. $\Box(\Box\varphi \to \Box\psi) \vee (\Box\psi \to \Box\varphi)$	Linéaire
7. $\Box\varphi \to \Box\Box\varphi$	Transitive
8. $\Box\varphi \to \Box\Diamond\Box\Diamond\varphi$	Réflexive et Transitive

Après avoir exposé très succinctement la logique modale, abordons maintenant la logique temporelle.

5.1 Approche dialogique de la logique modale et temporelle

Le langage de la logique temporelle est une extension de la logique propositionnelle standard.

C'est un langage qui est construit à partir de propositions atomiques ($p, q, r \ldots$), des connecteurs usuels ($\wedge, \vee, \rightarrow, \neg$), de quatre opérateurs de temporalité dont deux opérateurs du passé P, H et deux opérateurs du futur G, F.[108]

$$\varphi := p \mid \neg \varphi \mid \varphi \wedge \varphi \mid F\varphi \mid P\varphi \mid H\varphi \mid G\varphi.$$

— P φ signifie que dans un instant dans le passé, il a été le cas que φ
— H φ signifie que dans chaque instant dans le passé, il a toujours été le cas que φ
— F φ signifie que dans un instant dans le futur, il sera le cas que φ
— G φ signifie que dans chaque instant dans le futur, il sera toujours le cas que φ

Après avoir fourni la syntaxe, nous allons définir la sémantique.

Les opérateurs G et H sont deux opérateurs qui ont des portées universelles, ils réagissent comme l'opérateur de nécessité en logique modale.[109] F et P quant à eux, ont une portée existentielle ; ils réagissent comme la possibilité en logique modale.[110] Ainsi, ces opérateurs sont définis dans une sémantique modale.

Le modèle est une adjonction de la structure comprenant l'ensemble des contextes de temps T et la relation R que ces contextes de temps entretiennent entre eux et la fonction de valuation V.

$$M = (T, R, V) \text{ où}$$

1. T est l'ensemble non vide d'instants qui sont considérés comme des contextes temporels.
2. R, une relation binaire sur T qui définit les différentes relations entre les contextes temporels.
3. V, une fonction de valuation qui attribue une valeur de vérité à chaque proposition à un contexte de temps t bien défini.

---

108. Ces opérateurs de temporalité sont ceux qu'a mentionné Prior (1967)
109. Comme nous l'avons dit dans le Chapitre 2, les opérateurs G et H sont deux opérateurs qui ont une portée universelle, mais dans la sémantique de la théorie de révision de Bonanno, nous les utilisons comme ayant une portée existentielles
110. Les opérateurs F et P sont aussi utilisés dans le Chapitre 2 comme des opérateurs ayant une portée universelle.

Alors, nous avons :

— $M, t \vDash p$ si et seulement si $t \in V(p)$
— $M, t \vDash \neg p$ si et seulement si $M, t \nvDash p$
— $M, t \vDash p \wedge q$ si et seulement si $M, t \vDash p$ et $M, t \vDash q$
— $M, t \vDash p \vee q$ si et seulement si $M, t \vDash p$ ou $M, t \vDash q$
— $M, t \vDash p \rightarrow q$ si et seulement si $M, t \vDash \neg p$ ou $M, t \vDash q$
— $M, t \vDash \mathrm{F}p$ si et seulement si $M, (t_n) \vDash p$ pour un instant futur $t_n \in T$ tel que $(tR^T t_n)$
— $M, t \vDash \mathrm{G}p$ si et seulement si $M, (t_n) \vDash p$ pour chaque instant futur $t_n \in T$ tel que $(tR^T t_n)$
— $M, t \vDash \mathrm{P}p$ si et seulement si $M, (t_n) \vDash p$ pour un instant passé $t_n \in T$ tel que $(t_n R^T t)$
— $M, t \vDash \mathrm{H}p$ si et seulement si $M, (t_n) \vDash p$ pour chaque $t_n \in T$ tel que $(t_n R^T t)$.

La logique temporelle définit, elle aussi, comme en logique modale, des propriétés sur les structures. La structure comme nous avons dit est composée d'un ensemble non vide d'instants T et d'une relation R sur T qui définit les différentes relations entre les instants. Ces propriétés permettent de définir la notion de validité en tenant compte de certaines restrictions sur ces structures.

Nous mentionnons quelques propriétés de structure :
Axiome K pour G : $\mathrm{G}(\varphi \rightarrow \psi) \rightarrow (\mathrm{G}\varphi \rightarrow \mathrm{G}\psi)$
Axiome K pour H : $\mathrm{H}(\varphi \rightarrow \psi) \rightarrow (\mathrm{H}\varphi \rightarrow \mathrm{H}\psi)$
Axiome T pour G : $\mathrm{G}\,\varphi \rightarrow \varphi$
Axiome T pour H : $\mathrm{H}\,\varphi \rightarrow \varphi$
$\varphi \rightarrow \mathrm{F}\,\varphi$
$\varphi \rightarrow \mathrm{P}\,\varphi$

Il existe plusieurs autres propriétés temporelles qui sont obtenues à partir de ce qu'on appelle les branchements de temps.

Après cette analyse de la logique temporelle, nous allons maintenant aborder l'approche dialogique de cette logique.

5.1.1 La logique modale et temporelle dialogique

Dans la logique modale ainsi que celles des prédicats et des propositions, la dialogique ne saurait exprimer autre chose qu'un cadre conceptuel alternatif dans lequel ces logiques ont d'abord été développées. L'avantage qu'offre ce cadre est de fournir un système de concepts unifié et spécifique dans lequel chacune de ces logiques est clairement

5.1 Approche dialogique de la logique modale et temporelle

exprimée. Ainsi, si dans la logique dialogique propositionnelle et celle du premier ordre, le concept de contexte reste unifié [111] tout au long de l'échange argumentatif, il ne saurait être le cas dans la logique dialogique modale basique.[112] En effet, dans le cadre dialogique, il se produit un changement de contextes qui régule le processus argumentatif. Ces contextes font partie intégrante des coups des joueurs, relativisant ainsi ces coups selon les mouvements des deux adversaires. Le dialogue est donc élargi à plusieurs contextes dialogiques contrairement aux dialogues non-modaux, comme nous l'avons dit plus haut, qui demeurent ininterrompus durant la partie de jeu.

Les dialogues dans cette conception modale sont restreints aux dialogues formels.[113] (**P**) dans ce cas ne peut qu'utiliser les propositions atomiques déjà introduites par (**O**). Le contexte dialogique modal renferme des exigences telles que, le contexte dialogue est ouvert à l'intérieur du dialogue par l'introduction d'autres contextes dialogiques. Aussi, certaines propositions atomiques ont le droit d'être jouées en fonction du contexte dialogique. Le contexte dialogique est également caractérisé par les coups joués par (**O**) et (**P**) selon leurs spécificités.

Il convient dans ce qui suit, de fournir les règles locales et structurelles de cette approche dialogique modale. La particularité de ces règles stipule qu'attaquer ou défendre une formule dont l'opérateur principal est modal implique un changement de contexte dialogique. Ce changement s'opère par le choix d'un contexte par le joueur selon les règles. Celles-ci permettent également de désigner lequel des joueurs choisit le contexte.

Les différences entre logiques modales se manifestent par les distinctions dans les règles structurelles qui régulent les critères auxquels les joueurs sont soumis lors du changement de contextes durant l'échange argumentatif. Les règles locales quant à elles restent les mêmes.

Intéressons nous maintenant à ces différentes règles locales et structurelles. Pour ce qui est des règles des connecteurs standard, le lecteur pourra se référer au chapitre 2.

---

111. Par exemple, une formule atomique reste disponible pour le proposant dès lors qu'elle a été préalablement jouée par l'opposant. Il ne s'opère pas de changements de situations dans le débat.

112. La dialogique modale a été introduite dans Rahman et Rückert (1999). Plus tard, reprise par plusieurs travaux tels que Keiff (2007), Fontaine et Redmond (2008) et Keiff (2009).

113. Un dialogue formel est un dialogue dans lequel (**P**) ne sait pas quelles sont les propositions atomiques qui sont utiles pour se défendre avec succès d'une attaque de (**O**) dans un contexte dialogique précis.

	Assertion X	Attaque Y	Défense X
	$\Box\varphi$	$?\,\varpi$ ϖ est un contexte dialogique choisi par l'opposant	φ dans ϖ
	$\Diamond\varphi$	$?\,\Diamond$	φ dans ϖ ϖ est un contexte dialogique choisi par le défenseur

TABLE 5.1 – Règles de particules des opérateurs modaux $\Box$ et $\Diamond$

Explication

Quand X affirme $\Box\varphi$, alors il est engagé à défendre φ dans tout contexte dialogique que Y a le droit de choisir en fonction des règles structurelles. Quand X affirme $\Diamond\varphi$, alors il est engagé à défendre φ dans un contexte dialogique que le défenseur lui-même a le droit de choisir selon les règles structurelles.

L'attaque contre l'affirmation $\Box\varphi$ ou la défense d'une $\Diamond\varphi$ sont les mêmes coups qui permettent de changer le contexte.

Maintenant énonçons les règles structurelles.

RS-0 : Règle de Départ

Toute partie d'un dialogue commence avec le joueur (**P**) qui énonce la thèse dans le contexte dialogique initial. Après l'énonciation de la thèse par (**P**), (**O**) doit choisir un rang de répétition. (**P**) choisit son rang de répétition juste après (**O**). Un rang de répétition est un entier positif correspondant au nombre qu'un joueur peut attaquer ou défendre un même coup.

RS-1 : Règle classique de Déroulement

Un dialogue est constitué d'une suite finie de coups, dans lesquels deux joueurs, le proposant (**P**) et l'opposant (**O**), avancent chacun à son tour des arguments (des propositions posées par (**O**) ou par (**P**)), en fonction des règles de particules et des autres règles structurelles.

5.1 Approche dialogique de la logique modale et temporelle

Chaque coup suivant consiste à ce que l'un des deux interlocuteurs avance un argument. Chaque argument peut être soit l'attaque d'une affirmation précédente de l'adversaire, soit une défense vis-à-vis d'une attaque adverse précédente.

RS-2 : Règle formelle pour les propositions atomiques

(**O**) a toujours le droit d'introduire des propositions atomiques. Quant à (**P**), il n'a pas le droit d'en introduire. Il ne peut qu'utiliser celles qui ont été introduites par (**O**). Les propositions atomiques ne sont pas attaquables.[114]

RS-3 : Règles formelles pour les contextes dialogiques

(**O**) a toujours le droit d'introduire des propositions atomiques selon que les règles de particules et les règles structurelles le permettent. (**P**) ne peux que réutiliser, dans le même contexte dialogique, celles déjà introduites par (**O**).

Ainsi, la distinction des contextes se fera de la sorte :

— Le contexte dialogique initial dans lequel la thèse du dialogue est assertée est noté c.
— Le premier contexte dialogique qui est ouvert à partir du contexte dialogique portant le numéro i est noté $i.1$.
— Le second $j.2$, jusqu'à la j-ième contexte $i.j$.
— Un contexte dialogique i est supérieur à un contexte dialogique $i.j$ et de manière correspondante $i.j$ est dit inférieur à i.
— Un contexte dialogique i est pour $i.j.k$ un contexte dialogique supérieur de profondeur 2. Ainsi, inversement $i.j.k$ est un contexte dialogique inférieur de profondeur 2, par rapport à i, ainsi de suite.

Le changement de contexte dialogique ne s'effectue que dans le cas d'une attaque contre $\Box\varphi$ ou de la défense d'un $\Diamond\varphi$. Ce sont ces deux cas qui détermineront le *choix de contexte dialogique*. Il convient de signaler que l'approche dialogique des différents systèmes de logique modale ne se différencie seulement qu'au niveau des règles structurelles modales qui spécifient le choix des contextes dialogiques.

Ainsi, pour les règles formelles des contextes modaux nous aurons ce qui suit :

---

114. Les propositions atomiques ne sont pas attaquables. Cette restriction est valable pour les dialogues formels. Ces derniers s'opposent aux dialogues matériels.

RS-3.1

Pendant que **(O)** lors du choix d'un contexte dialogique, n'est soumis à aucune restriction, **(P)** a seulement le droit de réutiliser des contextes dialogiques déjà existants. [115]

(O) peut choisir n'importe quel contexte dialogique déjà existant ou bien en ouvrir un nouveau lorsque les règles le lui permettent.

RS-3.2

Pour le système K, **(P)** lors du choix de contexte dialogique, doit impérativement changer de contexte. [116]

Cependant, pour ce qui est des autres systèmes, **(P)** ne doit pas nécessairement changer de contextes dialogiques. Il peut aussi conserver le contexte initial.

RS-3.3

Lors du choix d'un contexte dialogique, il est toujours possible pour **(P)** de rester dans le même contexte dialogique [117]

RS-3.4

Lors d'un choix de contexte dialogique, **(P)** peut choisir un contexte dialogique inférieur ou supérieur de profondeur 1 déjà existant. [118]

RS-3.5

Lors d'un choix de contexte dialogique, **(P)** peut choisir un contexte dialogique inférieur déjà existant de degré quelconque. [119]

RS-3.6

Lors d'un choix de contexte dialogique, **(P)** peut choisir un contexte dialogique quelconque déjà existant. [120]

RS-4 : Règle de victoire

Une partie de dialogue se termine lorsque les règles n'autorisent plus de coups. Celui qui a joué le dernier coup gagne la partie du dialogue.

Pour plus de compréhension, donnons quelques exemples :

---

115. Par principe, il n'a pas le droit d'ouvrir de nouveaux contextes dialogiques.
116. Ce principe est lié au fait que le système modal K ne renferme aucune condition.
117. Cette règle correspond à la relation de réflexivité qui existe dans la sémantique standard entre les mondes possibles.
118. Cette règle correspond au système B qui exprime la symétrie.
119. Elle correspond à l'ajout de la transitivité dans la sémantique standard. Cette relation de transitivité caractérise le système S4.
120. La possibilité du choix d'un contexte dialogique déjà existant quelconque caractérise le système S5.

5.1 Approche dialogique de la logique modale et temporelle

Exemple 1 :

	(O)			(P)	
				$(p \to q) \land p) \to q$	0
1	$(p \to q) \land p$	0		q	8
3	$p \to q$		1	$\land_1$	2
5	p		1	$\land_2$	4
7	q		3	p	6

Explication
— Au coup 0, **(P)** asserte la thèse.
— Au coup 1, **(O)** concède l'antécédent.
— Au coup 2, **(P)** ne peut pas affirmer le conséquent car c'est une proposition atomique donc, il contre-attaque la conjonction du coup 1, et il choisit le premier conjoint.
— Au coup 3, **(O)** affirme le premier conjoint.
— Au coup 4, **(P)** attaque le deuxième conjoint du coup 1.
— Au coup 5, **(O)** affirme le deuxième conjoint.
— Au coup 6, **(P)** attaque l'implication du coup 3 en concédant l'antécédent.
— Au coup 7, **(O)** affirme le conséquent.
— Au coup 8, **(P)** répond à l'attaque du coup 1 en affirmant la proposition atomique q, alors **(P)** gagne la partie du dialogue car il a joué le dernier coup.

Exemple 2 :

	(O)				(P)		
					$\Box p \to p$	c	0
1	c	$\Box p$	0		p	c	4
3	c	p		1	$? c$	c	2

Chapitre 5 : Approche constructive de la logique modale

Explication

Cette partie de dialogue met en exergue le système T.
— Au coup 0, (**P**) asserte la thèse dans le contexte dialogique c.
— Au coup 1, (**O**) concède l'antécédent.
— Au coup 2, (**P**) ne peut pas affirmer le conséquent car c'est une proposition atomique et (**O**) ne l'a pas encore introduite. Alors, il attaque l'opérateur de la nécessité et choisit le même contexte dialogique, c'est-à-dire, le contexte initial c.
— Au coup 3, (**O**) répond à l'attaque en affirmant la proposition atomique p.
— Au coup 4, (**P**) répond à l'attaque du coup 2 en affirmant p. Il gagne, alors, la partie de dialogue car il a joué le dernier coup.

Exemple 3

		(O)			(P)		
					$\Box(p \to q) \to (\Box p \to \Box q)$	c	0
		$m := 1$			$n := 2$		
1	c	$\Box(p \to q)$	0		$\Box p \to \Box q$	c	2
3	c	$\Box p$	2		$\Box q$	c	4
5	c	$?\, c_1$	4		q	c_1	12
7	c_1	$p \to q$		1	$?\, c_1$	c	6
9	c_1	p		3	$?\, c_1$	c	8
11	c_1	q		7	p	c_1	10

Explication

— Au coup 0, (**P**) asserte la thèse.
— Au coup 1, (**O**) concède l'antécédent.
— Au coup 2, (**P**) affirme le conséquent de l'implication.
— Au coup 3, (**O**) attaque l'implication du coup 2, en concédant l'antécédent.

5.1 Approche dialogique de la logique modale et temporelle

— Au coup 4, **(P)** affirme le conséquent de l'implication.
— Au coup 5, **(O)** attaque l'opérateur de la nécessité du coup 4 en choisissant le contexte dialogique c_1.
— Au coup 6, **(P)** ne peux pas répondre à l'attaque alors il contre-attaque le coup 1 en attaquant l'opérateur de nécessité en choisissant le contexte dialogique c_1.
— Au coup 7, **(O)** répond en affirmant la proposition dans le contexte c_1.
— Au coup 8, **(P)** attaque l'opérateur de nécessité du coup 3 et choisit le contexte c_1.
— Au coup 9, **(O)** répond en affirmant la proposition dans le contexte c_1.
— Au coup 10, **(P)** attaque l'implication du coup 7 en affirmant l'antécédent.
— Au coup 11, **(O)** répond en affirmant le conséquent en assertant la proposition atomique p.
— Au coup 12, **(P)** profite alors pour répondre à l'attaque du coup 5. **(P)** gagne alors la partie car il a joué le dernier coup.

Exemple 4

		(O)			(P)		
					$\Diamond p \to \Box \Diamond p$	c	0
		$m := 1$			$n := 1$		
1	c	$\Diamond p$	0		$\Box \Diamond p$	c	2
3	c	$?\, c_1$	2		$\Diamond p$	c_1	4
5	c_1	$?\,\Diamond$	4		p	c_2	8
7	c_2	p		1	$?\,\Diamond$	c	6

Explication
— Au coup 0, **(P)** asserte la thèse.
— Au coup 1, **(O)** concède l'antécédent.
— Au coup 2, **(P)** affirme le conséquent de l'implication.
— Au coup 3, **(O)** attaque l'opérateur de nécessité et choisit le contexte c_1.
— Au coup 4, **(P)** affirme la formule dans le contexte c_1.
— Au coup 5, **(O)** attaque l'opérateur de possibilité du coup 4.

Chapitre 5 : Approche constructive de la logique modale

- Au coup 6, (**P**) ne peux pas répondre à l'attaque, il contre-attaque le coup 1 en attaquant l'opérateur de possibilité.
- Au coup 7, (**O**) répond en affirmant la formule et choisit le contexte c_2.
- Au coup 8, (**P**) profite pour répondre à l'attaque de la possibilité du coup 5 dans le contexte c_2 déjà introduit par (**O**).
(**P**) gagne alors la partie car il a joué le dernier coup.

Ces systèmes que nous avons présenté sont mis en exergue par le choix des différents contextes dialogiques selon les règles. Ces contextes dialogiques, nous le verrons dans la section suivante, seront substitués par des contextes d'hypothèses. Cette présentation de l'approche dialogique de la logique modale et temporelle permet effectivement de comprendre le fonctionnement des éléments de base de la révision de la croyance de Bonanno, car elle utilise un cadre multimodal et temporel.

Après avoir présenté la logique dialogique modale, exposons maintenant celle de la logique temporelle. Il s'agira pour nous de présenter très brièvement l'article écrit par Shahid Rahman, Gorisse Marie-Hélène et Damien Laure.[121] Cette logique permet d'éclaircir la notion de contextes temporels par l'utilisation de ces contextes au niveau du langage-objet. Ainsi dans cette perspective dialogique, des règles de particules et structurelles ont été établies.

	Assertion X	Attaque Y	Défense X
L'attaquant choisit un instant futur t_n	X ! $G\varphi_t$	Y ? G_{t_n} $(tR^T t_n)$	X ! φ_{t_n}
L'attaquant choisit un instant passé t_n	X ! $H\varphi_t$	Y ? H $_{t_n}$ $(t_n R^T t)$	X ! φ_{t_n}
Le défenseur choisit un instant t_n	X ! $F\varphi_t$	Y ? F	X ! φ_{t_n} $(tR^T t_n)$
Le défenseur choisit un instant passé t_n	X ! $P\varphi_t$	Y ? H	X ! φ_{t_n} $(t_n R^T t)$

Explication :

Quand X affirme $G\varphi$ à l'instant t, Y choisit un instant quelconque futur t_n dans lequel X doit se défendre. En effet, si X affirme qu'à chaque instant futur il est le cas que φ, alors il s'engage à défendre φ à n'importe quel instant futur.

---

121. Cf. Damien *et al.* (2004)

5.1 Approche dialogique de la logique modale et temporelle

Quand X affirme Hφ à l'instant t, Y choisit un instant précédent quelconque t_n dans lequel X doit se défendre. En effet, si X affirme qu'à chaque instant passé il a été le cas que φ, alors il s'engage à défendre φ à n'importe quel instant passé.

Quand X affirme Fφ à l'instant t, il (X) choisit l'instant futur t_n pour se défendre. En effet, si X affirme qu'à un instant futur il est le cas que φ, alors il s'engage à défendre φ à cet instant futur.

Quand X affirme Pφ à l'instant t, il (X) choisit l'instant passé t_n pour se défendre. En effet, si X affirme qu'à un instant passé il a été le cas que φ, alors il s'engage à défendre φ à cet instant passé.

Après les règles de particules, nous allons définir les règles structurelles nécessaires pour réaliser des parties de dialogues.

— **(RS-0)Règle de commencement**
  Toute partie d'un dialogue commence avec le joueur (**P**) qui énonce la thèse. Après l'énonciation de la thèse par (**P**). (**O**) doit choisir un rang de répétition. (**P**) choisit son rang de répétition juste après (**O**). Un rang de répétition est un entier positif correspondant au nombre de fois qu'un joueur peut attaquer ou défendre un même coup.

— **(RS-1) Règle de déroulement du jeu**
  Les joueurs jouent chacun à son tour. Tout coup faisant suite au choix de répétition de (**P**) est soit une attaque soit une défense vis-à-vis d'une attaque précédente.

— **(RS-2) Règle formelle**
  (**P**) est autorisé à énoncer une proposition atomique si et seulement si (**O**) a énoncé cette proposition en premier.

— **(RS-3) La règle formelle pour les contextes temporels**
  Un contexte temporel t est dit être choisi par Y quand Y choisit le contexte temporel défini par le label t lors d'une attaque contre une formule modale de la forme Hφ et Gφ.
  Un contexte temporel t est dit choisi par X lorsqu'il défend une formule de la forme Pφ ou Fφ.

— **(RS-3.1)**
  Le contexte temporel défini par le label t est dit être nouveau s'il n'a jamais été choisi auparavant. Un contexte dialogique temporel ayant le label t est dit avoir été introduit si et seulement si le contexte temporel ayant le label t est nouveau. On considère que le contexte initial est donné lors de l'affirmation de la thèse.

— **(RS-3.2)**
  (O) peut introduire un contexte temporel à chaque fois que les autres règles le lui permettent. **(P)** ne peut pas introduire un contexte et ses choix, lorsqu'il en ouvre, sont restreints par les règles structurelles adéquates reconstruisant les propriétés de **R** (relation entre contexte temporel), spécifiquement pour la notion d'axe temporel en question.

— **(RS-3.3)**
  Nous supposerons que la relation R est irréflexive, asymétrique et transitive.

  1. Concernant l'irréflexivité, cela veut dire que le proposant n'est pas obligé de choisir le contexte temporel dans lequel il est en train de jouer.

  2. L'asymétrie a été implicitement supposée dans les règles de particules. Cela interdit au proposant qui joue en t avec un opérateur passé de choisir un contexte dialogique temporel (donné) t_i. Cette restriction est valable aussi lorsque le proposant joue avec un opérateur futur.

  3. La transitivité autorise **(P)** à supposer que si $(t_i R t_j)$ et $(t_j R t_k)$ alors $(t_i R t_k)$, ainsi **(P)** peut choisir t_k à partir de t_i. Ceci sous la condition que la relation d'asymétrie et d'irréflexivité soit respectée.

RS-4 : Règle de victoire
Une partie de dialogue se termine lorsque les règles n'autorisent plus de coups. Celui qui a joué le dernier coup gagne la partie du dialogue.

5.1 Approche dialogique de la logique modale et temporelle

Donnons quelques exemples :

	(O)				(P)		
					$FFp \to Fp$	t	0
		$m := 1$			$n := 1$		
1	t	FFp	0		Fp	t	2
3	t	? F	2		p	t_2	8
5	t_1	Fp		1	? F	t	4
7	t_2	p		5	? F	t_1	6

Explication

— Au coup 0, (P) asserte la thèse.
— Au coup 1, (O) concède l'antécédent.
— Au coup 2, (P) affirme le conséquent de l'implication.
— Au coup 3, (O) attaque l'opérateur F mais toujours dans l'instant initial.
— Au coup 4, (P) ne peut pas répondre à l'attaque car (O) n'a pas encore introduit la proposition atomique p, il passe alors à une contre-attaque de l'opérateur F du coup 1.
— Au coup 5, (O) répond à l'attaque en affirmant la formule dans l'instant t_1 qu'il introduit.
— Au coup 6, (P) attaque l'opérateur F du coup 5 à l'instant t_1.
— Au coup 7, (O) répond à l'attaque en affirmant la proposition atomique p dans l'instant t_2 qu'il introduit.
— Au coup 8, (P) profite pour répondre du coup 3 en affirmant p déjà introduit par (O) à l'instant t_2. (P) gagne la partie car la transitivité lui permet de choisir un contexte temporel d'une profondeur arbitraire dans le futur. Ce cas permet à (P) de supposer que si (tRt_1) et (t_1Rt_2) sont donnés, alors (tRt_2) est vérifié.

Chapitre 5 : Approche constructive de la logique modale

		(O)			(P)		
					$Fp \to FFp$	t	0
		$m := 1$			$n := 1$		
1	t	Fp	0		FFp	t	2
3	t	? F	2		Fp	t_1	6
5	t_1	p		1	? F	t	4
7	t_1	? F			p	t_1	8

Explication

— Au coup 0, (**P**) asserte la thèse.
— Au coup 1, (**O**) concède l'antécédent.
— Au coup 2, (**P**) affirme le conséquent de l'implication.
— Au coup 3, (**O**) attaque l'opérateur F mais toujours dans l'instant.
— Au coup 4, (**P**) ne peut pas répondre à l'attaque car (**O**) n'a pas encore introduit la proposition atomique p, il passe alors à une contre-attaque l'opérateur F du coup 1.
— Au coup 5, (**O**) répond à l'attaque en affirmant la proposition p dans l'instant t_1 qu'il introduit.
— Au coup 6, (**P**) répond à l'attaque du coup 3 à l'instant t_1.
— Au coup 7, (**O**) attaque l'opérateur F du coup 6.
— Au coup 8, (**P**) répond à l'attaque du coup 7 dans l'instant t_1.

Notre propos dans ce chapitre a consisté d'une part, à expliciter davantage le cadre multimodal et temporel sur lequel est construit la théorie de révision des croyances de Bonanno, car nous n'avons fait que présenter simplement cette structure dans les chapitres précédents. D'autre part, notre objectif était d'exposer, de manière très brève, les rudiments dont nous avons besoin pour concevoir la logique modale dans le contexte de la théorie constructive des types. Maintenant, intéressons nous aux motivations qui ont suscités cette logique modale constructive.

5.2 Les motivations d'une logique modale constructive

Notre ambition est de mettre l'accent sur les différentes raisons qui justifient cette conception de la logique modale constructive. En d'autres

5.2 Les motivations d'une logique modale constructive

termes, il s'agit de pointer du doigt les difficultés auxquelles est confrontée la logique modale standard, plus spécifiquement dans sa conception de la sémantique des mondes possibles. Nous savons que la logique modale est une extension de la logique propositionnelle et qu'elle a été conçue pour analyser les relations logiques entre énoncés formés par les opérateurs de nécessité et de possibilité.

Toutefois, elle a suscité beaucoup d'interrogations face aux faiblesses qu'elle regorge dans la compréhension du concept de mondes possibles. La première limite que nous pouvons énumérer est celle de la substitution des identiques qui a fait couler beaucoup d'encre dans les années 1950. Ce principe dérive du principe d'indiscernablilité des identiques qui stipule que si x est identique à y, alors pour une fonction quelconque B la vérité de Bx implique celle de By. Ainsi par le principe de substitution, chaque fonction satisfaite par x l'est aussi par y lorsque les deux sont identiques.

Dans la logique modale, ce principe est difficile à définir en ce sens que deux objets peuvent être identiques dans un monde possible et ne pas l'être dans un autre. Cette difficulté a été relevée par plusieurs logiciens. Au nombre de ceux-ci, nous pouvons citer Kanger Stig. Ce dernier soutient que pour que la règle de substitution soit valide, il faut que les mondes possibles ne soient pas les mêmes. Aaron Saul Kripke quant à lui, introduit le désignateur rigide comme solution à cette difficulté mais en réalité, toutes ces tentatives de solution ne pourront pas résoudre le problème.

La logique modale quantifiée a suscité plusieurs problèmes, parmi lesquels nous pouvons évoquer les discussions menées sur le sujet de l'actualisme et du possibilisme. Ce débat gravite autour de l'interrogation suivante : les valeurs que peuvent prendre les variables doivent-elles se restreindre au monde dans lequel on évalue une formule, ou s'étendre à un ensemble d'objets qui se trouvent dans un monde ou dans un autre ?

L'actualisme soutient qu'une formule de la forme $\exists x A(x)$ n'est vraie dans un monde que si, dans ce monde, il existe un objet a qui possède la propriété qui interprète la lettre du prédicat A. Dans le cas contraire, elle est fausse, même si dans un autre monde il est possible de rencontrer un objet a' qui possède la propriété en question.

Dans le point de vue possibiliste, le domaine de quantification est constitué de l'ensemble des objets d'un monde ou un autre. Ainsi, par exemple, une existentielle serait vraie dans un monde n si dans n'importe quel monde (que ce soit le monde n' ou un autre) il existe un objet qui satisfait la formule.

Ces diverses positions sur cette sémantique des mondes révèlent véritablement l'ambiguïté de la notion de mondes possibles. Nous posons les questions de savoir s'il y a des mondes possibles ayant des lois logiques différentes de nos lois dans notre monde actuel ? Quelles sont les dimensions de ces mondes possibles ? Ces questions reflètent réellement l'aspect implicite de mondes possibles qui finalement deviennent des mondes "impossibles".

Les solutions à cette difficulté se trouve dans la théorie constructive des types qui nous donne directement ce que nous allons chercher dans les mondes possibles à savoir une théorie où la signification des propositions peut s'identifier à un ensemble. Sauf que dans ce cas, nous ne considérons pas des ensembles de "mondes" mais des ensembles de preuves.

Comment de manière concrète nous pouvons appréhender la logique modale dans le contexte de la théorie constructive des types ? A quoi peut-on assimiler les mondes possibles dans une approche constructive ?

Ces questions trouverons leurs réponses dans la section suivante.

5.2.1 La logique modale constructive

Concevoir la logique modale dans le cadre de la théorie constructive des types revient à relativiser les raisonnements selon des hypothèses. Autrement dit, il s'agit de faire des jugements hypothétiques en fixant la signification des propositions au niveau du langage-objet. Les mondes sont ici remplacés par des contextes d'hypothèses. Cette approche rend explicite ce qui semble implicite dans le langage modal en dépouillant celui-ci de toute empreinte métaphysique qui entraînerait certaines confusions dans ce langage.

Nous allons fournir une approche dialogique de la logique modale constructive.

5.2.1.1 Conception des mondes comme des hypothèses

La logique modale constructive se saisit à travers l'idée des mondes comme des hypothèses. Cette conception de la logique modale constructive avait déjà été ébauchée par Ranta[122] et étendue à la notion de la fiction par Rahman et Redmond (2014).[123] L'idée principale de Ranta est qu'une assertion relative à un monde possible W équivaut à un jugement hypothétique où l'assertion est faite en émettant des hypothèses qui sont exprimées dans le langage-objet. En d'autres mots, nous n'avons pas

---
122. Cf. Ranta (1991)
123. Pour plus d'informations sur la notion de fiction, le lecteur peut consulter Redmond (2010).

5.2 Les motivations d'une logique modale constructive

besoin de labels pour les mondes mais d'assertions qui sont fournies sous des hypothèses ouvertes. Les assertions modales sont alors réductibles aux hypothétiques.

Ainsi, nous pouvons d'une certaine manière dire que la notion (métaphysique) de mondes possibles de Leibniz est mise en rapport avec la conception kantienne d'hypothétique.

Plus généralement et indépendamment du cadre dialogique, cela fournit les correspondances suivantes soulignées dans (Ranta, 1991, p.83) :

— A : ensemble dans w signifie que *$A(x)$ est un ensemble* sous l'hypothèse que *$(x : w)$*
— $A = B$: *ensemble dans w* signifie que *$A(x)$ et $B(x)$ sont des ensembles égaux* sous l'hypothèse que *$(x : w)$*
— $a : A$ signifie que *$a(x)$ est un élément de l'ensemble A* sous l'hypothèse que *$(x : w)$*
— $a = b : A$ signifie que *$a(x)$ et $b(x)$ sont des éléments identiques dans l'ensemble A* sous l'hypothèse *$(x : w)$*

Dans la théorie constructive des types, les jugements hypothétiques sont considérés comme un ensemble de jugements pour lequel il n'y a pas une preuve spécifique mais plutôt une preuve arbitraire : un objet x.

La variable x est utilisée comme une preuve de A. Elle est utilisée de la même manière que l'utilisation d'une variable comme un élément arbitraire d'un ensemble.

En outre, la relation entre un monde w_1 et un monde w_2 doit être considérée comme une alternative épistémique dans laquelle w_2 est une extension de w_1 et que w_2 ajoute des informations, de sorte que chaque proposition est vraie sous l'hypothèse w_1, qui elle aussi est vraie sous l'hypothèse w_2.

Plus généralement, nous exprimons cette situation de la manière suivante :

d(y) : w_1 (y : w_2).

Ainsi, si w_2 est accessible à w_1, alors il existe une fonction **f** de w_2 à w_1 [124]

Cependant, il peut y avoir plusieurs fonctions qui expriment w_2 à w_1, cela veut dire que ces fonctions V et U sont aussi accessibles à w_1, bien que w_2, V et U ne sont pas accessibles entre elles. Nous obtenons alors une structure d'arbre avec w_1 comme racine.

---

124. Cf. (Ranta, 1994, p.147).

Rappelons que dans ce contexte, chaque monde W, V et U est un ensemble, et cet ensemble est une hypothèse.

Du point de vue épistémique, "possible" signifie qu'il existe différentes manières d'ajouter des connaissances à nos croyances pour obtenir le savoir, qui dans ce cas n'est pas encore achevé. En d'autres termes, cela signifie que le possible est toujours une approximation du savoir. Si l'approximation se termine alors, la possibilité se transformera en savoir. Possible signifie donc ce qui peut être complété.

C'est ainsi que (Ranta, 1991, p.78) met en rapport cette notion de possibilité avec la conception du savoir de Husserl.[125]

Mais comment exprimer cette notion de manière formelle et montrer le lien avec l'approche dialogique ?

Du point de vue formel, un monde possible est un ensemble constitué par une séquence d'assertions hypothétiques avec une dépendance entre elles (cette structure est appelée contexte).

Soit Γ la séquence qui est une approximation d'un monde. Nous avons :

a : A en Γ signifie $a(x_1,...x_n) : A\ (x_1,...x_n)\ (x_1 : A_1,...,x_n : A_n\ x_1,...,x_{n-1})$

Cela est similaire à :

A : ensemble dans Γ

A = B : ensemble dans Γ

a : A dans Γ

a = b : A dans Γ

Comme susmentionné, si les contextes doivent capturer la notion de mondes possibles, cela est important que leurs spécifications ne se terminent jamais. Ainsi, comme le souligne Ranta,[126] les mondes sont une sorte de limites de séquences d'hypothèses de plus en plus spécifiées sans jamais atteindre la spécification totale. Signifions que ce sont ces spécifications (d'un contexte) qui correspondent aux relations d'accessibilité.

Après avoir exploité cette approche de la logique modale constructive, nous allons l'analyser davantage dans le contexte dialogique.

---

125. Cf. Lavigne (2008).
126. Cf. (Ranta, 1991, p.78).

5.3 Perspective dialogique de la logique modale constructive

Comme mentionné dans Rahman et Redmond (2014), les extensions de contextes sur le plan dialogique, doivent être considérées comme un jeu de questions et de réponses sur la spécification de contextes. C'est-à-dire que les questions et les réponses qui seront mises en exergue vont contribuer à spécifier le contexte de départ. Autrement dit, ce jeu de questions et de réponses va permettre de fournir les différentes extensions du contexte. Rappelons que nous sommes dans un langage interprété.

Supposons qu'un joueur considère des contextes (hypothétiques) dans lesquels il y a un objet ludique pour A(y), sous la condition que x *est un être vivant, y est un humain(x)*.

Alors, la première extension qu'on peut considérée peut être évoquée par la question suivante :

Est-il européen ou asiatique ?

La seconde peut être mise en exergue par les questions commençant par *qui, quoi, quand*.

Pour la troisième extension, on pourrait par exemple demander au défenseur d'établir un lien entre les variables des premiers et les nouveaux contextes.

Considérons un contexte initial Γ contenant une disjonction $A \vee B$, l'objet ludique est la variable x.

Supposons encore un autre contexte Δ contenant y : A.

Dans un tel cas, si le joueur qui soutient que Δ est une extension de Γ, doit produire la formule suivante $L^{\vee}(x) = y : A \vee B$, et ensuite, il doit être capable de montrer sa relation avec chaque composant de Γ.

La perspective dialogique modale dans le cadre de la théorie constructive des types peut être vue comme un dialogue dans lequel les coups impliquent des questions et des réponses en rapport avec des contextes.

5.3.1 Les quantificateurs dans un contexte d'hypothèses

Assertion	Challenge	Défence
X !c(y) : (∃ x : A)B(y) (y : Θ)	**Y** ?$_F$	**X** ! (∃ x : A)B(y) : prop A : ens., Θ : ens. x : A, y : Θ
	Y ? L$^∃$ ou **Y** ? R$^∃$	L(c(y)) : A (y : Θ) *respectivement* R(c(y)) : B (L(c(y))) (y : Θ)
X !c(y) : (∀ x : A)B(y) (y : Θ)	**Y** ?$_F$	**X** ! (∃ x : A)B(y) : prop A : ens., Θ : ens. x : A, y : Θ
	Y ! L(c(y)) : A(y : Θ)	**X** ! R(c(y)) : B (L(c(y)))(y : Θ)

TABLE 5.2 – Les règles de particules pour les contextes de croyance

Explication

Nous savons qu'en théorie constructive des types, nous devons spécifier la règle de formation de toute proposition.

Ainsi, quand **X** affirme c(y) : (∃ x : A)B(y) (y : Θ), **Y** attaque l'assertion en demandant comment elle a été formée. **X** répond en affirmant que la proposition (∃ x : A)B(y) est formée d'un ensemble A et d'un contexte de croyance Θ, qui est constitué d'un ensemble n d'hypothèses (H_1,..., H_n), tel que y un élément de Θ.

Nous spécifions que l'existentiel se comporte comme une conjonction.[127] Pour l'attaque du quantificateur existentiel affirmé par **X**, **Y** pour a le choix. Soit il choisit la gauche, soit il choisit la droite de l'existentiel.

Soit **Y** demande la gauche de l'existentiel, **X**, dans ce cas, lui donne la gauche en spécifiant son objet ludique (arbitraire), c'est-à-dire un élément de l'ensemble A sous la condition que cet objet appartienne au contexte Θ, plus précisément aux hypothèses H_1,..., H_n. Soit **Y** demande la droite de l'existentiel, **X** donne la droite de l'existentiel en précisant que l'objet ludique est un opérateur qui sélectionne l'objet ludique de la droite de l'existentiel, telle que la droite constitue une affirmation concernant l'objet ludique de la gauche, toujours sous la condition que cet objet ludique appartient au contexte.

Quand **X** asserte le quantificateur universel, **Y** demande sa règle de formation et **X** répond en affirmant que la proposition (∃ x : A)B(y) (y : Θ) est formée de l'ensemble A et d'un contexte de croyance qui est considéré ici comme un ensemble, x et y constituent les éléments de ces

---

[127]. Cf. Ranta (1994).

ensembles. Le quantificateur universel se comporte comme l'implication. Ainsi, **Y** pour attaquer le quantificateur, concède l'antécédent et **X** doit affirmer le conséquent.

L(c(y)) : A (y : Θ) signifie qu'il y a un élément de l'ensemble A qui fait partie du contexte de l'agent et cet l'élément fournit l'objet ludique de la partie gauche de l'existentiel.

R(c(y)) : B (L(c(y)) (y : Θp) signifie qu'il y a un objet ludique pour la proposition B dans le contexte Θ où L(c(y)) est élément de A, choisi par le défenseur. Cet objet ludique pour B constitue la partie droite de l'existentiel.

Nous retenons dans ce chapitre que la conception de la logique modale constructive permet de rendre explicite ce qui est acquis de manière implicite dans le langage modal standard. La logique modale à caractère constructif donne directement dans le langage-objet la signification des propositions à travers les contextes d'hypothèses.

Ainsi, après avoir exploré l'approche dialogique de la logique modale dans le contexte de la théorie constructive des types, en présentant l'approche dialogique de la logique modale et temporelle. Nous avons également étalé les motivations qui ont suscité une conception constructive de la logique modale. Nous allons maintenant nous intéresser à la croyance dans le contexte de la théorie constructive des types.

5.4 La dichotomie entre la croyance et la connaissance

Le rapport entre la connaissance et la croyance a suscité beaucoup de débats empreints de passion. Plusieurs auteurs ont levé leurs plumes pour arguer sur la question du rapport entre la connaissance et la croyance. Ils ont même énuméré des critères qu'il faut pour qu'une croyance devienne une connaissance. Ils soutiennent précisément que la croyance peut devenir une connaissance, cependant elle doit respecter certains critères dont l'un d'eux a été largement discuté dans la période antique.

Dans le célèbre dialogue de Platon intitulé *Théétète*,[128] Socrate discute plusieurs théories de la connaissance, dont l'une d'entre elles stipule que la connaissance est la croyance vraie. La connaissance est ici à l'intersection de la croyance et de la vérité. Dans cette perspective platonicienne, la connaissance désigne la science qui doit être définie par la croyance vraie. Nous le percevoir clairement quand il affirme :

---
128. Cf. (Diès, 1950, pp.140-143).

> *Si Théétète définit la science par l'opinion vraie, c'est qu'il se réfère naturellement à la croyance commune, dont la formule était, dès le début du second essai : la sagesse, c'est la pensée vraie.*

Socrate discute l'affirmation de *Théétète* selon laquelle la science est considérée comme la connaissance, c'est-à-dire la croyance vraie. Socrate approfondit cette thèse en affirmant que la définition de la connaissance par la croyance vraie doit au moins dire en quoi cela consiste et comment se produit l'opinion fausse.

Cependant, on se pose la question de savoir si réellement la problématique de la connaissance peut s'identifier à une croyance vraie. Mieux, quelle peut être la valeur de la croyance par rapport à la connaissance ? Autrement dit, qu'est-ce qu'il faut ajouter à la croyance pour qu'elle devienne une connaissance ?

Toutes ces interrogations nous amènent à porter notre réflexion sur la question du rapport entre connaissance et croyance afin de saisir son impact dans la compréhension du dynamisme de la croyance dans la théorie constructive des types.

Au regard de cette dissension entre la connaissance et la croyance, certains logiciens ont porté leur réflexion sur la question en développant des représentations formelles dans les logiques modale et épistémique.

5.4.1 La distinction entre la croyance et la connaissance dans la logique modale

Hintikka, dans un but heuristique, a fourni pour la première fois les éléments de la sémantique formelle de la connaissance et de la croyance en introduisant des opérateurs épistémiques dans le cadre de la logique modale de Von Wright.[129]

En effet, la distinction entre la connaissance et la croyance peut être appréhendée dans l'accointance de ces deux notions avec l'axiome T. En effet, si je sais que φ alors φ est vrai. Cela s'exprime dans le système sous la forme : $K\varphi \rightarrow \varphi$. Par contre, si je crois que φ alors φ qui s'exprime sous la forme $B\varphi \rightarrow \varphi$ n'est pas toujours vérifiée.

La sémantique formelle du système T pour la connaissance et la croyance donne ceci : $\forall\, w \in$ à W, wRw signifie que w est accessible à w lui-même. Alors, si un agent sait que φ dans w alors φ est vrai dans

---

[129]. Pour plus de détails sur cette dichotomie entre la croyance et la connaissance, le lecteur peut consulter Hintikka (1962) et aussi Hintikka (1976) où il propose une analyse sur la sémantique de la modalité et des attitudes propositionnelles dans lesquelles la connaissance d'une proposition est exprimée à l'aide d'un opérateur propositionnel.

5.4 La dichotomie entre la croyance et la connaissance

ce même monde w. La relation est donc réflexive.

Si un agent croit que φ dans w, φ n'est pas forcément vrai à w.

En outre, Rahman et Rückert (2001) pour la première fois, ont développé une approche dialogique de la logique modale. Et depuis lors, plusieurs travaux ont été développés par Rahman et Keiff (2004), Fiutek et al. (2010), Clerbout (2014a), Magnier (2013), afin de mettre en exergue la dialogique et les approches logiques basées sur la logique modale.

Ainsi dans le cas de la logique épistémique, les règles de particules sont les suivantes.

— **Les règles de particules** [130]

L'attaquant choisit un contexte c_n	X ! B φ_c	Y ? B c_n (cRc_n)	X ! φ_{c_n}
L'attaquant choisit un contexte c_n	X ! K φ_c	Y ? K c_n (cRc_n)	X ! φ_{c_n}

TABLE 5.3 – Règles de particules de l'opérateur B et K.

Quand X affirme Kφ dans le contexte (c), Y choisit un contexte c_n dans lequel X doit se défendre car si X affirme que l'agent sait que φ à (c) alors, X s'engage à défendre φ dans tous les contextes dans lesquels cet agent a des connaissances. La différence n'est pas notée dans les règles de particules mais plutôt dans les règles structurelles. Passons à présent à celles-ci.

— **Les règles structurelles**

— **(RS-0) Règle de commencement**

Toute partie d'un dialogue commence avec le joueur (**P**) qui énonce la thèse. Après l'énonciation de la thèse par (**P**), (**O**) doit choisir un rang de répétition. (**P**) choisit son rang de répétition juste après (**O**). Un rang de répétition est un entier positif correspondant au nombre qu'un joueur peut répéter une même attaque ou une même défense.

— **(RS-1) Règle de déroulement du jeu**

Les joueurs jouent chacun à son tour. Tout coup faisant suite au choix de répétition de (**P**) est soit une attaque soit une défense vis-à-vis d'une attaque précédente.

---

130. Pour l'opérateur B, l'explication est donnée dans le chapitre 1. On ajoute ici l'opérateur K.

— **(RS-2) Règle formelle**
  (P) est autorisé à utiliser une proposition atomique si et seulement si **(O)** a énoncé cette proposition en premier.

— **(RS-3) Règle formelle pour les contextes**
  Les règles structurelles pour l'opérateur de connaissance et croyance sont différentes. Tandis que la règle pour K permet à **(P)** de choisir le contexte où K a été asserté. Cependant, ce n'est pas le cas pour l'opérateur B.

A titre d'exemples, nous avons les dialogues suivants :

		O	P		
			$Kp \to p$	c_1	0
1	c_1	Kp	p	c_1	4
3	c_1	p	? K c_1	c_1	2

Explication

Dans un dialogue, **(P)** annonce la thèse (Règle structurelle de commencement), voir le coup 0. Dans le coup 1, **(O)** attaque le connecteur principal de la thèse qui est l'implication en concédant l'antécédent et demande à **(P)** d'affirmer le conséquent. Par la suite, **(P)** se voit dans l'incapacité de se défendre parce que selon la règle formelle, il ne peut pas choisir de formule atomique sans que **(O)** l'ait déjà introduite auparavant donc il passe à une contre-attaque et attaque l'opérateur K en choisissant le contexte c_1 car selon **(RS-3)**, **(P)** peut choisir le contexte dans lequel la formule a été assertée. **(P)** alors gagne la partie.

		O	P		
			$Bp \to p$	c_1	0
1	c_1	Bp			
			$\otimes$		

Explication

(P) annonce la thèse (Règle structurelle de déroulement) et ce qui correspond dans notre dialogue à la ligne 0. Dans le coup 1, **(O)** attaque le connecteur principal de la thèse qui est l'implication en concédant l'antécédent et demande à **(P)** d'affirmer le conséquent. Par la suite, **(P)** se voit dans l'incapacité de se défendre parce que selon la règle formelle, il ne peut pas choisir de formule atomique sans que (**O**) l'ait déjà introduite auparavant, et il ne peut pas non plus choisir le contexte dans lequel la formule a été assertée. Alors, (**O**) gagne la partie car il a le dernier coup.

Nous rappelons que la différence essentielle entre la connaissance et la croyance que nous pouvons relever se situe au niveau des règles structurelles, plus précisément des choix des différents contextes.

Cependant, dans l'approche dialogique de la logique modale de Rahman et Rückert [131], nous trouvons encore les traces de la sémantique modèle-théorétique. Pour palier à ce déficit, Rahman et Redmond [132] ont commencé à développer une approche purement dialogique de la logique épistémique dans le contexte de la théorie constructive des types. Notre propos est justement d'appliquer cette approche à la révision des croyances. Plus précisément, notre objectif est de fournir l'approche dialogique de la révision des croyances dans le contexte de la théorie constructive des types. Nous allons mettre en exergue la différence entre savoir, connaissance et de croyance justifiée. La connaissance peut être atteinte par la spécification progressive de la croyance et lorsque cette spécification se termine, alors, nous aboutissons au savoir.

5.5 Connaissance comme croyance justifiée et perspective dialogique

L'approche de la théorie constructive des types permet de mettre en évidence la différence entre la notion de savoir et celle de la connaissance comme croyance justifiée. Cette conception est motivée par l'idée selon laquelle, exprimer un jugement A est vrai par rapport aux croyances d'un agent est équivalent aux jugements de la forme A est vraie par rapport à un ensemble d'hypothèses qui ne sont pas encore vérifiées.

Il convient de mentionner aussi que le savoir est ce type d'aspects épistémiques déployés dans la logique intuitionniste. Dans ce cas précis du savoir, il est possible de fournir l'objet de preuve afin d'établir un jugement catégorique. Alors que dans la croyance, et même dans la connaissance comme croyance justifiée, les objets de preuves sont des fonctions, dont les valeurs peuvent être de plus en plus spécifiées. Cette spécification, comme nous l'avons dit précédemment, est un processus qui n'est pas complètement spécifié. Aussi, cette spécification peut dépendre d'autres objets de preuves non encore spécifiés. Une autre manière de

---

131. Cf. Rahman et Rückert (2001).
132. Manuscrit de Rahman et Redmond (2014).

voir cela est de considérer la croyance comme étant toujours "possible", du moins, qu'il y aura toujours une certaine connaissance potentielle qui n'a pas encore été spécifiée.

5.5.1 Pour une approche conversationnelle dans les contextes de croyances

L'opérateur de croyance	Assertion **X**	Attaque **Y**	Défense **X**
L'attaquant choisit une extension (Θ^*) du contexte Θ pour la formulation d'une question qui spécifie ce dernier (Θ^*) = $[H_1,...,H_n,H_{n+1}]$	**X** ! B A(Θ)	**Y** ? $_{B(\Theta)}$ (Θ^*)	**X** ! A (Θ^*)

TABLE 5.4 – règles de particules de l'opérateur B

Après avoir élaboré la règle locale pour l'opérateur B, nous allons mettre en exergue les avantages d'une telle entreprise par rapport aux règles locales antérieures des opérateurs épistémiques, abordées dans les sections précédentes. Ces avantages sont énumérés comme suit :

1. Les mondes exprimés dans le métalangage comme des labels abstraits, vides de contenu, dans la logique épistémique en particulier et dans la logique modale en général, sont substitués ici par des contextes de croyances qui sont des hypothèses spécifiques avec du contenu. En dépit du fait que les règles sont schématisées, les contextes de croyances sont un ensemble bien déterminé d'hypothèses dont l'affirmation en dépend.

2. Au lieu d'une relation abstraite entre les mondes, nous avons des extensions entre les hypothèses qui composent les contextes de croyance.

    Aussi, nous pouvons relever un aspect interactif riche : si quelqu'un affirme qu'il croit à la proposition A alors il asserte A en rapport avec les hypothèses qui constituent ses croyances. Ces hypothèses peuvent être précisées au fur et à mesure, et le défenseur est déterminé à affirmer que, dans le contexte de la nouvelle extension de l'ensemble de ses hypothèses de départ, il est toujours le cas que A.

Pour éclaircir nos propos, prenons l'exemple suivant :

5.5 Jugement et connaissance comme croyance justifiée

L'agent p (français et vivant en France) estime que Marie est une étrangère, sous l'hypothèse que Marie est africaine. Si lors d'une conversation, l'interlocuteur demande à l'agent : est-elle mariée à un africain ou à un français ?
— Si elle est mariée à un français, alors la croyance initiale de l'agent n'est pas vérifiée.
— Si elle est mariée à un africain, alors la croyance de départ est justifiée ; dans ce cas, le défenseur est déterminé à affirmer que Marie est une étrangère.

Toutes les fois où les extensions vérifieront le contexte de croyance de départ, le défenseur sera toujours déterminé à affirmer sa croyance. Autrement dit, le défenseur gagne si et seulement si les extensions possibles données dans un contexte par l'attaquant confirment le contexte de croyances du défenseur.

Ces différents points relevés nous permettront d'atteindre l'objectif principal que nous nous sommes assignés. En clair, ils nous permettront d'exprimer dans le langage-objet, les aspects interactifs que nous avions du mal à exprimer dans le Chapitre 2. Ce qui nous permettra de concevoir un système dans lequel les aspects interactifs et les règles qui fixent la signification sont exprimés dans le langage-objet.

Cette relation entre ces deux notions est très importante dans le développement de notre approche dialogique de la notion de révision des croyances dans le contexte de la théorie des types de Martin-Löf. Ainsi, nous nous posons la question de savoir comment est-il possible de concevoir une approche dialogique de la révision des croyances dans une structure MTT ? Autrement dit, comment peut-on allier croyances, informations (contenus informationnels) et dialogues ?

Ces questions trouveront des réponses dans le chapitre suivant. Ainsi nous montrerons dans ce chapitre, comment la révision des croyances de Bonanno peut-elle associer sur une même scène la théorie des types de Martin-Löf, le contenu informationnel et l'interaction ?

Chapitre 6

La révision des croyances dans la MTT

Dans ce chapitre qui est la pièce maîtresse de notre travail de recherche, notre objectif est de ré-investir la révision des croyances de Bonanno à la lumière de la théorie des types de Martin-Löf. En d'autres mots, ce travail se situe à l'intersection de la théorie des croyances, de l'approche dialogique et de la théorie des types de Martin-Löf. Plus précisément, cette activité heuristique vise à proposer des systèmes de révision dans lesquels les aspects interactifs et les règles qui fixent la signification sont exprimées au niveau du langage-objet.

Il convient de souligner que les développements les plus récents de la révision des croyances sont exprimés dans le formalisme de la logique modale. À la seule exception des travaux de Primiero, le lien entre révision des croyances et la théorie des types de Martin-Löf n'a pas encore suffisamment exploité. C'est justement sur la base de cette approche que nous scrutons notre analyse. Il s'agit pour nous de mettre en exergue des mécanismes de révision dans lesquels l'acquisition de connaissances et les aspects interactifs de la signification sont saisis comme un jeu de questions et de réponses par rapport à un ensemble initial d'hypothèses. Dans ce qui suit, nous développons l'approche dialogique des différents axiomes fournit par Bonanno dans le contexte de la théorie des types de Martin-Löf. Plus précisément, il s'agit d'élaborer des règles structurelles interprétées dans des contextes d'hypothèses et de construire les dialogues des axiomes [133] de Bonanno dans le cadre de la théorie des types de Martin-Löf, afin de nous donner ainsi les moyens de concevoir des dialogues constructifs.

---

133. Pour avoir la signification des différents axiomes, le lecteur pourra se référer au chapitre 1 de ce travail.

6.1 Axiome No Drop dans le contexte de la MTT

Nous commençons par l'axiome No Drop : $(\neg B\neg p \wedge Bq) \rightarrow F(Ip \rightarrow Bq)$

Rappelons le dialogue standard de cet axiome en mettant l'accent sur les différents coups qui caractérisent cet axiome afin d'élaborer les règles structurelles MTT (**(RS-4.3)** et **(RS-4.2)**). Plus précisément, il s'agit d'appréhender ces règles dans le cadre de contextes hypothétiques.

			(O)			(P)			
						$(\neg B\neg p \wedge B q) \rightarrow$ $F(Ip \rightarrow Bq)$	c	t	0
			$m := 1$			$n := 2$			
1	c	t	$\neg B\neg p \wedge Bq$	0		$F(Ip \rightarrow Bq)$	c	t	2
3	c	t	? F t_1 $(tR^T t_1)$	2		$Ip \rightarrow Bq$	c	t_1	4
5	c	t_1	Ip	4		$B q$	c	t_1	6
7	c	t_1	? $Bc_1(cR^{Bt_1}c_1)$	6		q	c_1	t_1	20
9	c	t	$\neg B\neg p$		1	? $\wedge_1$	c	t	8
			$\otimes$		9	$B\neg p$	c	t	10
11	c	t	? B $c_2(cR^{Bt}c_2)$	10		$\neg p$	c_2	t	12
13	c_2	t	p	12		$\otimes$			
15	c	t	Bq		1	? $\wedge_2$	c	t	14
17	c_1	t	$cR^{It_1}c_2$		5	p	c_2	t_1	16
19	c_1	t	q		15	?B c_1	c	t	18

Les règles structurelles de cet axiome, comme indiquées ci-dessus, sont **(RS-4.3)** et **(RS-4.2)**. Elles sont représentées par les différents coups mis en couleur. Nous allons les passer brièvement en revue ainsi que leurs tableaux sémantiques correspondants afin de mieux comprendre le fonctionnement de la révision des croyances dans le cadre des contextes hypothétiques.

La règle structurelle (RS-4.3) dit :

(P) peut réutiliser le contexte c_1 pour attaquer un opérateur B à (c,t) si :

(**O**) Bp (c,t)	
(i)(**O**) [$cR^{Bt}c_2$]	utilisation préalable de c_2
(j)(**O**) [$cR^{It_1}c_2$]	défense de l'attaque de I
(k)(**O**) [$cR^{Bt_1}c_1$]	choix de c_1
(**P**) ⟨ ? B (c_1,t)⟩	
(**O**) p (c_1,t)	

Tableau sémantique correspondant à la (RS-4.3)

(**T**) Bp (c,t)
(**T**) p (c_1,t)

Comme nous l'avions souligné dans le chapitre 2 de ce travail et dans notre article Dango (2014), il était très difficile d'exprimer les aspects interactifs de la signification dans les tableaux sémantiques et nous le remarquons aussi dans les schémas ci-dessus.

Les conditions (i, j et k) mentionnées dans la (**RS-4.3**) pour que (**P**) puisse attaquer l'opérateur B ne sont pas exprimées dans les tableaux. Notre objectif est d'exprimer ces conditions et les attaques dans les tableaux sémantiques.

Nous allons pouvoir exprimer cette interaction dans le langage-objet de la manière suivante :

6.1.1 Les règles structurelles MTT No Drop

(**P**) peut réutiliser le contexte de croyance c_1 = H$_1$,..., H$_n$ pour attaquer un opérateur B affirmé par (**O**) à l'instant t et dans le contexte d'hypothèse c = H$_1$,...,H$_{n-1}$, (cela veut dire qu'il demande l'extension de l'ensemble des hypothèses H$_1$,...,H$_{n-1}$ à H$_n$) si :

1. (**O**) a déjà étendu c = H$_1$,...,H$_{n-1}$ en t en posant une question qui met en exergue le contexte c_1 = H$_1$,...,H$_n$*, cette question constitue une attaque de B dans le contexte c = H$_1$,...,H$_{n-1}$ en t.

2. (**O**) a déjà étendu c = H$_1$,...,H$_{n-1}$ en t_1 par une défense non-standard de l'opérateur I et l'extension de ce contexte donne le contexte c_2 = H$_1$,...,H$_n$* en t_1. Ces ensembles d'hypothèses constituent aussi les contextes de croyances parmi lesquels (**O**) affirme I.

3. (**O**) a déjà étendu c = H$_1$,...,H$_{n-1}$ en t_1 par une question qui met en évidence le contexte c_1 = H$_1$,...,H$_n$, et cette question constitue une attaque de B dans le contexte c = H$_1$,...,H$_{n-1}$ en t_1.

Nous précisons qu'à ce niveau, nous avons reconstruit la règle en substituant les labels c_n par les ensembles d'hypothèses H$_1$,...,H$_n$. Ces hypothèses peuvent être substituées aussi par des formes abrégées Θ_n.

6.1 Axiome No Drop dans le contexte de la MTT

En récapitulant ce qui a été dit précédemment, nous avons ce qui suit (les ensembles de croyances sont remplacés par les formes abrégées Θ_n).

Il est essentiel de remarquer que les extensions d'hypothèses sont des réponses aux questions qui spécifient l'ensemble initial d'hypothèses. Ces réponses sont des jugements hypothétiques qui expriment un contenu précis. Comme nous l'avons déjà mentionné, l'approche de la MTT permet de comprendre les croyances vraies et révisables par le biais des jugements hypothétiques. L'approche dialogique, quant à elle, contribue à ce processus de révision en expliquant les extensions des hypothèses (par analogie correspondent aux relations d'accessibilité) comme étant des réponses aux questions spécifiques. La question se pose alors de savoir à quoi correspond, dans ce cadre, l'opérateur d'information de Bonamo? En fait, cet opérateur d'information exprime l'idée qu'il n'existe pas de conditions qui impliquent un jugement hypothétique donné relevant de la proposition affirmée qui n'ait été considéré.

Alors dans le contexte conversationnel, être informé veut dire qu'il n'y a pas de questions que la proposition renferme qui n'aient été prises en considération par rapport aux limites de la discussion par une situation.[134] Ces limites sont données par le contexte d'hypothèses initial. Cependant, que la discussion soit limitée par un ensemble initial, cela ne signifie pas que nous ne pouvons pas avoir d'autres situations dans lesquelles on considère un contexte d'hypothèses initial différent. Mais seulement que l'assertion a été effectuée en prenant en compte toutes les hypothèses pertinentes pour la discussion des propositions concernées par une telle situation.

Ainsi, nous aurons la règle suivante :

Règle structurelle MTT (RSMTT-4.3)

(P) peut réutiliser le contexte de croyance (Θ_i) pour attaquer un opérateur B affirmé par **(O)** à l'instant t et dans le contexte de croyance (Θ) si :

$$\frac{(O) \text{ B } p \text{ }_t \text{ } (\Theta)}{}$$
(O) ? $_{(Bt\Theta)}$ (Θ_j)
(O) I_{t1} (Θ_j)
(O) ? $_{(Bt1\Theta)}$ (Θ_i)
(P) ⟨ ? $_{(Bt\Theta)}$ (Θ_i) ⟩
(O) p t (Θ_i)

Explication :

Il convient de signaler que la règle structurelle nous permet déjà d'avoir le tableau. Ainsi, nous avons un tableau dans lequel toutes les

---

134. Cf. Dango (2015)

conditions interactives peuvent être exprimées au niveau du langage-objet.
- La première condition de la (**RSMTT-4.3**) qui est l'attaque de B par (**O**) représentée par $[cR^{Bt}c_2]$ est exprimée dans notre tableau sémantique MTT par (**O**) ? $_{(Bt\Theta)}$ (Θ_j). En effet, Θ_j introduit par (**O**) est une extension qui permet de vérifier Θ.
- La deuxième condition de la (**RSMTT-4.3**) qui est la défense de l'attaque non-standard de I par (**O**) représentée par $[cR^{It_1}c_2]$ est exprimée dans notre tableau sémantique MTT par (**O**) I_{t1} (Θ_j). En effet, Θ_j permet également de vérifier Θ lors de l'attaque de l'opérateur d'information.
- La troisième condition de la **RSMTT-4.3** qui est l'attaque de B par (**O**) représentée dans la **RS 4-3** par $[cR^{Bt_1}c_1]$ est exprimée dans notre tableau sémantique MTT par (**O**) ? $_{(Bt1\Theta)}$ (Θ_i). Θ_i est une extension qui permet de vérifier le contexte Θ.
- Cette expression (**P**) $\langle$? $_{(Bt\Theta)}$ (Θ_i) $\rangle$ exprime l'attaque de (**P**). Celle-ci est possible lorsque toutes les conditions ci-dessous sont remplies.

Nous pouvons voir ci-dessous la composition des différents contextes de croyance utilisés dans le schéma précédent.

(Θ) : $H_1,...,H_{n-1}$

(Θ_i) : $H_1,...,H_n$

(Θ_j) : $H_1,...,H_n*$

Nous voyons clairement que le tableau MTT exprime très bien l'interaction. Cette dernière est très importante pour la signification. Dans la conception de la théorie des types de Martin-Löf, le tableau sémantique est très expressif dans la mesure où ses contextes ont du contenu, ce qui permet très aisément d'appréhender l'interaction.

Après avoir fourni la (**RS-4.3**) dans le cadre des contextes hypothétiques, faisons de même pour (**RS-4.2**).

La règle structurelle (**RS-4.2**) nous dit ceci :

(**P**) peut réutiliser le contexte c_2 pour attaquer un opérateur I à (c, t_1) dans une attaque non-standard si :

(**O**) Ip (c, t_1)	
(**O**) $[cR^{Bt}c_2]$	utilisation préalable de c_2
(**P**) $\langle$ p $(c_2, t_1) \rangle$	
(**O**) $cR^{It_1}c_2$	

6.1 Axiome No Drop dans le contexte de la MTT

Tableau sémantique de la RS 4-2

$$\frac{\textbf{(T)}\ \text{I}p\ (c, t_1)}{\textbf{(T)}\ cR^{It_1}c_2}$$

Comme nous le remarquons pour cette règle (**RS-4.2**) nous n'avons qu'une seule condition et cette dernière n'est pas exprimée dans le tableau sémantique. Mettons en lumière cette condition dans le cadre des contextes d'hypothèses.

(**P**) peut réutiliser le contexte $c_2 = H_1,..., H_n*$ pour attaquer un opérateur I dans le contexte c $= H_1,...,H_{n-1}$ à t_1 dans une attaque non-standard si :

1. (**O**) a étendu $H_1,...,H_{n-1}$ en t par une question qui permet de mettre en exergue le contexte c $= H_1,..., H_n*$, cette question constitue l'attaque de l'opérateur B dans le contexte $H_1,...,H_{n-1}$ en t.

Ainsi, nous substituons les labels c_n par les formes abrégées Θ_n ou par des ensembles d'hypothèses comme exprimés ci-dessus, nous obtenons alors ce qui suit :

La règle structurelle MTT (RSMTT-4.2).

$$\frac{\textbf{(O)}\ \text{I}\ p\ _{t_1}\ (\Theta)}{\textbf{(O)}\ ?\ _{(Bt\Theta)}\ (\Theta_j)}$$
$$\textbf{(P)}\ \langle\ p\ (\Theta_j)\ \rangle$$
$$\textbf{(O)}\ _{[t_1\Theta]}\ (\Theta_j)$$

Les contextes de croyance que nous avons utilisé correspondent aux ensembles d'hypothèses suivants :

$\Theta : H_1,...,H_{n-1}$

$(\Theta_j) : H_1,...,H_n*$

Explication :

— La seule condition de la (**RSMTT-4.2**) qui est l'attaque de B par (**O**) représentée par $[cR^{Bt}c_2]$ est exprimée dans notre tableau sémantique constructif par (**O**) ? $_{(Bt\Theta)}$ (Θ_j). En effet, Θ_j est une extension qui vérifie Θ. Cela veut dire que l'information reçue n'est pas en contradiction avec les contextes des croyances de l'agent. Construisons le dialogue MTT de l'axiome No Drop.

6.1.2 Dialogue dans le contexte de la MTT de l'axiome No Drop

Il s'agit d'appréhender le dialogue No Drop en fonction des contextes hypothétiques saisis comme un jeu de questions et de réponses.

	Hypothèses		(O)			(P)	Hypothèses	
			$m := 1$			$(\neg B\neg p \wedge Bq)$ $\rightarrow$ $F(Ip \rightarrow Bq)$ $n := 2$	$H_1,...,H_{n-1}$	t	0
1	$H_1,...,H_{n-1}$	t	$\neg B\neg p \wedge Bq$	0		$F(Ip \rightarrow Bq)$	$H_1,...,H_{n-1}$	t	2
3	$H_1,...,H_{n-1}$	t	$?F\, t_1$	2		$Ip \rightarrow Bq$	$H_1,...,H_{n-1}$	t_1	4
5	$H_1,...,H_{n-1}$	t_1	Ip	4		Bq	$H_1,...,H_{n-1}$	t_1	6
7	$H_1,...,H_{n-1}$	t_1	$?_{B[H_1,...,H_{n-1}]}(H_1,...,H_n)$	6		q	$H_1,...,H_n$	t_1	20
9	$H_1,...,H_{n-1}$	t	$\neg B\neg p$		1	$?\wedge_1$			
11	$H_1,...,H_{n-1}$	t	$?_{B[H_1,...,H_{n-1}]}(H_1,...,H_n)^*$	10	9	$B\neg p$	$H_1,...,H_{n-1}$	t	8
13	$H_1,...,H_n{}^*$	t	p	12		$\neg p$	$H_1,...,H_{n-1}$	t	10
			$\otimes$			$\otimes$	$H_1,...,H_n{}^*$		
15	$H_1,...,H_{n-1}$	t	Bq		1	$?\wedge_2$			
17	$H_1,...,H_n{}^*$	t_1	$?_{[H_1,...,H_{n-1}]}(H_1,...,H_n)^*$		5	$p\,[H_1,...,H_n]^*$	$H_1,...,H_{n-1}$	t	14
19	$H_1,...,H_n$	t	q				$H_1,...,H_{n-1}$	t_1	16
					15	$?_{B[H_1,...,H_{n-1}]}(H_1,...,H_n)$	$H_1,...,H_{n-1}$	t	18

6.1 Axiome No Drop dans le contexte de la MTT

Explication

— Au coup 0 : (**P**) asserte la thèse sous l'hypothèse $H_1,...,H_{n-1}$ à t.
— Au coup 1 : (**O**) attaque l'implication en concédant l'antécédent.
— Au coup 2 : (**P**) affirme le conséquent.
— Au coup 3 : (**O**) attaque l'opérateur temporel F et choisit comme instant futur t_1.
— Au coup 4 : (**P**) répond à l'attaque en affirmant la formule à t_1.
— Au coup 5 : (**O**) attaque l'implication du coup 4, en concédant Ip.
— Au coup 6 : (**P**) affirme le conséquent Bq.
— Au coup 7 : (**O**) attaque l'opérateur B du coup 6, il choisit le contexte d'hypothèse $H_1,...,H_n$ pour étendre le contexte d'hypothèse initial.
— Au coup 8 (**P**) ne peut pas répondre à l'attaque car (**O**) n'a pas encore introduit la proposition atomique q, selon la règle formelle (**RS-2**), (**P**) ne peut pas introduire de propositions atomiques, il peut seulement réutiliser celles que (**O**) a déjà introduites. Alors, il passe à une contre-attaque. (**P**) attaque la conjonction du coup 1 et choisit le premier conjoint dans le contexte d'hypothèse $H_1,...,H_{n-1}$ à t.
— Au coup 9 : (**O**) se défend alors en affirmant le premier conjoint.
— Au coup 10 : (**P**) attaque la négation du coup 9.
— Au coup 11 : (**O**) ne peut pas se défendre car selon les règles de particules de la négation, il n'y a pas de défense lors de l'attaque d'une négation alors, il se produit un changement de rôle du défenseur en attaquant. (**O**) attaque l'opérateur de croyance et choisit comme contexte de croyance $H_1,...,H_n*$ pour étendre le contexte de croyance initial.
— Au coup 12 : (**P**) affirme $\neg p$ dans le contexte de croyance $H_1,...,H_n$ à t.
— Au coup 13 : (**O**) attaque la négation du coup 12.
— Au coup 14 : (**P**) ne peut pas se défendre, alors, il passe à une attaque de la conjonction du coup 1, il choisit le deuxième conjoint.
— Au coup 15 : (**O**) répond en assertant le deuxième conjoint.

— Au coup 16 : (**P**) attaque l'opérateur d'information I par une attaque non-standard et choisit le contexte de croyance $H_1,...,H_n*$ déjà introduit par (**O**). (**P**) demande à (**O**) de confirmer que ce contexte de croyance $H_1,...,H_n*$ peut être réutiliser pour attaquer l'opérateur d'information. Cette attaque de (**P**) a été possible grâce à la règle structurelle : Si (**O**) a utilisé un contexte de croyance $H_1,...,H_n*$ pour attaquer l'opérateur B à $H_1,...,H_{n-1}$ à t,

Chapitre 6 : La révision des croyances dans la MTT

alors, **(P)** peut utiliser ce contexte de croyance pour attaquer un opérateur I à $H_1,...,H_{n-1}$ à t_1 dans une attaque non-standard.

— Au coup 17 : **(O)** se défend à $H_1,...,H_n*$ à t_1). Au coup 18, **(P)** attaque l'opérateur B et choisit le contexte de croyance d'hypothèse $H_1,...,H_n$ déjà introduit par **(O)**. Cette attaque a été possible grâce à la **(RSMTT-4.3)** [135] : Si **(O)** a utilisé $H_1,...,H_n$ pour attaquer un opérateur B à $H_1,...,H_{n-1}$ à t_1, s'il se défend de l'attaque non-standard d'un opérateur I à $H_1,...,H_n*$ à t_1) et s'il choisit $H_1,...,H_n$ pour attaquer un opérateur B $H_1,...,H_{n-1}$ à t_1 alors, **(P)** peut réutiliser $H_1,...,H_n$ pour attaquer un opérateur B à $H_1,...,H_{n-1}$ à t.

— Au coup 19 : **(O)** répond en affirmant q à $H_1,...,H_n$ à t.

— Au coup 20 : La formule atomique q dans le contexte de croyance $H_1,...,H_n$ étant introduite par **(O)**, **(P)** répond à l'attaque antérieure du coup 6, il pose q à $H_1,...,H_n$ mais cette fois à t_1. Ce coup 20 a été possible grâce à la **RSMTT-4.2** : **(P)** peut réutiliser les formules atomiques et les contextes, déjà introduits par **(O)** dans un instant différent de celui de leur utilisation. **(O)** ne peut plus faire de mouvement, alors **(P)** gagne la partie.

Notons que les règles structurelles MTT sont ré-interprétées dans les contextes d'hypothèses . Les dialogues ne sont pas constructifs car ce ne sont pas des dialogues intuitionnistes. Dans un dialogue intuitionniste, le proposant se défend seulement contre la dernière attaque de l'opposant à laquelle il n'a pas encore répondu. Il est aussi important de souligner que l'élaboration des dialogues constructifs nécessite la prise en compte d'autres paramètres. Néanmoins, ces dialogues dans le contexte de la théorie des types de Martin-Löf nous donnent les moyens pour concevoir des dialogues constructifs.

Après avoir construit le dialogue MTT de l'axiome No Drop, faisons de même pour l'axiome No Add.

6.2 Axiome No Add dans le contexte de la MTT

No Add : $\neg B \neg (p \wedge \neg q) \to F(Ip \to \neg Bq)$

Rappelons le dialogue standard de cet axiome en mettant l'accent sur les différents coups qui caractérisent cet axiome afin d'élaborer les règles structurelles MTT ((**RS-4.3**) et (**RS-4.2**)). Il s'agit de ré-interpréter ces règles dans le cadre des contextes hypothétiques.

---

135. (**RSMTT**) est l'abréviation de *règles structurelles de la théorie des types de Martin-Löf*

6.2 Axiome No Add dans le contexte de la théorie des types

			(O)			(P)			
						$\neg B \neg (p \wedge \neg q) \to$ $F(Ip \to \neg Bq)$	c	t	0
						$n := 2$			
			$m := 1$			$F(Ip \to \neg Bq)$	c	t	2
1	c	t	$\neg B \neg (p \wedge \neg q)$	0		$Ip \to \neg Bq$	c	t_1	4
3	c	t	? $Ft_1(tR^T t_1)$	2		$\neg Bq$	c	t	6
5	c	t_1	Ip	4		$\otimes$			
7	c	t_1	Bq	6	1	$B \neg (p \wedge \neg q)$	c	t	8
			$\otimes$			$\neg (p \wedge \neg q)$	c_1	t	10
9	c	t	? $Bc_1(cR^{Bt}c_1)$	8		$\otimes$			
11	c_1	t	$p \wedge \neg q$	10	11	? $\wedge_1$	c_1	t	12
13	c_1	t	p		11	? $\wedge_2$	c_1	t	14
15	c_1	t	$\neg q$		5	p c_1	c	t_1	16
17	c_1	t_1	$cR^{It_1}c_1$		7	?$Bc_1(cR^{Bt_1}c_1)$	c	t_1	18
19	c_1	t_1	q		15	q	c_1	t	20

Les règles structurelles correspondantes à l'axiome No Add sont (**RS-4.4**) et (**RS-4.5**).

La règle structurelle (RS-4.4) dit :

(**P**) peut réutiliser le contexte c_1 pour attaquer un opérateur B à (c,t) si :

$$\frac{(\mathbf{O})\ Bp\ (c,t)}{\begin{array}{l}(i)(\mathbf{O})\ [cR^{Bt}c_1] \quad \text{utilisation préalable de } c_1 \\ (j)(\mathbf{O})\ [cR^{It_1}c_1] \quad \text{défense de l'attaque de I} \\ (\mathbf{P})\ \langle ?\ B\ (c_1, t_1) \rangle \\ (\mathbf{O})\ p\ (c_1, t_1)\end{array}}$$

Tableau sémantique correspondant à la (RS-4.4)

$$\frac{(\mathbf{T})\ Bp\ (c, t_1)}{(\mathbf{T})\ p\ (c_1, t_1)}$$

Réécrivons ces règles dans le contexte de la théorie des types de de Martin-Löf.

6.2.1 Les règles structurelles MTT No Add

(P) peut réutiliser le contexte de croyance $c_1 = H_1,..., H_n$ pour attaquer un opérateur B affirmé par **(O)** à l'instant t_1 et dans le contexte d'hypothèse $c = H_1,...,H_{n-1}$ (cela veut dire qu'il demande l'extension de l'ensemble des hypothèses $H_1,...,H_{n-1}$ à H_n), si :

1. **(O)** a déjà étendu $c = H_1,...,H_{n-1}$ en t en posant une question qui met en exergue le contexte $c_1 = H_1,...,H_n$, et cette question constitue une attaque de B dans le contexte $H_1,...,H_{n-1}$ en t.

2. **(O)** a déjà étendu $H_1,...,H_{n-1}$ en t_1 par une défense non-standard de l'opérateur I au contexte $c = H_1,...,H_n$ en t_1 et ces ensembles d'hypothèses constituent aussi les contextes de croyances parmi lesquels **(O)** affirme I.

Ce qui nous permet d'avoir la règle suivante :

La règle structurelle MTT (RSMTT-4.4)

$$\dfrac{(\mathbf{O})\ B\ p\ _{t_1}\ (\Gamma)}{(\mathbf{O})\ ?\ _{(Bt\Gamma)}\ (\Gamma_i)}$$
$$(\mathbf{O})\ I_{t_1}\ (\Gamma_i)$$
$$(\mathbf{P})\ \langle\ ?\ _{(Bt\Gamma)}\ (\Gamma_i)\ \rangle$$
$$(\mathbf{O})\ p\ _{t_1}\ (\Gamma_i)$$

Avant d'expliquer la règle structurelle MTT **(RSMTT-4.4)**, signalons que les formes du contexte de Γ correspondent aux ensembles d'hypothèses suivants :

$\Gamma : H_1,...,H_{n-1}$

$\Gamma_j : H_1,...,H_n$

Explication :

— La première condition de la **(RSMTT-4.4)** qui est l'attaque de B par **(O)** représentée par $[cR^{Bt}c_1]$ est exprimée dans notre tableau sémantique MTT par **(O)** ? $_{(Bt\Gamma)}$ (Γ_i). En effet, Γ_i introduit par **(O)** est une extension qui permet de vérifier Γ.

— La deuxième condition de la **(RSMTT-4.4)** qui est la défense de l'attaque non-standard de I par **(O)** représentée par $[cR^{It_1}c_1]$ est exprimée dans notre tableau sémantique MTT par **(O)** I_{t1} (Γ_i). Γ_i permet également de vérifier Γ lors de l'attaque de l'opérateur d'information.

6.2 Axiome No Add dans le contexte de la théorie des types

— Cette expression **(P)** $\langle ?\ _{(Bt_1\Gamma)}\ (\Gamma_i)\ \rangle$ exprime l'attaque de **(P)**. Celle-ci est possible lorsque toutes les conditions ci-dessous sont remplies.

Après avoir exploité la **(RSMTT-4.4)** dans le contexte de la théorie des types de Martin-Löf, exploitons maintenant la **(RS-4.5)**

Rappelons la **(RS-4.5)** standard avant de l'exploiter dans le contexte de la MTT.

La règle structurelle (RS-4.5) dit :

(P) peut réutiliser le contexte c_1 pour attaquer un opérateur I à (c, t_1) dans une attaque non-standard si :

$$\dfrac{\textbf{(O)}\ \text{I}p\ (c, t_1)}{\textbf{(O)}\ [cR^{Bt}c_1]} \quad \text{utilisation préalable de } c_1.$$
(P) $\langle\ p\ (c_1, t_1)\rangle$
(O) $cR^{It_1}c_1$

Tableau sémantique de la (RS-4.5)

$$\dfrac{\textbf{(T)}\ \text{I}p\ (c, t_1)}{\textbf{(T)}\ cR^{It_1}c_1}.$$

c_1 ne doit pas être nouveau.

Comme nous le remarquons pour cette règle **(RS-4.5)** nous n'avons qu'une seule condition et cette dernière n'est pas exprimée dans le tableau sémantique. Exprimons cette condition dans le cadre des contextes d'hypothèses.

(P) peut réutiliser le contexte $c_1 = H_1, ..., H_n$ pour attaquer un opérateur I dans le contexte $c = H_1, ..., H_{n-1}$ à t_1 dans une attaque non-standard si :

1. **(O)** a étendu $H_1, ..., H_{n-1}$ en t par une question qui permet de mettre en exergue le contexte $c = H_1, ..., H_n$, cette question constitue l'attaque de l'opérateur B dans le contexte $H_1, ..., H_{n-1}$ en t.

Ainsi, si nous substituons les labels c_n par les formes abrégées Γ_n ou par des ensembles d'hypothèses comme exprimé précédemment, nous obtenons alors ce qui suit :

La règle structurelle MTT (RSMTT-4.5)

$$\frac{(\mathbf{O})\ I\ p_{\,t_1}\ (\Gamma)}{\begin{array}{l}(\mathbf{O})\ ?_{\ (Bt\Gamma)}\ (\Gamma_i)\\ (\mathbf{P})\ \langle\ p\ (\Gamma_i)\ \rangle\\ (\mathbf{O})_{\ (It_1\Gamma)}\ (\Gamma_i)\end{array}}$$

Les contextes des croyances que nous avons utilisé correspondent aux ensembles d'hypothèses suivants :

Γ : $H_1,...,H_{n-1}$

(Γ_i) : $H_1,...,H_n$

Explication :

— La seule condition de la **(RS-4.5)** qui est l'attaque de B par **(O)** représentée par $[cR^{Bt}c_1]$ est exprimée dans notre tableau sémantique MTT par **(O)** ?$_{(Bt\Gamma)}$ (Γ_i). En effet, Γ_i est une extension qui vérifie Γ. Cela veut dire que l'information reçue n'est pas en contradiction avec les contextes des croyances de l'agent.

Construisons maintenant le dialogue MTT No Add.

6.2.2 Dialogue dans le contexte de la MTT de l'axiome No Add

L'objectif comme nous l'avons mentionné plus haut est de construire le dialogue No Add en tenant compte des contextes hypothétiques. Ces derniers mettent en exergue les conditions des règles utilisées pour l'axiome No Add.

6.2 Axiome No Add dans le contexte de la théorie des types

(O)

Hypothèses		(O)	#	#
		$m := 1$		
$H_1,...,H_{n-1}$	t	$\neg B\neg(p \wedge q)$	0	1
$H_1,...,H_{n-1}$	t	$?F\, t_1$	2	3
$H_1,...,H_{n-1}$	t_1	Ip	4	5
$H_1,...,H_{n-1}$	t_1	Bq	6	7
$H_1,...,H_{n-1}$	t	$\otimes$		9
$H_1,...,H_{n-1}$	t	$?_B[H_1,...,H_{n-1}](H_1,...,H_n)$		11
$H_1,...,H_n$	t	$p \wedge \neg q$	10	13
$H_1,...,H_n$	t	p		15
$H_1,...,H_n$	t	$\neg q$		17
$H_1,...,H_n$	t_1	$[H_1,...,H_{n-1}](H_1,...,H_n)$		
$H_1,...,H_n$	t_1	q		19

(P)

#	#	(P)		Hypothèses
		$\neg B\neg(p \wedge q)$	t	$H_1,...,H_{n-1}$	0
		$\rightarrow$			
		$F(Ip \rightarrow \neg Bq)$	t	$H_1,...,H_{n-1}$	2
		$n := 2$			
		$F(Ip \rightarrow \neg Bq)$	t	$H_1,...,H_{n-1}$	4
		$Ip \rightarrow \neg Bq$	t_1	$H_1,...,H_{n-1}$	6
		$\neg Bq$	t_1	$H_1,...,H_{n-1}$	8
9		$\otimes$			
		$B\neg(p \wedge q)$	t	$H_1,...,H_{n-1}$	10
11		$\neg(p \wedge q)$	t	$H_1,...,H_n$	12
11		$\otimes$			
		$\wedge_1$	t	$H_1,...,H_n$	14
5		$?\wedge_2$	t_1	$H_1,...,H_{n-1}$	16
15		$p\,[H_1,...,H_n]$	t_1	$H_1,...,H_n$	18
15		$?_B[H_1,...,H_{n-1}](H_1,...,H_n)$	q	t	20
		$H_1,...,H_n$			

Explication

— Au coup 0 : (**P**) asserte la thèse $\neg B\neg(p \wedge \neg q) \to F(Ip \to \neg Bq)$ sous l'hypothèse $H_1,...,H_{n-1}$ à t.
— Au coup 1 : (**O**) attaque l'implication en concédant l'antécédent.
— Au coup 2 : (**P**) affirme le conséquent.
— Au coup 3 : (**O**) attaque l'opérateur temporel F et choisit comme instant futur t_1.
— Au coup 4 : (**P**) répond à l'attaque en affirmant la formule à t_1.
— Au coup 5 : (**O**) attaque l'implication du coup 4, en concédant Ip.
— Au coup 6 : (**P**) affirme le conséquent $\neg Bq$.
— Au coup 7 : (**O**) attaque la négation du coup 6.
— Au coup 8 (**P**) ne peut pas répondre à l'attaque car selon la règle de particule de négation, il y a pas de défense alors, il se produit un changement de rôle de défenseur en attaquant. Alors, (**P**) attaque la négation du coup 1.
— Au coup 9 : (**O**) ne peut pas répondre, il passe à une contre-attaque, il attaque l'opérateur B du coup 8.
— Au coup 10 : (**P**) répond à l'attaque en assertant la formule.
— Au coup 11 : (**O**) attaque la négation du coup 10.
— Au coup 12 : (**P**) ne peut pas, il contre-attaque le premier conjoint du coup 11.
— Au coup 13 : (**O**) se défend en affirmant p.
— Au coup 14 : (**P**) attaque le deuxième conjoint du coup 11.
— Au coup 15 : (**O**) asserte $\neg q$.
— Au coup 16 : (**P**) attaque l'opérateur I et choisit le contexte de d'information $H_1,...,H_n$ dans une attaque non-standard. Cette attaque a été possible grâce à la (**RSMTT-4.5**)
— Au coup 17 : (**O**) se défend en posant que $H_1,...,H_n$ est une extension du contexte $H_1,...,H_{n-1}$.
— Au coup 18 : (**P**) attaque l'opérateur B en réutilisant $H_1,...,H_n$ à t_1. C'est la (**RSMTT-4.4**) qui est la justification de ce coup de (**P**).
— Au coup 19 : (**O**) se défend en posant q dans le contexte de croyance $H_1,...,H_n$.
— Au coup 20 : (**P**) attaque le coup 15 dans le contexte $H_1,...,H_n$. (**O**) ne peut plus faire de mouvement alors (**P**) gagne le jeu.

Après avoir exploité l'axiome No Add dans le contexte de la MTT, exploitons maintenant l'axiome suivant à savoir l'axiome Acceptance.

6.3 Axiome Acceptance dans le contexte de la MTT

Comme nous l'avons fait pour les axiomes précédents, passons également en revue le dialogue Acceptance, la règle structurelle et le tableau correspondants.

			(O)			(P)			
						I $\varphi \to$ Bp	t	c	0
			$m := 1$			$m := 2$			
1	t	c	Ip	0		Bp	t	c	2
3	t	c	?B $c_1(cR^{Bt}c_1)$	2		p	t	c_1	6
5	t	c_1	p	4	1	? I $c_1(cR^{Bt}c_1)$	t	c	4

Les différents coups mis en couleur représentent les différentes attaques, conditions qui caractérisent l'axiome Acceptance.

La règle structurelle (RS-4.6)

(P) peut réutiliser ce contexte c_1 pour attaquer un opérateur I à (c, t) dans une attaque standard si :

$$\frac{\textbf{(O) I}p\ (c,t)}{\begin{array}{l}(i)\textbf{(O)}\ [cR^{Bt}c_1]\quad \text{utilisation préalable de } c_1 \\ \textbf{(P)}\ \langle ?\ \text{I}\ (c_1, t)\rangle \\ \textbf{(O)}\ p\ (c_1, t)\end{array}}$$

Tableaux sémantiques de la (RS-4.6)

$$\frac{\textbf{(T) I}p\ (c,t)}{\textbf{(T)}\ p\ (c_1, t)}.$$

c_1 ne doit pas être nouveau.

Après avoir fait ces rappels, construisons la **règle RS-4.6** dans le contexte de la théorie des types de de Martin-Löf.

6.3.1 Les règles structurelles MTT Acceptance

Cette règle (**RS-4.6**) n'a qu'une seule condition et cette dernière n'est pas exprimée dans le tableau sémantique. Exprimons cette condition dans le cadre des contextes d'hypothèses.

(**P**) peut réutiliser le contexte $c_1 = H_1,..., H_n$ pour attaquer un opérateur I dans le contexte $c = H_1,...,H_{n-1}$ à t dans une attaque standard si :

1. (**O**) a étendu $H_1,...,H_{n-1}$ en t par une question qui permet de mettre en exergue le contexte $c = H_1,..., H_n$, cette question constitue l'attaque de l'opérateur B dans le contexte $H_1,...,H_{n-1}$ en t.

Nous avons, ici aussi, substitué les labels c_n par les formes abrégées Ω_n ou par des ensembles d'hypothèses comme exprimé ci-dessus. Nous obtenons alors ce qui suit :

La règle structurelle MTT (RSMTT-4.6)

$$\frac{(\mathbf{O})\ I\ p\ _t\ (\Omega)}{\begin{array}{l}(\mathbf{O})\,?\ _{(Bt\Omega)}\ (\Omega_i)\\ (\mathbf{P})\ \langle\,?\ _{(Bt\Omega)}\ (\Omega_i)\,\rangle\\ (\mathbf{O})\ p\ _t\ (\Omega_i)\end{array}}$$

Établissons les correspondances entre les contextes des croyances et les ensembles d'hypothèses :

$\Omega : H_1,...,H_{n-1}$

$(\Omega_i) : H_1,...,H_n$

Explication :

— La seule condition de la (**RSMTT-4.5**) qui est l'attaque de B par (**O**) représentée par $[cR^{Bt}c_1]$ est exprimée dans notre tableau sémantique MTT par (**O**) ? $_{(Bt\Omega)}$ (Ω_i). En effet, Ω_i est une extension qui vérifie Ω. Cette fois-ci, nous sommes dans une attaque standard.

Construisons maintenant le dialogue MTT de l'axiome No Add.

Après avoir établi la règle structurelle MTT (**RSMTT-4.6**), proposons le dialogue MTT Acceptance.

6.3.2 Dialogue dans le contexte de la MTT de l'axiome Acceptance

L'axiome Acceptance stipule que la nouvelle information est digne de croyance. Si l'agent est informé que p, alors il croit que p (peu importe si l'agent considérait p possible ou non). Formalisons cela dans le dialogue suivant.

6.3 Axiome Acceptance dans le contexte de la MTT

(O)				
			$m := 1$	
1	t	$H_1,...,H_{n-1}$	Ip	0
3	t	$H_1,...,H_{n-1}$	$?\ Bt[H_1,...,H_{n-1}]\ H_1,...,H_n$	2
5	t	$H_1,...,H_n$	p	4

(P)				
		$H_1,...,H_{n-1}$	$Ip \to Bp$	0
			$m := 2$	
	t	$H_1,...,H_{n-1}$	Bp	2
	t	$H_1,...,H_n$	p	6
1	t	$H_1,...,H_{n-1}$	$?\ [ItH_1,...,H_{n-1}]\ H_1,...,H_n$	4

Explication

— Au coup 0 : La thèse est annoncée par **(P)**.
— Au coup 1 : **(O)** attaque l'implication en concédant l'antécédent.
— Au coup 2 : **(P)** affirme le conséquent.
— Au coup 3 : **(O)** attaque l'opérateur B et choisit le contexte d'hypothèses $H_1,...,H_n$. Cette attaque a été possible grâce à la **(RSMTT-4.6)**.
— Au coup 4 : **(P)** ne peut pas répondre à l'attaque car **(O)** n'a pas encore introduit la formule atomique p, il contre-attaque en attaquant l'opérateur I et choisit le contexte d'hypothèses $H_1,...,H_n$ déjà introduit par **(O)**.
— Au coup 5 : **(O)** répond à l'attaque en introduisant p dans le contexte d'hypothèses $H_1,...,H_n$.
— Au coup 6 : **(P)** réutilise la formule atomique que **(O)** pour répondre à l'attaque du coup 3.

6.4 Axiome Equivalence dans le contexte de la MTT

Nous allons élaborer le même processus pour l'axiome Equivalence. Il s'agira de rappeler le dialogue standard, pour ensuite construire les règles et le dialogue MTT.

6.4 Axiome Equivalence dans le contexte de la MTT

			(O)			(P)			
						$\neg$ F$\neg$ (Iq$\wedge$ Bp) $\rightarrow$F(Iq $\rightarrow$ Bp)	c	t	0
			$m := 1$			$n := 2$			
1	c	t	$\neg$F$\neg$ (Iq $\wedge$ Bp)	0		F(Iq $\rightarrow$ Bp)	c	t	2
3	c	t	? Ft$_1$(tR^{T}t$_1$)	2		Iq $\rightarrow$ $\neg$ Bp	c	t_1	4
5	c	t_1	Iq	4		$\neg$Bp	c	t	6
7	c	t_1	? B c_1($cR^{Bt}c_1$)	6		p	t_1	c_1	22
			$\otimes$		1	F$\neg$ (Iq $\wedge$ Bp)	c	t	8
9	c	t	? Ft$_2$(tR^{T}t$_2$)	8		$\neg$ (Iq $\wedge$ Bp)	c	t_2	10
11	c	t_2	Iq $\wedge$ Bp	10		$\otimes$			
13	c	t_2	Iq		11	? $\wedge_1$	c	t_2	12
15	c	t_2	Bp		11	? $\wedge_2$	c	t_2	14
17	c	t_1	q		5	? I c	c	t_1	16
19	c	t_2	q		13	? Ic	c	t_2	18
21	c_1	t_2	p		15	? Bc_1	c	t_2	20

Les règles structurelles qui correspondent à l'axiome Equivalence sont
(RS-4.7).

$$\frac{\textbf{(O) } \text{B}p(c,t_2)}{\begin{array}{l} (i)\textbf{(O) } [cR^{Bt_1}c_1] \quad \text{utilisation préalable de } c_1 \\ (j)\textbf{(O) } [cR^{It_1}c] \quad \text{défense de l'attaque de I} \\ (k)\textbf{(O) } [cR^{It_2}c] \quad \text{défense de l'attaque de I} \\ \textbf{(P) } \langle\, ?\text{ B } (c_1,t_1) \rangle \\ \textbf{(O) } p\,(c_1,t_2) \end{array}}$$

Tableaux sémantiques de la (RS-4.7)

$$\frac{\textbf{(T) } \text{B}p(c,t_2)}{\textbf{(T) } p\,(c_1,t_2)}$$

c_1 ne doit pas être nouveau.

Construisons maintenant la règle **(RS-4.7)** dans le contexte de la théorie des types de Martin-Löf. Mais avant, exprimons cette interaction **(RS-4.7)** de la manière suivante :

Chapitre 6 : La révision des croyances dans la MTT

6.4.1 Les règles structurelles MTT Equivalence

(P) peut réutiliser le contexte de croyance $c_1 = H_1,..., H_n$ pour attaquer un opérateur B affirmé par **(O)** à l'instant t_2 et dans le contexte d'hypothèse $c = H_1,...,H_{n-1}$ si :

1. **(O)** a déjà étendu $c = H_1,...,H_{n-1}$ en t_1 en posant une question qui met en exergue le contexte $c_1 = H_1,...,H_n$, cette question constitue une attaque de B dans le contexte $c = H_1,...,H_{n-1}$ en t_1.
2. Si **(O)** se défend d'une attaque standard de l'opérateur I dans le contexte $c = H_1,...,H_{n-1}$ en t_1.
3. Si **(O)** se défend d'une attaque standard de l'opérateur I dans le contexte $c = H_1,...,H_{n-1}$ en t_2.

Il convient de faire remarquer que, maintenant, nous avons substitué les labels c_n par les ensembles d'hypothèses $H_1,...,H_n$ ou par les formes abrégées Λ_n.

Règle structurelle MTT (RSMTT-4.7)

(P) peut réutiliser le contexte de croyance (Λ_i) pour attaquer un opérateur B affirmé par **(O)** à l'instant t_2 et dans le contexte de croyance (Λ) si :

$$\frac{\textbf{(O) B } p_{\,t_2}(\Lambda)}{\begin{array}{l}\textbf{(O) ?}_{\,(Bt_1\Lambda)}(\Lambda_i)\\ \textbf{(O) } p\,(\Lambda,t_1)\\ \textbf{(O) } p\,(\Lambda,t_2)\end{array}}$$

(P) $\langle\,?_{\,(Bt_1\Lambda)}(\Lambda_i)\,\rangle$
(O) $p\,t_2\,(\Lambda_i)$

Avant d'expliquer la règle structurelle MTT **(RSMTT-4.7)**, nous allons voir ci-dessous la composition des différents contextes de croyance utilisée dans le schéma précédent.

$(\Lambda) : H_1,...,H_{n-1}$

$(\Lambda_i) : H_1,...,H_n$

Explication :

Il convient de signaler que la règle structurelle nous permet déjà d'avoir le tableau. Ainsi, nous avons un tableau dans lequel toutes les

6.4 Axiome Equivalence dans le contexte de la MTT

conditions interactives peuvent être exprimées au niveau du langage-objet.

- La première condition de la (**RSMTT-4.7**) qui est l'attaque de B par (**O**) représentée par $[cR^{Bt_1}c_1]$ est exprimée dans notre tableau sémantique MTT par (**O**) ? $_{(Bt_1\Lambda)}$ (Λ_i). En effet, Λ_i introduit par (**O**).
- La deuxième condition de la (**RSMTT-4.7**) est la défense de l'attaque standard de I par (**O**) représentée par $[cR^{It_1}c]$ est exprimée dans notre tableau sémantique MTT par (**O**) $p\,(\Lambda, t_1)$. En effet, ici, (**P**) peut utiliser Λ pour attaquer l'opérateur I, mais seulement s'il s'agit du contexte initial comme c'est le cas.
- La troisième condition de la (**RSMTT-4.7**) est toujours une défense de l'attaque standard de I par (**O**) représentée par $[cR^{It_2}c]$ est exprimée dans notre tableau sémantique MTT par (**O**) $p\,(\Lambda, t_2)$. En effet ici (**P**) peut utiliser Λ pour attaquer l'opérateur I car c'est le contexte initial.
- Cette expression (**P**) $\langle\,?\,_{(Bt_2\Lambda)}\,(\Lambda_i)\,\rangle$ exprime l'attaque de (**P**). Celle-ci est possible lorsque toutes les conditions ci-dessus sont remplies.

6.4.2 Dialogue dans le contexte de la MTT de l'axiome Equivalence

Cet axiome allègue que les différences dans les croyances sont dues aux différences dans les informations. Si un instant futur, l'agent est informé que q et qu'il croit que p alors, à chaque instant dans le futur, s'il est informé que q alors, il croit que p. Construisons le dialogue.

(O), $m := 1$

Hypothèses			(O)	
	1	$H_1,...,H_{n-1}$	$\neg F\neg(Iq\wedge Bp)$	t
	3	$H_1,...,H_{n-1}$	$? F\, t_1$	t
	5	$H_1,...,H_{n-1}$	Iq	t_1
	7	$H_1,...,H_{n-1}$	$?_B[H_1,...,H_{n-1}](H_1,...,H_n)$	t_1
			$\otimes$	
	9	c	$? F\, t_2(tR^T t_2)$	t
	11	$H_1,...,H_{n-1}$	$Iq \wedge Bp$	t
	13	$H_1,...,H_{n-1}$	Iq	t_2
	15	$H_1,...,H_{n-1}$	Bp	t_2
	17	$H_1,...,H_{n-1}$	q	t_1
	19	$H_1,...,H_{n-1}$	q	t_2
	21	$H_1,...,H_n$	p	t_2

(P), $n := 2$

	(P)	Hypothèses	
0	$(\neg F\neg(Iq\wedge Bp) \uparrow F(Iq\to Bp))$	$H_1,...,H_{n-1}$	t
2	$F(Iq\to Bp)$	$H_1,...,H_{n-1}$	t
4	$Iq\to Bp$	$H_1,...,H_{n-1}$	t_1
6	Bp	$H_1,...,H_{n-1}$	t_1
22	p	$H_1,...,H_n$	t_1
8	$F\neg(Iq\wedge Bp)$	$H_1,...,H_{n-1}$	t
10	$\neg(Iq\wedge Bp)$	$H_1,...,H_{n-1}$	t_2
12	$\otimes$	$H_1,...,H_{n-1}$	t_2
14	$?\wedge_1$	$H_1,...,H_{n-1}$	t_2
16	$?\wedge_2$	$H_1,...,H_{n-1}$	t_1
18	$?[It_1 H_1,...,H_{n-1}](H_1,...,H_{n-1})$	$H_1,...,H_{n-1}$	t_2
20	$?_{Bt_2}[H_1,...,H_{n-1}](H_1,...,H_n)$	$H_1,...,H_{n-1}$	t_2

6.4 Axiome Equivalence dans le contexte de la MTT

Explication
— Au coup 0 : (**P**) asserte la thèse sous l'hypothèse $H_1,...,H_{n-1}$ à t.
— Au coup 1 : (**O**) attaque l'implication en concédant l'antécédent.
— Au coup 2 : (**P**) affirme le conséquent.
— Au coup 3 : (**O**) attaque l'opérateur temporel F et choisit comme instant futur t_1.
— Au coup 4 : (**P**) répond à l'attaque en affirmant la formule à t_1.
— Au coup 5 : (**O**) attaque l'implication du coup 4, en concédant Ip.
— Au coup 6 : (**P**) affirme le conséquent Bq.
— Au coup 7 : (**O**) attaque l'opérateur B du coup 6, il choisit le contexte d'hypothèse $H_1,...,H_n$ pour étendre le contexte d'hypothèse initial.
— Au coup 8 (**P**) ne peut pas répondre à l'attaque car (**O**) n'a pas encore introduit la proposition atomique p, selon la règle formelle **RS-2**, (**P**) ne peut pas introduire de propositions atomiques, il peut seulement réutiliser celles que (**O**) a déjà introduites. Alors, il passe à une contre-attaque. (**P**) attaque la négation du coup 1.
— Au coup 9 : (**O**) ne peut pas répondre, il contre-attaque en rebondissant sur la formule que (**O**) vient d'asserter en attaquant la négation, il attaque l'opérateur F et choisit comme instant futur t_2
— Au coup 10 : (**P**) affirme la formule à l'instant futur t_2.
— Au coup 11 : (**O**) attaque la négation du coup.
— Au coup 12 : (**P**) ne peut pas se défendre car selon les règles de particules de la négation, il n'y a pas de défense lors de l'attaque d'une négation alors, il se produit un changement de rôle du défenseur en attaquant. Il attaque la conjonction du coup 11 en choisit le premier conjoint.
— Au coup 13 : (**O**) répond à l'attaque en donnant le premier conjoint.
— Au coup 14 : (**P**) attaque encore le coup 11, en demandant le deuxième conjoint.
— Au coup 15 : (**O**) répond en assertant le deuxième conjoint.
— Au coup 16 : (**P**) attaque l'opérateur d'information I du coup 5, par une attaque standard et choisit le contexte de croyance initial $H_1,...,H_{n-1}$.
— Au coup 17 : (**O**) se défend en affirmant la formule dans le contexte de croyance initial réutilisé par (**P**).
— Au coup 18 : (**P**) attaque l'opérateur I par une attaque standard du coup 13, et réutilise encore le contexte de croyance initial.
— Au coup 19 : (**O**) répond à l'attaque en affirmant q dans le

contexte initial.
- Au coup 20 : **(P)** attaque l'opérateur B du coup 15 et réutilise le contexte de croyance $H_1,...,H_n$ déjà introduit par **(O)**.
- Au coup 21 : **(O)** répond à l'affirmation p dans le contexte de croyance $H_1,...,H_n$. Règle **(RSMTT-4.7)**
- Au coup 22 : **(P)** saisit l'occasion pour répondre à l'attaque qu'il avait laissé en suspens en affirmant p puisque **(O)** a introduit cette proposition atomique p. **(O)** ne peut plus faire de mouvement, alors **(P)** gagne la partie.

Nous allons développer le dernier axiome dans le contexte de la théorie des types de Martin-Löf. Passons également en revue le dialogue Consistency, la règle structurelle et le tableau sémantique correspondants.

6.5 Axiome Consistency dans le contexte de la MTT

	(O)					**(P)**			
						$Bp \to \neg B\neg p$	t	c	0
			$m := 1$			$m := 2$			
1	t	c	Bp	0		$\neg B \neg$	t	c	2
3	t	c	$B\neg$	2				$\otimes$	
5	t	c_1	p		1	$?\, Bc_1$	t	c	4
7	t	c_1	$\neg p$		3	$?\, Bc_1$	t	c	6
			$\otimes$		7	p	t	c_1	8

(P) a le droit d'introduire un nouveau contexte si **(O)** ne l'a pas encore fait.

$$\frac{\textbf{(O)}\ Bp\ (c,t)}{\textbf{(P)}\ \langle ?\ B\ (c_1) \rangle}$$
$$\textbf{(O)}\ p\ (c_1, t)$$

6.5 Axiome Consistency dans le contexte de la théorie des types

Tableaux sémantiques de la (RS-4.8)

$$\frac{(\mathbf{T})\ \mathrm{B}p\ (c,t)}{(\mathbf{T})\ p\ (c_1,t)}$$

(c_1) doit être nouveau.

Après avoir fait ces rappels, construisons la règle **(RS-4.8)** dans le contexte de la MTT.

La condition de la règle **(RS-4.8)** n'est rien d'autre que si (**O**) n'introduit pas de contexte (**P**) peut en introduire.

Exprimons cette condition dans le cadre des contextes d'hypothèses.

6.5.1 La règle structurelle MTT Consistency

(**P**) peut introduire le contexte $c_1 = H_1,..., H_n$ pour attaquer un opérateur B dans le contexte $c = H_1,...,H_{n-1}$ à t si :

— (**O**) n'a pas introduit de contexte.

Nous avons remplacé les labels c_n par les formes abrégées α_n ou par des ensembles d'hypothèses comme exprimé antérieurement. Nous obtenons alors ce qui suit :

La règle structurelle MTT (RSMTT-4.8)

$$\frac{(\mathbf{O})\ \mathrm{B}\ p\ _t\ (\alpha)}{\substack{(\mathbf{P})\ \langle\ ?\ _{(Bt\alpha)}\ (\alpha_i)\ \rangle \\ (\mathbf{O})\ p\ _t\ (\alpha_i)}}$$

Établissons les correspondances entre les contextes de croyance et les ensembles d'hypothèses :

$\alpha : H_1,...,H_{n-1}$

$(\alpha_i) : H_1,...,H_n$

Explication :

Dans cette règle **(RSMTT-4.8)**, les données changent car ici, (**P**) introduit le contexte de croyance (α_i) par l'attaque d'un opérateur B et ce coup correspond à (**P**) $\langle$? B $(c_1)\rangle$ de la règle structurelle.

6.5.2 Dialogue dans le contexte de la MTT de l'axiome Consistency

L'axiome Consistency affirme que nos croyances sont consistantes. Si l'agent croit que p alors, il croit possible que p. Construisons ce dialogue en fonction des contextes hypothétiques.

(O)				(P)		
1	t	$H_1,...,H_{n-1}$	$m:=1$	$Bp \to \neg B\neg p$	t	$H_1,...,H_{n-1}$	0
3	t	$H_1,...,H_{n-1}$	Bp	0	$m:=2$		
5	t	$H_1,...,H_n$	$B\neg p$	2	$\neg B\neg p$	t	$H_1,...,H_{n-1}$	2
7	t	$H_1,...,H_n$	$\neg p$		$\otimes$	t	$H_1,...,H_{n-1}$	4
	$\otimes$		p		1 $[Bt(H_1,...,H_{n-1})]$ $(H_1,...,H_n)$	t	$H_1,...,H_{n-1}$	6
					3 ? $[Bt(H_1,...,H_{n-1})]$ $H_1,...,H_n$			
					5 t	$H_1,...,H_n$	p	8

6.5 Axiome Consistency dans le contexte de la théorie des types

Explication
— Au coup 0 : La thèse est annoncée par (**P**).
— Au coup 1 : (**O**) attaque l'implication en concédant l'antécédent.
— Au coup 2 : (**P**) affirme le conséquent.
— Au coup 3 : (**O**) attaque la négation du coup 2.
— Au coup 4 : (**P**) ne peut pas répondre à l'attaque car il s'agit de l'attaque d'une négation. Il contre-attaque l'opérateur B du coup 1 et introduit le contexte de croyance $H_1,...,H_n$.
— Au coup 5 : (**O**) répond à l'attaque en affirmant la formule dans le contexte de croyance $H_1,...,H_n$.
— Au coup 6 : (**P**) attaque l'opérateur B du coup 3 et choisit le même contexte de croyance $H_1,...,H_n$.
— Au coup 7 : (**O**) répond à l'attaque en affirmant p dans le contexte de croyance $H_1,...,H_n$.
— Au coup 8 : (**P**) attaque la négation du coup 5. (**O**) ne peut plus faire de mouvement alors (**P**) remporte la partie.

En définitive, nous pouvons retenir que les règles structurelles MTT et les dialogues dans le contexte de la théorie des types de Martin-Löf constituent un système malléable pour inclure explicitement tous les aspects de l'interaction et les règles qui fixent la signification dans le langage-objet. Plus précisément, notre système met en exergue une véritable interaction conversationnelle dans lequel l'acquisition de la connaissance se fait au niveau du langage-objet. Ainsi, l'interaction est exprimée de manière très aisée dans les tableaux sémantiques. Ces dialogues conçus dans le contexte de la théorie des types de Martin-Löf nous donnent les moyens pour élaborer des dialogues constructifs.

Il est important de réaliser que cette approche dialogique de la révision des croyances dans le contexte de la MTT est dynamique et relative à un moment précis dans lequel l'interaction est faite. Cette approche permet de comprendre les croyances vraies et révisables par le biais des jugements hypothétiques en expliquant les extensions des hypothèses comme étant des réponses aux questions spécifiques.

Ainsi, nous avons un système qui met en évidence trois éléments essentiels :

1. Faire l'affirmation dépendante d'un contexte initial d'hypothèses.

2. Mettre en évidence les dynamismes des contextes en prenant en compte les extensions possibles.

3. Tenir compte de certaines circonstances (temporelles par exemple) qui constituent pour l'ensemble ou partiellement de nouveaux ensembles d'hypothèses pour la même affirmation donnée.

Un autre développement que nous échafaudons à partir de cette étude est de concevoir les bases d'un système constructif de l'oralité, c'est-à-dire un système qui permet d'exprimer les aspects interactifs de l'oralité dans l'écriture.[136] Cette orientation de notre travail de recherche est entamée et les premiers résultats de ce développement sont donnés dans deux articles qui constituent l'Annexe A et l'Annexe B de ce présent texte. Les exemples que nous utilisons sont des cas spécifiques d'utilisation de l'anaphore, dans lesquels certains présupposés liés à la signification d'un nom propre donné, ont été changé lorsqu'ils sont transcrits dans un système écrit. En outre, ces exemples impliquent déjà l'utilisation de certains éléments du premier ordre constructif de la révision des croyances.

---

136. Pour en savoir davantage sur le rapport entre l'oralité et l'écriture, le lecteur peut se référer à Bowao (2014).

Annexe A

L'orature des dialogues : L'écriture des tableaux

Ce texte est un article publié dans le 20 ^{ème} volume des *cahiers de Logique et d'Épistémologie* intitulé *Entre l'orature et l'écriture : relations croisées*. Cette étude ouvre une perspective de recherche en logique dialogique fondée d'une part, sur le défi d'exprimer, au moyen des tableaux sémantiques, les aspects interactifs de la théorie de la signification et, d'autre part, sur les difficultés aussi bien logiques qu'épistémologiques de signifier le rapport complexe entre l'orature et l'écriture.

Résumé : La logique dialogique contient sa propre théorie de la preuve. Plus précisément, la preuve d'une proposition se construit à partir d'une stratégie de victoire adéquate. Les travaux développés récemment ont permis de mettre en évidence les difficultés inhérentes à la notion dialogique de stratégie de victoire. Cette notion de stratégie a été mise en relation d'abord avec le calcul des séquents, puis avec le système des tableaux sémantiques. C'est ainsi que Clerbout a fourni un algorithme qui transforme toute stratégie de victoire en un tableau fermé. C'est sur la base de ce travail que nous arcboutons notre contribution. Cette dernière est consacrée à une tâche difficile, celle d'exprimer dans les tableaux les aspects interactifs de la signification, éléments indispensables pour la théorie dialogique. Pour accomplir cette tâche, nous nous plaçons dans le cadre de l'approche dialogique de la formulation de Bonanno de la révision des croyances proposée par Bonanno, une approche qui requiert une structure interactive à la fois riche et complexe. Ce cadre nous permet également d'aborder la question complexe du passage de l'oralité à l'écriture que nous envisageons dans la perspective de l'axiome No Drop de Bonanno.

A.1 Contexte général

La révision des croyances décrit le changement de croyances qui résulte de la prise en compte de nouvelles données d'informations. Dans les années 1980, plusieurs chercheurs se sont efforcés de rendre compte formellement de ce processus. C'est en 1985, dans un article célèbre, Carlos Alchourrón, Peter Gärdenfors et David Makinson ont proposé, pour la première fois, une axiomatisation du processus de révision des croyances.[137]

Cet article a ouvert la voie à de nouveaux programmes de recherche en science de la computation, en logique ainsi qu'en philosophie. Dans les travaux les plus récents, la dynamique de la révision des croyances est exprimée dans le formalisme de la logique modale. Giacomo Bonanno formule ainsi la théorie de la révision des croyances dans le cadre d'une logique multimodale et temporelle. Virginie Fiutek a proposé de rendre compte de la sémantique de Bonanno dans un cadre dialogique.[138] L'idée qui prévaut dans ses recherches est que la révision des croyances ne consiste pas seulement en une réception d'informations passives. Elle engage une participation argumentative active.

La présente contribution se situe à l'intersection des approches multimodale et dialogique. Nous étudions l'interface entre l'oralité et l'écriture à partir de l'approche dialogique de la révision des croyances. Plus précisément, notre étude envisag d'analyser le processus d'extraction des tableaux sémantiques dans le cadre des dialogues afin de montrer les difficultés propres à l'expression écrite des aspects interactifs fondamentaux de la signification.

Pour ce faire, nous nous limitons à l'axiome No Drop qui stipule que si l'information reçue n'est pas en contradiction avec les croyances initiales de l'agent alors celui-ci les conserve.

A.2 Approche multimodale et temporelle de la révision de croyances chez Bonanno

Bonanno développe un cadre formel multimodal et temporel dans plusieurs de ses articles. Notre travail est basé sur son dernier article traitant de la théorie AGM intitulé *Belief change in branching time : AGM – consistency and iterated revision*.

---

137. Cf. Alchourrón *et al.* (1985).
138. Pour plus d'informations, consulter (Fiutek *et al.* (2010); Fiutek (2013))

A-2 Approche multimodale et temporelle de la RDC chez Bonanno

A.2.1 Le langage de Bonanno

Le langage de Bonanno est une extension du langage de la logique propositionnelle classique. Ce langage est construit à partir des propositions atomiques $p, q, r \ldots$, deux opérateurs de temporalité F et P, un opérateur de croyance B, un opérateur d'information I et un opérateur de tous les états A.

$$\varphi := p \mid \neg \varphi \mid \varphi \wedge \psi \mid F\varphi \mid P\varphi \mid B\varphi \mid I\varphi \mid A\varphi.$$

L'interprétation intuitive de ces opérateurs est la suivante :

— $F\varphi$: Pour chaque instant futur il est le cas que φ.[139]
— $P\varphi$: Pour chaque instant précédent il a été le cas que φ.[140]
— $B\varphi$: l'agent croit que φ.
— $I\varphi$: l'agent est informé que φ.
— $A\varphi$: il est vrai dans tous les états que φ.

A.2.2 Interprétation du système de Bonanno

Dans la sémantique de Bonanno, un modèle s'obtient par adjonction de la fonction de valuation V à un cadre de la forme $\langle T, R^T, W, R^{Bt}, R^{It} \rangle$ où $\langle T, R^T \rangle$ représente un cadre de temps branché.

Dans le cadre $\langle T, R^T \rangle$:
— T représente l'ensemble non vide d'instants t tel que $t \in T$.
— R^T la relation binaire sur T qui détermine le successeur et le prédécesseur immédiats d'un instant quelconque t. Elle satisfait les conditions suivantes : Pour chaque t_1, t_2 et $t_3 \in T$

1. Si $t_1 R t_3$, $t_2 R t_3$ alors $t_1 = t_2$.
2. Si $< t_1, ..., t_n >$ est une sequence avec $t_i R^T t_{i+1}$ pour chaque $i = 1$, ..., $n-1$, alors $t_1 \neq t_n$

La condition 1 signifie que chaque instant a un unique prédécesseur. La condition 2 exclut les cycles dans le cadre.

— $t R^T t_1$ signifie que t_1 est le successeur immédiat de t ou t est le prédécesseur immédiat de t_1.
Chaque instant peut avoir plusieurs successeurs immédiats.

---

[139]. Dans la logique temporelle standard, F a une portée existentielle mais nous l'utilisons ici, comme ayant une portée universelle.
[140]. Dans la logique temporelle standard, P a une portée existentielle mais nous l'utilisons ici, comme ayant une portée universelle.

— $\langle R^T \rangle$ dénote l'ensemble de tous les successeurs immédiats de t.

Dans un cadre $\langle T, R^T, W, R^{Bt}, R^{It} \rangle$.

— $\langle T, R^T \rangle$ est un cadre de temps branché comme décrit plus haut.
— W est l'ensemble non vide de mondes possibles w tel que $w \in W$.
— $R^{Bt}(w_n)$ est une relation binaire sur W qui représente les croyances de l'agent à t. Cette relation exprime l'ensemble des mondes w_n qui sont B-accessible à l'instant t.
— $R^{It}(w_n)$ est une relation binaire sur W modélisant l'information qu'un agent peut recevoir à t. Cette relation exprime l'ensemble des mondes w_n qui sont I-accessible à l'instant t.

La relation de croyance peut être considérée comme une relation KD45 dans la logique modale et la relation d'information comme la relation S4 ou S5 mais nous notons que Bonanno laisse ces options ouvertes.

Un modèle M est représenté par l'ensemble $\langle T, R^T, W, R^{Bt}, R^{It}, V \rangle$, où :

— $M, (w, t) \models p$ si et seulement si $w \in V(p)$ à t
— $M, (w, t) \models \neg p$ si et seulement si $M, (w, t) \not\models p$
— $M, (w, t) \models p \wedge q$ si et seulement si $M, (w, t) \models p$ et $M, (w, t) \models q$
— $M, (w, t) \models p \vee q$ si et seulement si $M, (w, t) \models p$ ou $M, (w, t) \models q$
— $M, (w, t) \models p \rightarrow q$ si et seulement si $M, (w, t) \models \neg p$ ou $M, (w, t) \models q$
— $M, (w, t) \models Fp$ si et seulement si $M, (w, t_n) \models p$ pour chaque instant futur $t_n \in T$ tel que $(t R^T t_n)$
— $M, (w, t) \models Pp$ si et seulement si $M, (w, t_n) \models p$ pour chaque instant précédent $t_n \in T$ tel que $(t_n R^T t)$
— $M, (w, t) \models Bp$ si et seulement si $M, (w_n, t) \models p$ pour chaque $w_n \in W$ tel que $(w R^{Bt} w_n)$
— $M, (w, t) \models Ip$ si et seulement si $M, (w_n, t) \models p$ pour chaque $w_n \in W$ tel que $(w R^{It} w_n)$ et qu'il n'y a pas d'autres mondes dans lesquels p est vrai à t.
— $M, (w, t) \models Ap$ si et seulement si $M, (w_n, t) \models p$ pour chaque $w_n \in W$

A.2.3 Axiomatique de Bonanno

L'axiomatique de Bonanno est défini à partir des axiomes et règles suivantes.

A.3 Approche dialogique de la RDC

— Axiome K pour B : $B(\varphi \to \psi) \to (B\varphi \to B\psi)$
— Axiome K pour F : $F(\varphi \to \psi) \to (F\varphi \to F\psi)$
— Axiome K pour P : $P(\varphi \to \psi) \to (P\varphi \to P\psi)$
— Axiome K pour A : $A(\varphi \to \psi) \to (A\varphi \to A\psi)$

Axiomes temporels

— $\varphi \to F(\neg P \neg \varphi)$
— $\varphi \to P(\neg F \neg \varphi)$
— Axiome T pour A : $A\varphi \to \varphi$.
— Axiome S5 pour A : $\neg A\varphi \to A\neg A\varphi$
— Inclusion axiome B : $A\varphi \to B\varphi$
— Axiome exprimant le caractère non-standard de I :
$(I\varphi \wedge I\psi) \to A\varphi \leftrightarrow \psi$.
$A(\varphi \leftrightarrow \psi) \to I\varphi \leftrightarrow I\psi$).

règles d'inférences

— Modus ponens : Si φ et $\varphi \to \psi$ alors ψ
— Necessitation pour A : si φ alors $A\varphi$
— Necessitation pour F : si φ alors $F\varphi$
— Necessitation pour P : si φ alors $P\varphi$

En plus des axiomes et règles d'inférences mentionnés plus haut, Bonanno ajoute les axiomes No Drop, No Add, Acceptance, Équivalence et Consistance[141]. Mais comme nous l'avons annoncé dans l'introduction, nous ne nous intéresserons qu'à l'axiome No Drop.

(No Drop) : $(\neg B \neg \varphi \wedge B\psi) \to F(I\varphi \to B\psi)$.
Cet axiome stipule que si l'information reçue n'est pas en contradiction avec les croyances initiales de l'agent, alors il ne laisse pas tomber ses croyances.

A.3 Approche dialogique de la RDC

La dialogique fut initiée par Paul Lorenzen dans les années 1950 et par la suite développée par Kuno Lorenz (Erlangen-Nürnberg-Universität,

---

[141]. Les axiomes ont été nommés par Fiutek car Bonanno n'a pas donné de nom à ces axiomes Cf. Fiutek (2011)

puis Saarland) pour différencier entre la logique classique et logique intuitionniste. Depuis lors, Shahid Rahman et ses collaborateurs ont développé la dialogique comme un cadre général pour systématiser différentes logiques [142].

La dialogique est une approche de la logique basée sur la notion de signification comme usage [143]. Plus précisément, elle étudie la logique comme une interaction qui se déroule dans un processus argumentatif. Il est possible d'établir une correspondance entre la notion logique de validité et celle d' une stratégie de victoire pour (**P**), c'est-à-dire qu'une proposition est valide lorsque (**P**) a une stratégie de victoire pour tous les coups de (**O**). Le jeu dialogique est régie par deux types de règles qui sont les règles particules et les règles structurelles.

A.3.1 Les règles locales

Les règles locales sont une forme argumentative, une description abstraite de la façon dont on peut critiquer une proposition, en fonction de son connecteur (ou particule) principal, et les réponses possibles à ces critiques. Cette description donne une sémantique locale du simple fait qu'elle ne contient aucune référence à un contexte de jeu déterminé et fournit la manière d'attaquer ou de défendre une proposition.

On peut aborder ces règles en supposant que l'un des joueurs (X ou Y) affirme une proposition qu'il doit ensuite défendre face aux attaques de l'autre joueur (Y ou X, respectivement). [144]

Ce qui fait que, de façon générale, qu'on ait deux types de coups dans les dialogues :
a/ les attaques (qui peuvent consister en questions ou concessions) et
b/ les défenses (qui sont des réponses à ces attaques).
Nous pouvons voir le déroulement de cette interaction argumentative entre les deux joueurs dans les deux tables suivantes.

---

142. Consulter par exemple : Rahman et Rückert (1999), Fontaine et Redmond (2008).

143. Dans ce sens, la théorie dialogique est très proche de la théorie du "meaning as use"

144. Les règles sont symétriques, c'est à dire que les coups sont les mêmes pour le proposant et l'opposant

A.3 Approche dialogique de la RDC

Connecteurs standards avec contexte modal	Assertion X	Attaque Y	Défense X
$\neg$, pas de défense	X! $\neg\varphi_{c,t}$	Y! $\varphi_{c,t}$	$\otimes$
$\wedge$, l'attaquant choisit un conjoint	X! $(\varphi \wedge \psi)_{c,t}$	Y? $\wedge_1$ ou Y? $\wedge_2$	X! $\varphi_{c,t}$ respectivement X! $\psi_{c,t}$
$\vee$, le défenseur choisit le disjoint	X! $(\varphi \vee \psi)_{c,t}$	Y? $\vee$	X! $\varphi_{c,t}$ ou X! $\psi_{c,t}$
L'attaquant concède l'antécédent et le défenseur affirme le conséquent	X! $(\varphi \to \psi)_{c,t}$	Y! $\varphi_{c,t}$	Y! $\psi_{c,t}$

Quand X affirme la négation d'une proposition, Y attaque la négation en assertant la proposition. Il n'a y pas de défense. Cela est exprimé dans le dialogue par le symbole $\otimes$.

Quand X affirme une conjonction, Y a le choix du conjoint que X doit défendre.

Quand X affirme une disjonction, X a le choix du disjoint qu'il veut défendre. Quand X affirme une implication, Y concède l'antécédent et X doit affirmer le conséquent.

Dans la table suivante, nous présentons la sémantique locale des opérateurs modaux.

Les opérateurs modaux	Assertion X	Attaque Y	Défense X
L'attaquant choisit un instant futur t_n	X! F $\varphi_{c,t}$	Y? Ft_n $(tR^T t_n)$	X! φ_{c,t_n}
L'attaquant choisit un instant passé t_n	X! P $\varphi_{c,t}$	Y? P t_n $(t_n R^T t)$	X! φ_{c,t_n}
L'attaquant choisit un contexte c_n	X! B $\varphi_{c,t}$	Y? B c_n $(cR^{Bt} c_n)$	X! $\varphi_{c_n,t}$
Attaque standard	X! I $\varphi_{c,t}$	Y? I c_n $(cR^{It} c_n)$	X! $\varphi_{c_n,t}$
Attaque non-standard	X! I $\varphi_{c,t}$	Y! φ_{c_n}	$cR^{It} c_n$
L'attaquant choisit un contexte c_n	X! A $\varphi_{c,t}$	Y? A c_n	X! $\varphi_{c_n,t}$

Quand X affirme Fφ dans le contexte c et à l'instant t, Y choisit un instant futur t_n dans lequel X doit se défendre. Si X affirme qu'à chaque instant futur il est le cas que φ, alors il s'engage à défendre φ à n'importe quel instant futur. Quand X affirme Pφ dans le contexte c et à l'instant

t, Y choisit un instant précédent t_n dans lequel X doit se défendre. En effet, si X affirme qu'à chaque instant passé il a été le cas que φ, alors il s'engage à défendre φ à n'importe quel instant passé. Quand X affirme Bφ dans le contexte c et à l'instant t, Y choisit un contexte c_n dans lequel X doit se défendre car si X affirme que l'agent croit que φ à (c,t) alors, X doit s'engage à défendre φ dans tous les contextes dans lesquels cet agent a des croyances. Quand X affirme A φ dans le contexte c et à l'instant t, Y choisit un contexte c_n dans lequel X doit affirmer. Si X affirme qu'il est toujours le cas que φ, il s'engage à défendre φ à n'importe quel contexte.

Quand X affirme I φ dans le contexte c et à l'instant t, Y a le choix entre deux attaques : il choisit soit une attaque standard soit une attaque non-standard. Dans l'attaque standard, Y choisit le contexte dans lequel X doit défendre φ, car X doit être capable de défendre φ dans n'importe contexte choisit par Y. Dans l'attaque non-standard, Y affirme la proposition dans un contexte c_n qu'il choisit et X doit être capable d'affirmer que le contexte c_n choisi par Y lui est I-accessible. En effet, l'idée de cette attaque est que Y défie X à montrer qu'il est aussi informé que φ est le cas dans ce contexte c_n.

A.3.2 Les règles globales

Les règles globales ou règles structurelles établissent l'organisation générale du dialogue qui commence avec la « thèse ». La thèse est jouée par le proposant qui se doit de la justifier, en la défendant contre les critiques (ou attaques) possibles de l'opposant. Ainsi, lorsque ce qui est en jeu est de tester s'il y a une preuve de la thèse, les règles structurelles doivent fournir les bases pour construire une stratégie gagnante. Elles seront choisies de manière à ce que le proposant réussisse à défendre sa thèse contre toutes les critiques possibles de l'opposant si et seulement si la thèse est valide. Toutefois, différents types de systèmes dialogiques peuvent avoir différents types de règles structurelles. Pour ce qui est de notre système, les différentes règles structurelles sont mentionnées ci-après.

— **(RS-0)Règle de commencement**
Toute partie d'un dialogue commence avec le joueur **(P)** qui énonce la thèse. Après l'énonciation de la thèse par **(P)**, **(O)** doit choisir un rang de répétition. **(P)** choisit son rang de répétition juste après **(O)**. Un rang de répétition est un entier positif correspondant au nombre qu'un joueur peut répéter une même

A.3 Approche dialogique de la RDC

attaque ou une même défense.

- **(RS-1) Règle de déroulement du jeu**
  Les joueurs jouent chacun à son tour. Tout coup faisant suite au choix de répétition de **(P)** est soit une attaque soit une défense vis-à-vis d'une attaque précédente.

- **(RS-2) Règle formelle**
  (P) est autorisé à énoncer une proposition atomique si et seulement si **(O)** a énoncé cette proposition en premier.

- **(RS-3) La règle formelle pour les instants**
  (P) ne peut pas introduire d'instants, il ne peut que réutiliser ceux introduits par **(O)**.
  Cependant, l'utilisation de la règle formelle pour les instants a besoin des précisions suivantes :

  Pour attaquer un coup de la forme $\langle$**(P)**-$c, t : \mathrm{F}\varphi\rangle$, **(O)** peut choisir n'importe quel instant t_n dans le futur.

  Pour attaquer un coup de la forme $\langle$**(P)**-$c, t : \mathrm{P}\varphi\rangle$, **(O)** peut choisir n'importe quel instant t_n dans le passé à condition qu'il n'ait jamais été choisi pour attaquer un coup de la forme $\langle$**(P)**-$c, t : \mathrm{P}\varphi\rangle$.

  Pour attaquer un coup de la forme $\langle$**(O)**-$c, t : \mathrm{F}\varphi\rangle$, **(P)** peut seulement choisir un instant t_n déjà choisi par **(O)** pour attaquer un coup de la forme $\langle$**(P)**-$c, t : \mathrm{F}\ \varphi\rangle$.

  Pour attaquer un coup de la forme $\langle$**(O)**-$c, t_n : \mathrm{P}\varphi\rangle$, **(P)** peut seulement choisir un instant t_n déjà choisi par **(O)** pour attaquer un coup de la forme $\langle$**(P)**-$c, t : \mathrm{P}\ \varphi\rangle$.

  Cependant, **(P)** peut choisir l'instant initial t pour attaquer un opérateur F ou un opérateur P sous certaines conditions :

- **(RS-3.1)**
  (P) peut choisir l'instant initial t pour attaquer un coup de la forme $\langle$**(O)**-$c, t.t_n : \mathrm{F}\varphi\rangle$ si **(O)** a choisi l'instant t_n pour attaquer un coup de la forme $\langle$**(P)**-$c, t : \mathrm{P}\varphi\rangle$.

- **(RS-3.2)** Dans ce cas précis, **(P)** peut réutiliser les propositions atomiques et les contextes, déjà introduits par **(O)**, dans un instant différent de celui de leur utilisation.

— **(RS-3.3)**
  (P) peut choisir l'instant initial t pour attaquer un coup de la forme $\langle$**(O)**-$c, t.t_n : \text{P}\varphi\rangle$ si **(O)** a choisi l'instant t_n pour attaquer un coup de la forme $\langle$**(P)**-$c, t : \text{F}\varphi\rangle$.

— **(RS-4) La règle formelle pour les contextes**
  (P) ne peut pas introduire de contextes, il ne peut que réutiliser ceux introduits par **(O)**.
  Cependant, l'utilisation de la règle formelle pour les contextes a besoin des précisions suivantes :

Pour attaquer un coup de la forme $\langle$**(O)**-$c, t : \text{B}\varphi\rangle$, **(P)** peut choisir un contexte c_n déjà utilisé par **(O)** pour attaquer un coup de la forme $\langle$**(P)**-$c, t : \text{B}\varphi\rangle$.

Si **(O)** n'a pas choisi de contexte pour attaquer un coup de la forme $\langle$**(P)**-$c, t : \text{B}\varphi\rangle$ alors, **(P)** peut choisir un nouveau contexte c_n.

Pour attaquer un coup de la forme $\langle$**(O)**-$c, t : \text{B}\varphi\rangle$, **(P)** peut seulement choisir un contexte c_n déjà choisi par **(O)** pour attaquer un coup de la forme $\langle$**(P)**-$c, t : \text{I}\varphi\rangle$ ou $\langle$**(P)**-$c, t : \text{B}\varphi\rangle$.

Pour attaquer un coup de la forme $\langle$**(O)**-$c, t : \text{A}\varphi\rangle$, **(P)** peut seulement choisir un contexte c_n déjà choisi par **(O)** pour attaquer un coup de la forme $\langle$**(P)**-$c, t_n : \text{I}\varphi\rangle$ ou $\langle$**(P)**-$c, t_n : \text{B}\varphi\rangle$ ou $\langle$**(P)**-$c, t_n : \text{A}\varphi\rangle$ ou peut choisir un contexte c.

Cependant, **(P)** peut choisir un contexte c_n pour attaquer un coup de la forme $\langle$**(O)**-$c, t : \text{B}\varphi\rangle$ sous plusieurs conditions :

Considérons trois instants t, t_n et t_{n+1} tels que t_n, t_{n+1} ont été choisis par **(O)** pour attaquer un coup de la forme $\langle$**(P)**-$c, t : \text{F}\varphi\rangle$ et trois contextes c, c_n et c_{n+1}.

A.3 Approche dialogique de la RDC

- **(RS-4-1)**
  (P) peut réutiliser le contexte initial pour attaquer un opérateur I ou un opérateur A.

- **(RS-4-2)**
  Si **(O)** a utilisé un contexte c_{n+1} pour attaquer l'opérateur B à (c,t), alors **(P)** peut réutiliser ce contexte c_{n+1} pour attaquer un opérateur I à (c, t_n) dans une attaque non-standard.

- **(RS-4-3)**
  Si **(O)** a utilisé c_{n+1} pour attaquer un opérateur B à (c,t), s'il se défend de l'attaque d'un opérateur I à (c_{n+1}, t_n) et s'il choisit c_n pour attaquer un opérateur B (c, t_n) alors, **(P)** peut réutiliser c_n pour attaquer un opérateur B à (c, t).

- **(RS-5) Règle de Victoire**
  Un joueur X gagne une partie si et seulement si l'adversaire ne peut plus jouer de coups.

A.3.3 Un exemple de dialogue : No Drop

$(\neg B \neg p \wedge Bq) \rightarrow F(Ip \rightarrow Bq)$

Cet axiome stipule que si l'information reçue n'est pas en contradiction avec les croyances initiales de l'agent alors il ne laisse pas tomber ses croyances.

L'orature des dialogues : L'écriture des tableaux

			(O)			(P)			
			$m := 1$			$(\neg B\neg\, p \wedge B\, q) \to$ $F(Ip \to Bq)$ $n := 2$	c	t	0
1	c	t	$\neg B\neg\, p \wedge Bq$	0		$F(Ip \to Bq)$	c	t	2
3	c	t	? F t_1 $(tR^T t_1)$	2		$Ip \to Bq$	c	t_1	4
5	c	t_1	Ip	4		$B\, q$	c	t_1	6
7	c	t_1	? $Bc_1(cR^{Bt_1}c_1)$	6		q	c_1	t_1	20
9	c	t	$\neg B\neg\, p$		1	? $\wedge_1$	c	t	8
			$\otimes$		9	$B\neg\, p$	c	t	10
11	c	t	? B $c_2(cR^{Bt}c_2)$	10		$\neg\, p$	c_2	t	12
13	c_2	t	p	12		$\otimes$			
15	c	t	Bq		1	? $\wedge_2$	c	t	14
17	c_1	t	$cR^{It_1}c_2$		5	p	c_2	t_1	16
19	c_1	t	q		15	?B c_1	c	t	18

Explications

Selon la **RS-0**, la thèse est énoncée par (**P**) au coup 0. Au coup 1, (**O**) attaque l'implication en concédant l'antécédent et (**P**) affirme le conséquent. Au coup 3, (**O**) attaque l'opérateur temporel F et choisit comme instant futur t_1. (**O**) attaque l'implication du coup 4, en concédant Ip et (**P**) affirme le conséquent Bq. Au coup 7, (**O**) attaque l'opérateur B du coup 6, il choisit c_1. (**P**) ne peut pas répondre à l'attaque car (**O**) n'a pas encore introduit la proposition atomique q, selon la règle formelle **RS-2**, (**P**) ne peut pas introduire de propositions atomiques, il peut seulement réutiliser celles que (**O**) a déjà introduites. Il contre-attaque. (**P**) attaque la conjonction du coup 1 et choisi le premier conjoint. (**O**) se défend alors en affirmant le premier conjoint. Au coup 10, (**P**) attaque la négation de coup 9. (**O**) ne peut pas se défendre. Selon les règles de particules de la négation, il n'y a pas de défense lors de l'attaque d'une négation alors, il se produit un changement de rôle du défenseur en attaquant. (**O**) attaque l'opérateur de croyance et choisit c_2 et (**P**) affirme $\neg p$ à c_2, t. Au coup 13, (**O**) attaque la négation du coup 12. (**P**) ne peut pas se défendre alors il passe à une attaque de la conjonction du coup 1, il choisit le deuxième conjoint. (**O**) répond en assertant le deuxième conjoint.

Au coup 16, (**P**) attaque l'opérateur d'information I par une attaque non-standard et choisit le contexte c_2, il demande à (**O**) de confirmer que ce contexte c_2 peut être réutilisé pour attaquer l'opérateur d'information. Cette attaque de (**P**) a été possible grâce à la règle structurelle **RS 4-2** : Si (**O**) a utilisé un contexte c_2 pour attaquer l'opérateur B à (c,t) alors, (**P**) peut utiliser c_2 pour attaquer un opérateur I à (c,t_1) dans une attaque non-standard. Après cette attaque, (**O**) se défend à (c_2, t_1). Au coup 19, (**P**) attaque l'opérateur B et choisit c_1 déjà introduit par (**P**). Cette attaque a été possible grâce à la **RS 4-3** : Si (**O**) a utilisé c_2 pour attaquer un opérateur B à (c,t), s'il se défend de l'attaque non-standard d'un opérateur I à (c_2, t_1) et s'il choisit c_1 pour attaquer un opérateur B c, t_1 alors, (**P**) peut réutiliser c_1 pour attaquer un opérateur B à (c,t) (**O**) répond en affirmant q à (c_1, t). La formule atomique q étant introduite par (**O**) au coup 20, (**P**) répond à l'attaque antérieure du coup 6, il pose q à c_1 mais cette fois à t_1. Ce coup 20 a été possible grâce à la **RS 3-2** : (**P**) peut réutiliser les formules atomiques et les contextes, déjà introduits par (**O**) dans un instant différent de celui de leur utilisation. (**O**) ne peut plus faire de mouvement, alors (**P**) gagne la partie selon la règle de victoire **RS-5**.

A.4 Connexion entre dialogues et tableaux

Le système dialogique comporte sa propre théorie de la preuve. La preuve d'une proposition se construit à partir d'une stratégie de victoire. Dès les origines de la logique dialogique, la notion de stratégie de victoire a été mise en relation d'abord avec le calcul des séquents, puis avec le système de tableaux sémantiques. Il fallut toutefois attendre les travaux de Nicolas Clerbout [145] pour obtenir un algorithme qui transforme toute stratégie de victoire en un tableau fermé.

C'est à une autre difficulté, celle qui concerne le passage des stratégies de victoire aux tableaux, que nous voulons ici porter notre attention. En effet, si les travaux de Nicolas Clerbout et autres mettent en évidence les difficultés qu'il y a à rendre compte des propriétés métalogiques de la notion dialogique de stratégie de victoire [146], nous nous concentrerons sur

---

[145]. Lorenzen/Lorenz (1978), Felscher (1985) et Rahman (1993) ont développés les premières approches de la relation entre stratégie de victoire et calcul de séquent. Magnier (2013) a prouvé la correspondance entre la logique dialogique et la logique épistémique dynamique. Fiutek (2013) quant à elle, a établi une correspondance entre la logique dialogique et le système de Bonanno basé sur la révision des croyances. Clerbout (2014a), a fourni le premier développement détaillé d'un algorithme qui met en relation une stratégie de victoire et un tableau sémantique fermé.

[146]. Le lecteur peut aussi consulter cet article récent intitulé *First – Order Dialogical games and Tableaux*. Clerbout (2014b)

une autre difficulté, celle qui concerne l'expression dans les tableaux sémantiques d'aspects interactifs fondamentaux pour la théorie dialogique de la signification. Pour tenter de résoudre cette difficulté, nous adoptons l'approche dialogique du système de révision des croyances proposée par Bonanno, laquelle requiert une structure interactive riche et complexe. Nous nous limitons à l'axiome No Drop comme annoncé dans l'introduction.

A.4.1 Les conditions des règles structurelles du dialogue No Drop

Les règles structurelles qui correspondent à l'axiome No Drop sont **RS 4-2** et **RS 4-3** comme présentées plus haut.

La règle structurelle **RS 4-3** dit ceci :

(P) peut réutiliser le contexte c_1 pour attaquer un opérateur B à (c,t) si :

- (i) **(O)** a utilisé c_2 pour attaquer un opérateur B à (c,t).
- (j) **(O)** se défend d'une attaque non-standard de l' opérateur I à (c_2, t_1).
- (k) **(O)** a choisi c_1 pour attaquer un opérateur B (c, t_1).

Le schéma suivant décrit l'attaque de **(P)** au coup **(O)** Bp à (c,t), les conditions de l'attaque et la défense de **(O)**.

(O) Bp (c,t)	
(i)**(O)** $[cR^{Bt}c_2]$	utilisation préalable de c_2
(j)**(O)** $[cR^{It_1}c_2]$	défense de l'attaque de I
(k)**(O)** $[cR^{Bt_1}c_1]$	choix de c_1
(P) $\langle\,?\,$ B $(c_1,t)\rangle$	
(O) p (c_1,t)	

La règle structurelle **RS 4-3** ainsi formulée, nous allons en faire de même pour la règle structurelle **RS 4-2**.

La règle structurelle **RS 4-2** nous dit ceci :

(P) peut réutiliser le contexte c_2 pour attaquer un opérateur I à (c, t_1) dans une attaque non-standard si :
(O) a utilisé auparavant ce contexte c_2 pour attaquer l'opérateur B à

A-3 Connexion entre dialogues et tableaux

(c, t).

Le schéma ci-dessous décrit l'attaque de (**P**) au coup (**O**) Ip à (c, t_1), la condition de l'attaque et la défense de (**O**).

$$\frac{(\mathbf{O})\ \mathrm{I}p\ (c, t_1)}{\begin{array}{l}(\mathbf{O})\ [cR^{Bt}c_2] \quad \text{utilisation préalable de } c_2. \\ (\mathbf{P})\ \langle\ p\ (c_2, t_1)\rangle \\ (\mathbf{O})\ cR^{It_1}c_2\end{array}}$$

A.4.2 Des règles structurelles aux règles de tableaux

Dans cette dernière étape de notre travail, nous allons montrer les difficultés de formuler une règle de tableau de l'axiome No Drop à partir des schémas développés dans la section antérieure.

$$\frac{(\mathbf{O})\ \mathrm{B}p\ (c, t)}{\begin{array}{ll}(i)(\mathbf{O})\ [cR^{Bt}c_2] & \text{utilisation préalable de } c_2 \\ (j)(\mathbf{O})\ [cR^{It_1}c_2] & \text{défense de l'attaque de I} \\ (k)(\mathbf{O})\ [cR^{Bt_1}c_1] & \text{choix de } c_1 \\ (\mathbf{P})\ \langle\ ?\ \mathrm{B}\ (c_1, t)\rangle \\ (\mathbf{O})\ p\ (c_1, t)\end{array}}$$

Tableaux sémantiques de la RS 4-3

$$\frac{(\mathbf{T})\ \mathrm{B}p\ (c, t)}{(\mathbf{T})\ p\ (c_1, t)}.$$

c_1 ne doit pas nouveau

En considérant les deux schémas ci-dessus, nous notons des différences remarquables qu'il convient de spécifier. Dans l'algorithme qui transforme les stratégies de victoire en tableaux en général, les signatures (**O**) et (**P**) sont transformées respectivement en (**T**) et (**F**). Dans notre cas, nous avons (**O**), (**P**), (**T**) mais pas (**F**). L'affirmation (**O**) Bp (c, t) dans le premier schéma est représentée dans le deuxième schéma par (**T**) Bp (c, t), l'utilisation préalable de c_2 désignée par le coup (i) dans le premier schéma n'a pas de correspondance dans le schéma 2. La défense de (**O**) de l'attaque de l'opérateur I désigné par le coup (j) dans le premier schéma n'est pas exprimée dans le schéma 2. Le choix du contexte c_1 par (**O**) désigné par le coup (k) dans le premier schéma n'est pas, non plus, exprimé dans le deuxième schéma. Aussi, l'attaque de (**P**) de l'opérateur B n'est pas également exprimée dans le deuxième schéma. La réponse à l'attaque à (**P**) donnée par (**O**) dans le premier schéma correspond à **(T)** $p(c_1, t)$ dans le deuxième schéma. L'expression c_1 *ne doit pas nouveau* veut dire tout simplement que le contexte c_1 doit déjà être utilisé. Nous venons de relever les différences que nous constatons dans les deux schémas précédents. Nous en ferons de même pour les schémas suivants.

$$\frac{\textbf{(O) } \mathrm{I}p\,(c, t_1)}{\begin{array}{l}\textbf{(O) } [cR^{Bt}c_2] \quad \text{utilisation préalable de } c_2.\\ \textbf{(P) } \langle\, p\,(c_2, t_1)\rangle \\ \textbf{(O) } cR^{It_1}c_2 \end{array}}$$

Tableaux sémantiques de la RS 4-2

$$\frac{\textbf{(T) } \mathrm{I}p\,(c, t_1)}{\textbf{(T) } cR^{It_1}c_2}.$$

c_2 ne doit pas être nouveau.

Dans le premier schéma, l'affirmation **(O)** $\mathrm{I}p(c, t_1)$, correspond à **(T)** $\mathrm{I}p(c, t_1)$ dans le deuxième schéma. L'utilisation préalable du contexte c_2 qui correspond à la condition de l'attaque de l'opérateur I par **(P)** n'est pas exprimée dans le deuxième schéma. Également, l'attaque de **(P)** de l'opérateur I n'est pas aussi exprimée dans le deuxième schéma. La réponse de **(O)** dans le premier schéma correspond à **(T)** $cR^{It_1}c_2$ dans le deuxième schéma. L'affirmation : *le contexte c_2 ne doit pas être nouveau* mentionnée dans le schéma 2 stipule que c_2 doit avoir fait l'objet d'une utilisation préalable. Toutefois, que traduisent toutes ces différences ?

Ces différences s'expliquent par le fait que les tableaux ne prennent pas en compte la notion d'acte de langage. Ils sont monologiques. Le langage est dirigé vers un seul sens, c'est ce qui explique le fait que dans les deuxièmes schémas qui correspondent aux tableaux, nous n'avons pas la signature **(F)**. Nous assistons à une absence totale d'interaction, qui se justifie par le manque d'échanges argumentatifs. Les conditions des attaques et les attaques elles-mêmes ne sont pas identifiées dans les tableaux. Après analyse, nous pouvons affirmer qu'il est très difficile, dans notre exemple, d'exprimer dans les tableaux, les aspects interactifs indispensables pour la modélisation de la révision des croyances dans le cadre de la sémantique de Bonanno. Puisque nous parlons d'interaction, quel rapport pouvons nous en faire avec l'oralité et l'écriture ?

A.4.3 De l'orature du dialogue à l'écriture des tableaux

Dans la section précédente, nous avons évoqué la difficulté à incorporer les aspects interactifs dans les règles de tableaux. Cette difficulté

A-3 Connexion entre dialogues et tableaux

se retrouve dans le passage de l'oralité à l'écriture. En effet, l'oralité est un phénomène purement interactif. Dans le langage oral, les marques du discours tels que les interjections ou encore les intonations sont présentes car ce langage est essentiellement pratique. La parole se caractérise par les gestes qui explicitent le sens de ce qui est dit, par exemple, montrer du doigt, suivre du regard, froncer les sourcils. L'oralité est fondamentalement interactive. Le langage écrit, contrairement au langage oral, est décontextualisé, dénué de toute interactivité. C'est cette absence d'interactivité de l'écriture que dénonce Platon dans le "Phèdre". L'écriture dit-il, est trop rigide pour exprimer exactement la pensée. Dès lors, il n'est pas étonnant que Platon fasse du dialogue le mode d'expression adéquat pour la manifestation de la vérité.

Il découle de ce que nous avons vu précédemment que l'écriture est pour l'oralité ce que les tableaux sont pour les dialogues. Ainsi comme nous l'avons susmentionné, la logique dialogique consiste en un échange d'arguments et de contre-arguments entre deux joueurs. C'est une véritable interaction qui se joue au cours du dialogue. Avec l'algorithme qui transforme les stratégies de victoire en tableaux, l'interaction exprimée dans les stratégies de victoire ne se laisse pas facilement formaliser dans les tableaux. En effet, les aspects logiques de cette interaction restent dans le métalangage. Si nous voulons rendre compte de ces aspects interactifs de la signification dans les tableaux, nous devons avoir un système suffisamment riche pour les exprimer dans le langage-objet. Il faut également que le système soit assez souple pour incorporer ces interactions dans les nouveaux contextes.

Ce processus constitue une sorte de cercle "vertueux" pour l'oralité qui doit fournir de nouvelles formes d'interaction afin de pouvoir les exprimer dans le nouveau langage. En retour, ce nouveau langage transformerait l'interaction constructive de l'oralité. Il nous semble qu'une façon de formaliser ce cercle vertueux pourrait être le développement d'une version dialogique de la révision des croyances dans laquelle les aspects interactifs seront introduits au moyen de la théorie constructive des types (CTT). Autrement dit, il s'agirait de proposer une formulation dialogique et constructive de la sémantique multimodale de Bonanno. C'est à cette tâche que nous nous sommes consacrés dans le chapitre 6 de notre travail de recherche. Toutefois, le projet de conception d'une oralité constructive est toujours en cours. Dans l'annexe C nous donnerons quelques éléments pour l'élaboration de ce projet.

Nous pourrions aussi envisager cette autre orientation qui est le contraste entre les médias électroniques, l'écriture et l'oralité qui constitue un pan de nos recherches futures.

Annexe B

Une analyse constructive de l'oralité

Ce texte est un article en cours de publication. Il traite essentiellement du rapport entre la croyance et la connaissance dans le contexte de la théorie constructive des types comme une analyse de l'oralité constructive. La tâche qui nous est assignée est de concevoir un système qui permet de mettre en exergue les aspects interactifs de la signification lors du passage de l'oralité à l'écriture. Pour ce faire, nous scrutons la notion de croyance constructive pour aboutir à certains cas particuliers de l'utilisation de l'anaphore qui résultent de l'évolution des différents contextes de croyances.

B.1 Contexte général

Depuis la logique traditionnelle, dominée par la combinaison des jeux dialectiques et la théorie du syllogisme, l'interface entre l'argumentation, le raisonnement et la connaissance s'est accentuée. Ce qui a permis de structurer le dynamisme dans les débats scientifiques, plus précisément dans l'argumentation rationnelle. Cependant autour du 20me siècle, l'axiomatisation de la logique a créé un fossé entre la logique, l'argumentation et la théorie de la connaissance. Des programmes de recherche développés en logique mathématique ne s'intéressaient pas aux aspects interactifs et à la théorie de la signification dans la logique. Dans l'optique de restaurer le lien entre la connaissance et le raisonnement logique, plusieurs approches formelles ont été échafaudées dont le but était de récupérer les aspects épistémiques et les aspects interactifs de la logique perdus après l'axiomatisation de celle-ci.

Au nombre de celles-ci, nous pouvons citer l'intuitionnisme, la logique épistémique, la logique dialogique, la théorie des jeux, et la théorie constructive des types. Cette dernière approche développée par Per Martin-Löf,[147] fournit un développement de l'isomorphisme de Curry-Howard entre propositions, types et ensembles, par l'introduction des types dépendants, l'étendant à la correspondance entre la déduction naturelle et le lambda calcul. Le but de la théorie constructive des types est de permettre la formulation d'un langage entièrement interprété. Un langage avec du contenu qui remet en cause l'approche métalogique de la signification de la sémantique standard permettant de prendre en compte les différents aspects interactifs de la signification.

C'est sur la base de cette théorie que nous voulons concevoir un système qui permettra de mettre en exergue les aspects interactifs de la signification lors du passage de l'oralité à l'écriture dans le contexte de la révision des croyances.

Autrement dit, il s'agit de partir de l'approche de la croyance constructive, pour proposer une ébauche d'un système qui soit capable d'effectuer aisément le passage de l'oralité à l'écriture en exprimant toutes les formes interactives de l'oralité.

Pour ce faire, nous présentons la conception de la croyance constructive, pour ensuite fournir les premiers résultats d'une oralité constructive en mettant l'accent sur l'utilisation de l'anaphore des noms dans la langue Baoulé. Cette analyse est basée sur quelques résultats que nous avons obtenu dans les chapitres précédents. Nous nous appuyons sur ceux-ci parce qu'ils offrent quelques éléments de base tels que l'interaction et l'aspect constructif de la croyance, qui semblent être pertinents pour notre approche. C'est la raison pour laquelle, nous les mentionnons dans cet article.

B.2 Conception interactive de la croyance

La conception interactive de la croyance prend ses sources dans l'approche de la croyance dans le contexte de la théorie constructive des types. Cette dernière, comme nous l'avons susmentionné, a été introduite par les travaux de Ranta (1994). Notre objectif est de développer une oralité constructive, c'est-à-dire une approche qui permettrait de mettre en évidence les aspects interactifs lors du passage de l'oral à l'écrit. Afin d'élaborer quelques ébauches de ce système, nous considérons la révision des croyances dans le contexte de la théorie constructive des types. Ce choix est motivé par le fait que nous avons déjà conçu des systèmes qui

---

[147]. Martin-Lof (1984)

incorporent les formes interactives et les règles qui fixent la signification dans le langage-objet lors du processus de révision. Cependant pour cet l'article, nous allons nous limiter à l'aspect dynamique de la croyance dans la théorie constructive des types. Nous reprenons quelques points vus précédemment afin de construire notre analyse.

Ainsi, nous allons analyser le rapport entre la croyance et la connaissance. Ce rapport permettra de mieux comprendre le dynamisme de la croyance dans le cadre de la théorie constructive des types.

B.2.1 Le rapport entre la croyance et la connaissance

Le rapport entre la connaissance et la croyance a fait couler beaucoup d'encre. Plusieurs auteurs se sont penchés sur la question. Ils ont même énumérer des critères qu'il faut pour qu'une croyance devienne une connaissance. Quelle est la différence entre croyance et connaissance ? La croyance peut-elle devenir une connaissance ? La connaissance est-elle une croyance vraie ? Toutes ces interrogations nous amènent à porter notre réflexion sur la question du rapport entre connaissance et croyance afin de saisir son impact dans la compréhension du dynamisme de la croyance dans la théorie constructive des types. La croyance peut devenir une connaissance. Cependant, elle doit respecter certains critères. L'un de ces critères a été discuté dans la période antique. Dans le célèbre dialogue de Platon intitulé *Théétète*[148] dans lequel Socrate discute plusieurs théories de la connaissance, l'une d'entre elles était que la connaissance est la croyance vraie. La connaissance est, ici, à l'intercession de la croyance et de la vérité.

L'une des différences que nous pouvons aussi évoquer est le rapport de la connaissance et la croyance avec l'axiome T. En effet, si je sais que φ alors φ est vrai. Cela s'exprime par l'axiome T sous la forme : $K\varphi \to \varphi$. Par contre, si je crois que φ alors φ qui s'exprime sous la forme $B\varphi \to \varphi$ n'est pas toujours vérifiée.

Il s'agit pour nous, de voir ce que peut être la valeur de la croyance par rapport à la connaissance. Autrement dit, qu'est ce qu'il faut ajouter à la croyance pour qu'elle devienne une connaissance ?

Vu l'importance de l'analyse, certains logiciens se sont penchés sur la question. Ceci nous permet d'aborder le point suivant intitulé connaissance et la croyance dans la logique épistémique.

---

148. Cf. Brisson (2000)

B.2.2 Connaissance et croyance dans la logique épistémique

Au regard de cette dissension entre la connaissance et la croyance, certains logiciens ont porté leur réflexion sur la question en développant des représentations formelles.

Hintikka a donné une sémantique de ces deux notions en combinant ses connaissances mathématiques avec les idées de Von Wright sur la logique modale.[149] Il s'est attelé à l'étude d'une sémantique de la modalité et des attitudes propositionnelles où la connaissance d'une proposition est exprimée par le moyen d'un opérateur propositionnel.

Dès le début des années 1960, la notion de sémantique des mondes possibles a émergé et les premiers résultats peuvent être trouvés dans les travaux de Carnap,[150] ces travaux ont été repris et enrichis avec la notion d'accessibilité entre les mondes par Hintikka et la sémantique de Kripke. Sémantique fondée sur un univers de mondes possibles, c'est-à-dire que le modèle qui réalise la logique n'est pas constitué d'un seul ensemble, mais il se subdivise en *mondes* entre lesquels existe une relation.[151] Ces approches sémantiques se sont avérées très fructueuses dans l'interprétation des notions telles que la logique épistémique, la logique doxastique, la logique temporelle, la logique déontique et autres. C'était l'époque où la logique modale était rapidement devenue un outil important pour le raisonnement dans toutes sortes de disciplines telles que l'informatique, l'économie et bien d'autres.

En logique modale, les propositions ne sont vraies ou fausses qu'en fonction d'un modèle bien défini comme expliqué ci-dessous. Le modèle est une extension de la notion de structure. La structure est définie à partir deux éléments, l'ensemble des mondes W et une relation R définie sur W.[152]

La sémantique formelle du système T[153] pour la connaissance et la croyance (nous l'avons déjà mentionné antérieurement) donne ceci : $\forall$ $w \in$ à W, wRw signifie que w est accessible à w lui-même. Alors, si un agent sait que φ dans w alors φ est vrai dans ce même monde w. La relation est donc réflexive.

Si un agent croit que φ dans w, φ n'est pas forcement vrai à w.

---

149. Cf. Hintikka (1962) et Hintikka (1976)
150. Voir Carnap (1946)
151. Cf. Kripke (1963)
152. Le modèle ajoute à la structure une fonction de valuation qui assigne à chaque monde les propositions qui sont vraies
153. Il existe plusieurs autres systèmes tels que K, D, 4, 5 et autres qui définissent les propriétés des structures

Rahman et Rückert (2001) ont développé pour la première fois une approche dialogique de la logique modale. Depuis lors, plusieurs travaux ont été développés par Rahman et Keiff (2004), Fiutek *et al.* (2010), Clerbout (2014a), Magnier (2013) afin mettre en exergue la dialogique et les approches logiques basées sur la logique modale.

Dans le cas de la logique épistémique, les règles de particules sont les suivantes.

— **Les règles de particules** [154]

L'attaquant choisit un contexte c_n	X! B φ_c	Y? B c_n (cRc_n)	X! φ_{c_n}
L'attaquant choisit un contexte c_n	X! K φ_c	Y? K c_n (cRc_n)	X! φ_{c_n}

TABLE B.1 – Règles de particule

Quand X affirme Kφ dans le contexte (c), Y choisit un contexte c_n dans lequel X doit se défendre car si X affirme que l'agent sait que φ à (c) alors, X s'engage à défendre φ dans tous les contextes dans lesquels cet agent a des connaissance. La différence n'est pas notée dans les règles de particules mais plutôt dans les règles structurelles. Passons à présent à celles-ci.

— **Les règles structurelles**

— **(RS-0)Règle de commencement**

Toute partie d'un dialogue commence avec le joueur **(P)** qui énonce la thèse. Après l'énonciation de la thèse par **(P)**, **(O)** doit choisir un rang de répétition. **(P)** choisit son rang de répétition juste après **(O)**. Un rang de répétition est un entier positif correspondant au nombre qu'un joueur peut répéter une même attaque ou une même défense.

— **(RS-1) Règle de déroulement du jeu**

Les joueurs jouent chacun à son tour. Tout coup faisant suite au choix de répétition de **(P)** est soit une attaque soit une défense vis-à-vis d'une attaque précédente.

— **(RS-2) Règle formelle**

(P) est autorisé à utiliser une proposition atomique si et seulement si **(O)** a énoncé cette proposition en premier.

---

154. Pour l'opérateur B, l'explication est donnée dans la section 1, on ajoute ici, l'opérateur K

B-2 Conception interactive de la croyance

— **(RS-3) Règle formelle pour les contextes**
Les règles structurelles pour l'opérateur de connaissance et croyance sont différentes. Tandis que la règle pour K permet à **(P)** de choisir le contexte où K a été asserté. Cependant, Ce n'est pas le cas pour l'opérateur B.

		(O)	(P)		
			$Kp \to p$	c_1	0
1	c_1	Kp	p	c_1	4
3	c_1	p	? K c_1	c_1	2

Explication :

Dans un dialogue, **(P)** annonce la thèse (Règle structurelle de commencement), voir le coup 0. Dans le coup 1, **(O)** attaque le connecteur principal de la thèse qui est l'implication en concédant l'antécédent et demande à **(P)** d'affirmer le conséquent. Par la suite, **(P)** se voit dans l'incapacité de se défendre parce que selon la règle formelle, il ne peut pas choisir de formule atomique sans que **(O)** l'ait déjà introduite auparavant donc il passe à une contre-attaque et attaque l'opérateur K et choisit le contexte c_1 car selon **(RS-3)**, **(P)** peut choisir le contexte dans lequel la formule a été assertée. alors **(P)** gagne la partie.

		(O)	(P)		
			$Bp \to p$	c_1	0
1	c_1	Bp			
			⊗		

Explication

(P) annonce la thèse (Règle structurelle de déroulement) et ce qui correspond dans notre dialogue à la ligne 0. Dans le coup 1, **(O)** attaque le connecteur principal de la thèse qui est l'implication en concédant l'antécédent et demande à **(P)** d'affirmer le conséquent. Par la suite, **(P)** se voit dans l'incapacité de se défendre parce que selon la règle formelle, il ne peut pas choisit de formule atomique sans que **(O)** l'ait déjà introduite auparavant et il ne peut pas non plus choisir le contexte dans lequel la formule a été assertée. Alors, **(O)** gagne la partie car il a le dernier coup.

La différence essentielle que nous pouvons relever se situe ici au niveau des règles structurelles, plus précisément des choix des différents contextes.

Dans l'approche dialogique de la logique modale de Rahman et Ruckert (2001), nous trouvons encore les traces de la sémantique modèle-théorétique. Pour palier à ce déficit, Rahman et Redmond ont commencé à développer une approche purement dialogique de la logique épistémique dans le contexte de la théorie constructive des types. Cependant, comme déjà susmentionné, cela n'a pas été appliqué à la révision des croyances. Notre objectif est de fournir les premiers pas d'une telle entreprise.

B.3 La croyance dans le contexte de la CTT

Dans cette section, nous voulons développer les premiers pas d'un système qui intègre les aspects interactifs, éléments indispensables à la signification en général, et le saisir dans le cadre de la révision des croyances en particulier. Ainsi pour atteindre notre but, nous nous sommes donné pour tâche de traduire la théorie de la révision des croyances dans le contexte de la théorie constructive des types.

Pour ce faire, nous verrons d'abord comment étendre le récent travail de Rahman et de Redmond sur l'approche dialogique de la croyance dans la CTT, et ensuite, l'exploiter dans la révision des croyances telle que formulée par Bonanno.

B.3.1 Jugement et connaissance comme croyance justifiée

L'approche de la théorie constructive des types permet de mettre en évidence la différence entre la notion de savoir et celle de la croyance. Cette conception est motivée par l'idée selon laquelle, exprimer un jugement A est vrai par rapport aux croyances d'un agent est équivalent aux jugements de la forme A est vrai par rapport à un ensemble hypothèses qui ne sont pas encore vérifiées. Afin d'élucider nos propos, abordons maintenant l'approche des mondes possibles dans le contexte de la théorie constructive développée par Ranta (1994).

L'idée principale de Ranta est qu'une assertion relative à un monde possible W équivaut à un jugement hypothétique où l'assertion est faite en émettant des hypothèses qui sont exprimées dans le langage-objet. En d'autres mots, nous n'avons pas besoin de labels pour les mondes mais d'assertions qui sont fournies sous des hypothèses ouvertes.

Ainsi, nous pouvons d'une certaine manière dire que la notion (métaphysique) de mondes possibles de Leibniz est mise en rapport avec la conception kantienne d'hypothétique.

Plus généralement et indépendamment du cadre dialogique, cela fournit les correspondances suivantes soulignées dans (Ranta, 1991, 83)

B-3 La croyance dans le contexte de la CTT

- A : ensemble dans w signifie que A(x) est un ensemble sous l'hypothèse que (x : w)
- A=B : ensemble dans w signifie que A(x) et B(x) sont des ensembles égaux sous l'hypothèse que (x : w)
- a : A signifie que a(x) est un élément de l'ensemble A sous l'hypothèse que (x : w)
- a=b : A signifie que a(x) et b(x) sont des éléments identiques dans l'ensemble A sous l'hypothèse (x : w)

Dans la théorie constructive des types, les jugements hypothétiques sont considérés comme un ensemble de jugements pour lequel il n y a pas une preuve spécifique mais plutôt une preuve arbitraire : un objet x.

La variable x est utilisée comme une preuve de A, elle est utilisée de la même manière que l'utilisation d'une variable comme un élément arbitraire d'un ensemble.

En outre, la relation entre un monde w_1 et un monde w_2 doit être considérée comme une alternative epistemique dans laquelle w_2 est une extension de w_1 et que w_2 ajoute des informations de sorte que chaque proposition est vraie sous l'hypothèse w_1, qui elle aussi est vraie sous l'hypothèse w_2.

Plus généralement, nous exprimons cette situation de la manière suivante :

d(y) : w_1 (y : w_2).

Ainsi, si w_2 est accessible à w_1, alors il existe une fonction **f** de w_2 à w_1 [155]

Cependant, il peut y avoir plusieurs fonctions qui expriment w_2 à w_1, cela veut dire ces fonctions V et U sont aussi accessibles à w_1, bien que w_2, V et U ne sont pas accessibles entre elles. Nous obtenons, alors, une structure d'arbre avec w_1 comme racine.

Rappelons que dans ce contexte, chaque monde W, V et U est un ensemble et cet ensemble est une hypothèse.

Du point de vue épistémique, "possible" signifie qu'il existe différentes manières d'ajouter des connaissances à nos croyances pour obtenir le savoir, qui dans ce cas n'est pas encore achevé. En autres termes, cela signifie que le possible est toujours une approximation du savoir. Si l'approximation se termine alors, la possibilité se transformera en savoir. Possible signifie donc ce qui peut être complété.

C'est ainsi que (Ranta, 1991, 78) met en rapport cette notion de possibilité avec la conception du savoir de Husserl (Cart. Med. p.62)

---

155. Voir (Ranta, 1994, 147)

Mais comment exprimer cette notion de manière formelle et montrer le lien avec l'approche dialogique ?

Du point de vue formel, un monde possible est un ensemble constitué par une séquence d'assertions hypothétiques avec une dépendance entre elles (cette structure est appelée contexte).

Soit, Γ la séquence qui est une approximation d'un monde. Nous avons :

a : A en Γ signifie a($x_1,...x_n$) : A ($x_1,...x_n$) (x_1 : $A_1,...,x_n$: A_n($x_1,...,x_{n-1}$

Cela est similaire à :

A : ensemble dans Γ

A = B : ensemble dans Γ

a : A dans Γ

a = b : A dans Γ

Comme mentionné plus haut, si les contextes doivent capturer la notion de mondes possibles, cela est important que leurs spécifications ne se terminent jamais. Ainsi, comme le souligne Ranta, [156] les mondes sont une sorte de limite de sequence d'hypothèses de plus en plus spécifiée sans jamais atteindre la spécification totale. Signifions que ce sont ces spécifications (d'un contexte) qui correspondent aux relations d'accessibilité.

Par ailleurs, dans le cas de l'approche dialogique de la CTT, les éléments de preuve (EP) sont seulement fournis au niveau des stratégies de jeux. Cependant, les objets ludiques produisent une ontologie appropriée au niveau des jeux. Plus précisément, les objets ludiques fournissent l'ontologie des mouvements catégoriques et les fonctions quant à elles, fournissent les objets ludiques des hypothétiques.

Comme mentionné dans Rahman et Redmond (2014), les extensions de contextes, sur le plan dialogique, doivent être considérées comme des questions et réponses de spécification. Rappelons que nous sommes dans un langage interprété.

Supposons qu'un joueur considère des contextes (hypothétiques) dans lesquels il y a un objet ludique pour A(y), sous la condition que *x est un être vivant, y est un humain(x)*.

Alors, la première extension qu'on peut considérée peut être évoquée par la question suivante :

Est-il ivoirien ou français ?

---

156. (Ranta, 1991, 78)

B-3 La croyance dans le contexte de la CTT

la seconde peut être mise en exergue par les questions commençant par *qui, quoi, quand*.

Pour la troisième extension, par exemple, demander au défenseur d'établir un lien entre les variables des premiers et les nouveaux contextes.

Considérons un contexte initial Γ contenant une disjonction $A \vee B$, l'objet ludique est la variable x.

Supposons encore un autre contexte Δ contenant $y : A$.

Dans un tel cas, si le joueur qui soutient que Δ est une extension de Γ, doit produire la formule suivante $L^{\vee}(x) = y : A \vee B$, et ensuite, il doit être capable de montrer sa relation avec chaque composant de Γ.

Bref, la perspective dialogique modale dans le cadre de la théorie constructive des types peut être vue comme un dialogue dans lequel les coups impliquent des questions et des réponses en rapport avec des contextes.

Nous en parlerons dans la prochaine section.

B.3.2 La croyance et la connaissance dans le contexte de la théorie constructive des types et les dialogues

Dans cette partie, nous voulons exploiter l'étude des quantificateurs dans les contextes hypothétiques. Déjà développée par Rahman et Redmond, notre objectif, ici, est de l'étendre aux contextes de croyance et à l'opérateur de croyance afin d'évaluer ce que nous pouvons en tirer comme conséquences, mieux, comme avantages par rapport à la logique épistémique telle que nous la connaissons.

Tout cela nous permettra de planter le décor pour exploiter la révision des croyances dans le contexte de la théorie constructive des types.

Les contextes d'hypothèses dans le cadre dialogique

Assertion	Attaque	Défense
$X\,!c(y) : (\exists x : A)B(y)\ (y : \Theta)$	$Y\,?_F$	$X\,!\,(\exists x : A)B(y) : \text{prop}$ $A : \text{ens.}, \Theta : \text{ens.}$ $x : A, y : \Theta$
	$Y\,?\,L^{\exists}$ *ou* $Y\,?\,R^{\exists}$	$L(c(y)) : A\ (y : \Theta)$ *respectivement* $R(c(y)) : B\ (L(c(y)))\ (y : \Theta)$
$X\,!c(y) : (\forall x : A)B(y)\ (y : \Theta)$	$Y\,?_F$	$X\,!\,(\exists x : A)B(y) : \text{prop}$ $A : \text{ens.}, \Theta : \text{ens.}$ $x : A, y : \Theta$
	$Y\,!\,L(c(y)) : A(y : \Theta)$	$X\,!\,R(c(y)) : B\ (L(c(y)))(y : \Theta)$

TABLE B.2 – Les règles de particules pour les contextes de croyance

Explication

Nous savons qu'en théorie constructive des types, nous devons spécifier la règle de formation de toute proposition.

Ainsi, quand **X** affirme c(y) : (∃ x : A)B(y) (y : Θ), **Y** attaque l'assertion en demandant comment elle a été formée. **X** répond en affirmant que la proposition (∃ x : A)B(y) est formée d'un ensemble A et d'un contexte de croyance Θ, qui est constitué d'un ensemble n d'hypothèses (H_1,..., H_n), tel que y un élément de Θ.

Nous spécifions que l'existentiel se comporte comme une conjonction.[157] Face à ce quantificateur existentiel affirmé par **X**, **Y**, pour l'attaquer, a le choix.

Soit **Y** demande la gauche de l'existentiel, **X**, dans ce cas, lui donne la gauche en spécifiant son objet ludique (arbitraire), c'est-à-dire un élément de l'ensemble A sous la condition que cet objet appartient au contexte de croyance Θ , plus précisément aux hypothèses H_1,..., H_n.

Soit **Y** demande la droite de l'existentiel, **X** donne la droite de l'existentiel en précisant que l'objet ludique est un opérateur qui sélectionne l'objet ludique de la droite de l'existentiel, telle que la droite constitue une affirmation concernant l'objet ludique de la gauche, toujours sous la condition que cet objet ludique appartient au contexte de croyance.

Quand **X** asserte le quantificateur universel, **Y** demande sa règle de formation et **X** répond en affirmant que la proposition (∃ x : A)B(y) (y : Θ) est formée de l'ensemble A et d'un contexte de croyance qui est considéré, ici, comme un ensemble, x et y constituent les éléments de ces ensembles. Le quantificateur universel se comporte comme l'implication.[158] Ainsi, **Y**, pour attaquer le quantificateur, concède l'antécédent et **X** doit affirmer le conséquent.

L(c(y)) : A (y : Θ) signifie qu'il y a un élément de l'ensemble A qui fait partie du contexte de croyance de l'agent et cet l'élément fournit l'objet ludique de la partie gauche de l'existentiel.

R(c(y))) : B (L(c(y)) (y : Θp) signifie qu'il y a un objet ludique pour la proposition B dans le contexte Θ où L(c(y) est élément de A choisi par le défenseur. Cet objet ludique pour B constitue la partie droite de l'existentiel.

Après avoir considéré les quantifications dans les contextes de croyance. Abordons maintenant l'opérateur de croyance en rapport avec les contextes d'hypothèses.

Aspect dynamique des contextes de croyances

Après avoir élaboré la règle locale pour l'opérateur B, nous allons mettre en exergue les avantages d'une telle entreprise par rapport aux règles locales antérieures pour les opérateurs épistémiques abordées dans les sections précédentes.

---

157. Cf. Ranta (1994)
158. Cf. Ranta (1994)

B-3 La croyance dans le contexte de la CTT

L'opérateur de croyance	Assertion **X**	Attaque **Y**	Défense **X**
L'attaquant choisit une extension (Θ^*) du contexte Θ pour la formulation d'une question qui spécifie ce dernier (Θ^*) = $[H_1,...,H_n,H_{n+1}]$	**X**! B A(Θ)	**Y**? $_{B(\Theta)}$ (Θ^*)	**X**! A (Θ^*)

TABLE B.3 – Règles de particule de l'opérateur B

Ces avantages sont énumérés comme suit :

1. Les mondes exprimés dans le métalangage comme des labels abstraits et vides de contenu (qu'on retrouve dans la logique modale en général, et dans la logique épistémique en particulier) sont substitués par des contextes de croyance. Ces contextes de croyances sont des hypothèses spécifiques avec du contenu.

   En dépit du fait que les règles sont schématisées, les contextes de croyance sont un ensemble bien déterminé d'hypothèses dont l'affirmation principale dépend.

2. Un autre avantage que nous pouvons relever, c'est qu'au lieu d'une relation abstraite entre les mondes, nous avons des extensions entre les hypothèses qui composent les contextes de croyance.

3. Nous pouvons relever aussi son aspect interactif très riche en ce sens que si quelqu'un affirme qu'il croit à la proposition A alors il asserte A en rapport avec les hypothèses qui constituent ses croyances. Ces hypothèses peuvent être précisées, au fur et à mesure. Le défenseur est déterminé à affirmer que, dans le contexte de la nouvelle extension de l'ensemble de ses hypothèses de départ, il est toujours le cas que A. Ces inter-échanges créent une véritable interaction.

Pour mieux éclaircir nos propos, prenons l'exemple suivant :

L'agent p (français et vivant en France) estime que Marie est une étrangère, sous l'hypothèse que Marie est africaine.

Si lors d'une conversation, l'interlocuteur demande à l'agent : est-elle mariée à un africain ou à un français ?

1. Si elle est mariée à un français, alors la croyance initiale de l'agent n'est pas vérifiée.

2. Si elle est mariée à un africain, alors la croyance de départ est justifiée, dans ce cas, l'agent ou le défenseur est déterminé à affirmer que Marie est une étrangère.

Toutes les fois où les extensions vérifieront le contexte de croyance de départ, le défenseur sera toujours déterminé à affirmer sa croyance. Autrement dit, le défenseur gagne si et seulement si les extensions possibles données dans un contexte par l'attaquant confirment les croyances du défenseur.

Ces différents points relevés permettront d'atteindre l'objectif principal que nous nous sommes assignés, celui d'exprimer dans le langage-objet, les aspects interactifs que nous avions du mal à exprimer dans la première section. Ce qui nous donne de passer au point suivant.

B.3.3 Révision des croyances et interaction

Comme mentionné plus haut, nous allons mettre l'accent sur l'axiome No Drop. Ce dernier stipule que si l'information reçue n'est pas en contradiction avec les croyances initiales de l'agent alors il les conserve.

No Drop : $(\neg B_\neg p \wedge Bq) \rightarrow F(Ip \rightarrow Bq)$

Rappelons brièvement les règles structurelles (**RS 4-3**, et **RS 4-2**) qui correspondent à cet axiome et leurs tableaux sémantiques afin de voir comment nous pouvons appréhender ces règles dans le cadre des contextes hypothétiques.

La règle structurelle RS 4-3 dit :

(P) peut réutiliser le contexte c_1 pour attaquer un opérateur B à (c, t) si :

(**O**) Bp (c,t)	
(i)(**O**) $[cR^{Bt}c_2]$	utilisation préalable de c_2
(j)(**O**) $[cR^{It_1}c_2]$	défense de l'attaque de I
(k)(**O**) $[cR^{Bt_1}c_1]$	choix de c_1
(**P**) $\langle\, ?\ B\ (c_1, t)\rangle$	
(**O**) p (c_1, t)	

Tableau sémantique correspondant à la RS 4-3

(**T**) Bp (c,t)
(**T**) p (c_1, t)

Comme nous l'avions souligné dans Dango (2014), et nous le remarquons aussi dans les schémas ci-dessus, il était très difficile d'exprimer les aspects interactifs de la signification dans les tableaux sémantiques.

Les conditions (i, j et k mentionnés dans la **RS 4-3**) pour que (**P**) puisse d'attaquer l'opérateur B ne sont pas exprimés dans les tableaux.

B-3 La croyance dans le contexte de la CTT

Nous allons pouvoir maintenant exprimer cette interaction de la manière suivante :

(**P**) peut réutiliser le contexte de croyance $c_1 = H_1,..., H_n$ pour attaquer un opérateur B affirmé par (**O**) à l'instant t et dans le contexte d'hypothèse $c = H_1,...,H_{n-1}$, (cela veut dire qu'il demande l'extension de l'ensemble des hypothèses $H_1,...,H_{n-1}$ à H_n) si :

1. (**O**) a déjà étendu $c = H_1,...,H_{n-1}$ en t en posant une question qui met en exergue le contexte $c_1 = H_1,...,H_n{}^*$, cette question constitue une attaque de B dans le contexte $c = H_1,...,H_{n-1}$ en t.

2. (**O**) a déjà étendu $c = H_1,...,H_{n-1}$ en t_1 par une défense non-standard de l'opérateur I et l'extension de ce contexte donne le contexte $c_2 = H_1,...,H_n{}^*$ en t_1. Ces ensembles d'hypothèses constituent aussi les contextes de croyances parmi lesquels (**O**) affirme I.

3. (**O**) a déjà étendu $c = H_1,...,H_{n-1}$ en t_1 par une question qui met en évidence le contexte $c_1 = H_1,...,H_n$, et cette question constitue une attaque de B dans le contexte $c = H_1,...,H_{n-1}$ en t_1.

Il convient de faire remarquer que, maintenant, nous avons substitué les labels c_n par les ensembles d'hypothèses $H_1,...,H_n$ ou par les formes abrégées Θ_n.

Règle structurelle constructive RS 4-3

(**P**) peut réutiliser le contexte de croyance (Θ_i) pour attaquer un opérateur B affirmé par (**O**) à l'instant t et dans le contexte de croyance (Θ) si :

$$\begin{array}{l} \textbf{(O) } B\ p\ t\ (\Theta) \\ \hline \textbf{(O) ?}\ _{(Bt\Theta)}\ (\Theta_j) \\ \textbf{(O) } I_{t1}\ (\Theta_j) \\ \textbf{(O) ?}\ _{(Bt1\Theta)}\ (\Theta_i) \\ \textbf{(P) } \langle\ ?\ _{(Bt\Theta)}\ (\Theta_i)\ \rangle \\ \textbf{(O) } p\ t\ (\Theta_i) \end{array}$$

Nous pouvons voir ci-dessous la composition des différents contextes de croyance utilisés dans le schéma précédent.

(Θ) : $H_1,...,H_{n-1}$

(Θ_i) : $H_1,...,H_n$

(Θ_j) : $H_1,...,H_n{}^*$

Explication :

Il convient de signaler que la règle structurelle nous permet déjà d'avoir le tableau. Ainsi, nous avons un tableau dans lequel toutes les conditions interactives peuvent être exprimées au niveau du langage-objet.

— La première condition de la **RS 4-3** qui est l'attaque de B par (**O**) représentée par $[cR^{Bt}c_2]$ est exprimée dans notre tableau sémantique constructif par (**O**) ? $_{(Bt\Theta)}$ (Θ_j). En effet, Θ_j introduit par (**O**) est une extension qui permet de vérifier Θ.

— La deuxième condition de la **RS 4-3** qui est la défense de l'attaque non-standard de I par (**O**) représentée par $[cR^{It_1}c_2]$ est exprimée dans notre tableau sémantique constructif par (**O**) I_{t1} (Θ_j). En effet, Θ_j permet également de vérifier Θ lors de l'attaque de l'opérateur d'information.

— La troisième condition de la **RS 4-3** qui est l'attaque de B par (**O**) représentée dans la **RS 4-3** par $[cR^{Bt_1}c_1]$ est exprimée dans notre tableau sémantique constructif par (**O**) ? $_{(Bt1\Theta)}$ (Θ_i). Θ_i est une extension qui permet de vérifier le contexte Θ.

— Cette expression (**P**) $\langle$? $_{(Bt\Theta)}$ (Θ_i) $\rangle$ exprime l'attaque de (**P**). Celle-ci est possible lorsque toutes les conditions ci-dessous sont remplies.

Nous voyons, clairement, que le tableau constructif exprime très bien, dans le langage-objet, l'interaction qui est très importante pour la signification. Dans la conception constructive, le tableau sémantique est très expressif parce que ses contextes ont du contenu, ce qui permet très aisément d'appréhender l'interaction.

Après avoir fourni la **RS 4-3** dans le cadre des contextes hypothétiques, faisons de même pour **RS 4-2**.

La règle structurelle **RS 4-2** nous dit ceci :

(**P**) peut réutiliser le contexte c_2 pour attaquer un opérateur I à (c, t_1) dans une attaque non-standard si :

$\quad$ (**O**) Ip (c, t_1)
$\quad$ ―――――――――――――――――――
$\quad$ (**O**) $[cR^{Bt}c_2]$ $\quad$ utilisation préalable de c_2
$\quad$ (**P**) $\langle$ p (c_2, t_1) $\rangle$
$\quad$ (**O**) $cR^{It_1}c_2$

B-3 La croyance dans le contexte de la CTT

Tableau sémantique de la RS 4-2

$$\frac{(\mathbf{T})\ \mathrm{I}p\ (c, t_1)}{(\mathbf{T})\ cR^{It_1}c_2}$$

Récrivons cette règle **RS 4-2** dans le cadre des contextes d'hypothèses.

(**P**) peut réutiliser le contexte $c_2 = H_1,..., H_n*$ pour attaquer un opérateur I dans le contexte $c = H_1,...,H_{n-1}$ à t_1 dans une attaque non-standard si :

1. (**O**) a étendu $H_1,...,H_{n-1}$ en t par une question qui permet de mettre en exergue le contexte $c = H_1,..., H_n*$, cette question constitue l'attaque de l'opérateur B dans le contexte $H_1,...,H_{n-1}$ en t.

Nous n'avons qu'une seule condition dans cette règle **RS 4-2**.

Elle nous donnera le schéma suivant :

(**P**) peut réutiliser le contexte $c_2 = H_1,..., H_n*$ pour attaquer un opérateur I dans le contexte $c = H_1,...,H_{n-1}$ à t_1 dans une attaque non-standard si :

$$\frac{(\mathbf{O})\ \mathrm{I}\ \mathrm{A}_{t1}\ (H_1,...,H_{n-1})}{\begin{array}{c}(\mathbf{O})\ _{Bt(H1,...,Hn-1)}\ (H_1,...,H_n*)\\(\mathbf{P})\ \langle?\ _{Bt1(H1,...,Hn-1)}\ (H_1,...,H_n*)\ \rangle\\(\mathbf{O})\ \mathrm{A}_{t1}\ (H_1,...,H_n*)\end{array}}$$

Explication :

— La seule condition de la **RS 4-2** qui est l'attaque de B par (**O**) représentée dans la **RS 4-2** par $[cR^{Bt}c_2]$ est exprimée dans notre tableau sémantique constructif par $H_1,...,H_{n-1},...,H_n*$. En effet, $H_1,...,H_n*$ est l'une des extensions de $H_1,...,H_{n-1}$. Aussi, pour que l'information soit reçue et donc vérifiée, il faut qu'elle ne soit pas en contradiction avec les croyances initiales de l'agent. Nous pouvons dire que c'est ce qui explique cette condition de la **RS 4-2** qui est l'attaque de l'opérateur.

L'aspect constructif de ces règles que nous avons développé mettre davantage en évidence la spécificité de l'axiome No Drop qui stipule que l'agent conserve ses croyances initiales quand l'information qu'il reçoit les vérifie.

Cette conception des tableaux sémantiques est le moyen le plus adéquat pour inclure explicitement tous les aspects interactifs de la signification et fixer ainsi, l'interaction. Il est important de réaliser que le contexte de croyance est dynamique et relatif à un moment précis dans lequel l'interaction est faite. Concevoir la croyance dans le cadre de la théorie constructive des types permet, ainsi, de mettre en évidence un système qui prend en compte trois éléments essentiels :

1. Asserter une affirmation dépendante d'un contexte initial d'hypothèses.
2. Mettre en évidence les dynamismes des contextes en prenant en compte les extensions possibles.
3. Tenir compte de certaines circonstances (temporelles par exemple) qui constituent de nouveaux ensembles pour la même affirmation donnée.

Dans le paragraphe suivant, nous proposerons d'appliquer ce système à un exemple spécifique.

B.4 Système formel constructif de l'oralité

Toute la démarche que nous avons suivi jusque-là nous permet de concevoir les bases d'un système constructif de l'oralité, c'est-à-dire, un système qui permet d'exprimer les aspects interactifs de l'oralité dans l'écriture. Mais avant, faisons ressortir quelques difficultés pour exprimer ces éléments interactifs. Pour cela, nous vous invitons, d'abord, à faire une étude de l'utilisation des noms propres dans certaines langues de la Côte d'Ivoire, pour ensuite, la mettre en relation avec le cas de l'anaphore dans les contextes de croyances.

B.4.1 Les contextes de croyances et l'anaphore dans l'utilisation des noms propres dans certaines langues ivoiriennes : une étude de cas

L'oralité s'avère être un élément déterminant qui caractérise les peuples africains. Elle est très puissante et fertile traduisant ainsi un patrimoine langagier très riche et très diversifié. La civilisation africaine

B-4 Système formel constructif de l'oralité

est considérée comme la civilisation de la parole. Tout est, ainsi, régi au seul profit de la parole. Avec la colonisation territoriale, débutée dans le 19ème siècle, le recours à l'écriture devint capital, elle prit alors place dans les sociétés africaines en général, pour enseigner le catéchisme et accéder aux textes sacrés et inculquer à ces peuples, une certaine civilisation européenne.

Plus particulièrement, en Afrique de l'ouest, ces peuples ont vu leur identité culturelle se dilater par cette civilisation européenne. L'écrit alors se positionne dans la vie des populations. Les langues maternelles purement orales se voient exploiter dans les applications écrites. Le passage de l'oralité à l'écriture est souvent difficile, vue la distinction entre leurs deux systèmes. Chaque système étant déterminé par un code bien spécifique. Il est très souvent fastidieux pour le second, c'est-à-dire l'écriture de représenter fidèlement le premier.

Par exemple, le passage de l'oral à l'écrit des noms baoulé rencontre d'énormes difficultés. En effet, certains éléments sémantiques du code oral ne sont pas représentés dans le code écrit. Certains sons n'ont pas leurs correspondants dans le code écrit, ce qui a entrainé la malformation ou la déformation de certains noms dans la langue baoulé.

Nom en Baoulé	La traduction française
N'san	N'guessan
Kwaï	Kouamé
N'glouan	N'goran
Blou	Brou

Explication

— N'san : nom donné au troisième enfant de même sexe. Le nom correspondant en français est N'guessan.

— Kwaï : nom donné à un enfant de sexe masculin né le dimanche. Son correspondant en français est Kouamé.

— N'glouan : nom donné au neuvième (comme le chiffre neuf : n'glouan) enfant de la famille.
Son correspondant en français est N'goran.

Dans l'exemple donné précédemment, nous remarquons que certains prénoms en baoulé sont totalement transformés lorsqu'ils sont écrits perdant ainsi leur particularité, leur substance, leur signification. Diluant la richesse de ces langues. Ce qui est perdu représentent les éléments indispensables à la signification.

Nous rencontrons ces déformations de noms dans plusieurs langues de la Côte d'Ivoire telles que le gouro, yaouré, le sénoufo etc... Nous aurons l'occasion d'exploiter davantage cet aspect dans d'autres travaux de recherche.

Voyons maintenant, de manière pratique, comment cette déformation de nom peut se manifester dans le cas de l'anaphore.

Considérons deux personnes k_1 et k_2 de la même communauté. Nous associons à k_1, un contexte de croyance c_1 à t, dans lequel k_1 croit que la fille de monsieur M. s'appelle N'glouan parce qu'elle est le neuvième enfant de la famille. Quant à k_2, nous lui associons le contexte de croyance c_1^* à t, dans lequel il croit que la fille de Monsieur M. qui s'appelle N'glouan n'est pas le neuvième enfant.

Plus tard, les deux personnes (k_1 et k_2) sont confrontés à un même contexte $w = H_1,...,H_n$, dans lequel on asserte que N'glouan est le neuvième enfant de Monsieur M. A l'instant t_1, chacun des deux personnes étendent leurs contextes de croyances.

Traduisons ces cas par les schémas 1 et 2 :

B-4 Système formel constructif de l'oralité

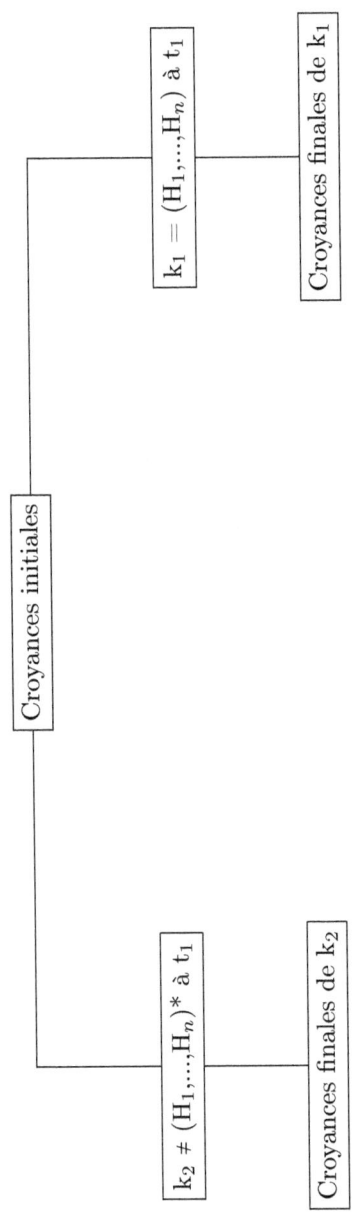

Une analyse constructive de l'oralité

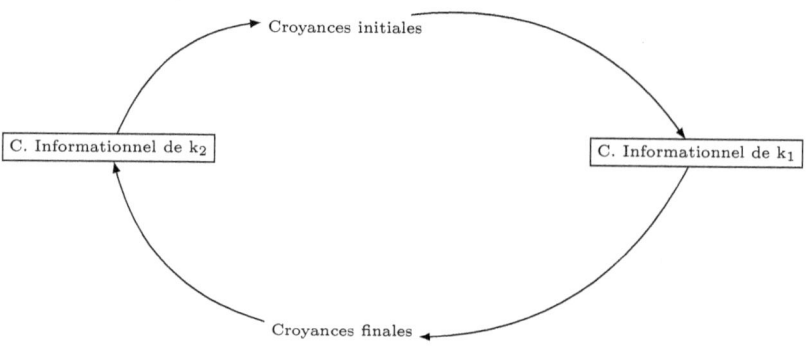

Schéma 3

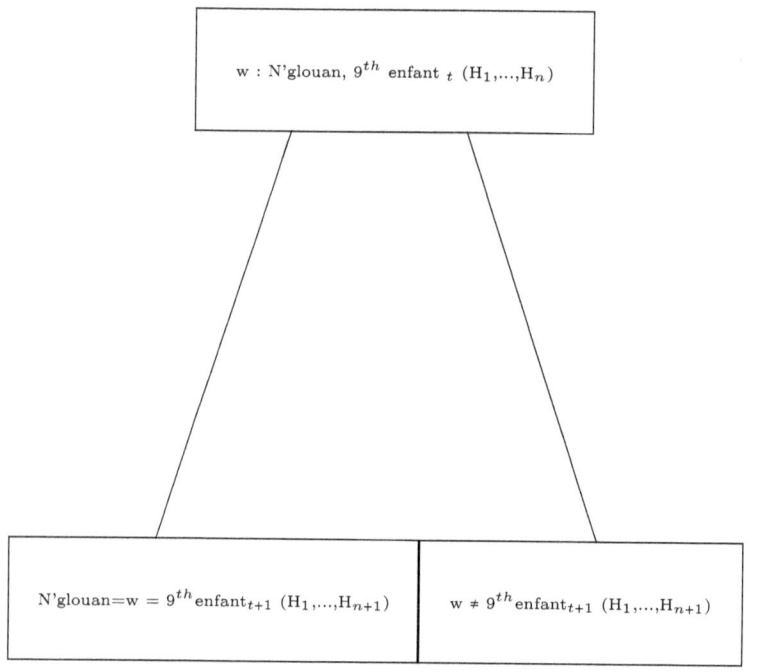

Nous remarquons que dans le schéma 3 que k_1 associe à w le nom N'glouan, ce qui n'est pas le cas pour k_2. Ainsi, pendant que l'extension gauche lie w avec le contenu sémantique du nom, cela n'est pas le cas dans l'extension droite. Cela s'explique par le fait que dans les croyances initiales de k_2, le nom n'glouan ne correspond pas au neuvième enfant mais c'est plutôt N'goran qui correspond au neuvième enfant car lors du passage de l'oral à l'écrit le contenu sémantique a été perdu, substituant ainsi N'glouan par N'goran qui n'a pas de contenu sémantique dans la

B-4 Système formel constructif de l'oralité

langue baoulé.

Cela pourrait expliquer certains cas particuliers de l'utilisation de l'anaphore qui résultent de l'évolution des différents contextes de croyance. Le schéma susmentionné explique l'utilisation d'un cas particulier de l'anaphore dans les contextes de croyance.

Notez que la même analyse peut être appréhendée avec des objets purement hypothétiques, qui pourrait exister dans les contextes de croyance des interlocuteurs :

Par exemple, Bernadette croit qu'il y a une sorcière w, telle que cette dernière est le neuvième enfant de Madame Z., cependant, Arnaud ne croit pas que la même sorcière est le neuvième enfant. Nous pouvons voir en ces cas, l'utilisation de l'anaphore avec des objets purement intentionnels !

Conclusion

En guise de conclusion, nous nous arcboutons sur l'approche dialogique de la croyance en général, nous voulons pour cela la rapprocher à l'argument principal de Robert Brandom (2000). Selon ce dernier, une action est considérée comme une croyance si cette dernière est régie par un jeu d'offres et de demandes sur les raisons de cette action.

La conception principale qui sous-entend l'approche développée ci-dessus partage avec Brandom l'idée selon laquelle, l'interaction est à la base de toute formation de croyance. C'est à juste titre qu'il (Brandom) ajoute que cette forme d'interaction peut s'exprimer dans le cadre dialogique. Il l'allègue en ces termes :

> *The subject of genuine perceptual beliefs is, as the parrot is not, responding to the visible presence of red things by making a potential move in a game of giving and asking for reasons : applying a concept. The believer is adopting a stance that involves further consequential commitments (for instance, to the object perceived as being colored) that is incompatible with other commitments (for instance, to the object perceived being green), and that one can show one's entitlements to in terms of other commitments (for instance, to the object perceived being scarlet). No response that is not a node in a network of such broadly inferential involvements, I claim, is recognizable as the application of concepts. And if not, it is not recognizable as a belief, or the expression of a belief, either.*[159]

C'est ainsi que l'approche pragmatiste de la signification du cadre dialogique tout comme l'inférentialisme pragmatiste de Brandom considèrent que la signification d'une expression linguistique est liée au rôle de l'expression linguistique des jeux de questions et de réponses. La différence essentielle entre ces deux approches est le fait que les dialogiciens

---

159. Cf. (Brandom, 2000, p.109).

Conclusion

mettent en évidence une distinction entre le niveau de jeu et le niveau stratégique. Ces niveaux sémantiques incluent :

1. La description de la manière de formuler une question adéquate à une affirmation, et la manière d'y répondre.
2. Le développement des jeux constitué, par plusieurs combinaisons, des séquences de questions et de réponses proposées aux affirmations d'une thèse.

les justifications des jugements correspondent au niveau des stratégies gagnantes qui sélectionnent les jeux. Elles se révèlent déterminantes pour tirer des inférences lors de l'interaction. Ainsi donc, comme développé, toutes ces années par Rahman, cette interaction (elle nous distingue des animaux et des instruments) est celle qui a eu lieu dans l'environnement dans lequel la philosophie a commencé, à savoir, un dialogue constitué par une dynamique d'affirmations et de requêtes sur les raisons de ces affirmations comme une conséquence de prise de responsabilité de nos propres assertions et actions dans le tissu social. Ainsi, notre approche *dialogique de la révision des croyances dans le contexte de la théorie des types de Martin-Löf* met en exergue un processus de révision dans lequel l'acquisition de connaissances et les aspects interactifs de la signification sont saisis comme un jeu de questions et de réponses par rapport à un ensemble initial d'hypothèses. Ce processus s'effectue par le déploiement progressif du contenu hypothétique dans un contexte d'interaction crédibilisant l'information que reçoit l'agent. Ainsi, se précisent les mécanismes de révision des croyances.

Il s'est agi, à ce niveau, de concevoir la logique modale dans le cadre de la théorie constructive des types. Ce développement revient à relativiser les raisonnements selon des hypothèses. Autrement dit, faire des jugements hypothétiques en fixant la signification des propositions au niveau du langage-objet. Les mondes sont ici remplacés par des contextes d'hypothèses. Cette approche rend explicite ce qui semble implicite dans le langage modal en dépouillant celui-ci de toute empreinte métaphysique qui entraînerait certaines confusions dans ce langage. Cette analyse de la logique modale constructive avait déjà été ébauchée par Ranta et étendue à la notion de la fiction par Rahman et Redmond (2014). L'idée principale de Ranta est qu'une assertion relative à un monde possible W équivaut à un jugement hypothétique où l'assertion est faite en émettant des hypothèses qui sont exprimées dans le langage-objet. En d'autres mots, nous n'avons pas besoin de labels pour les mondes mais d'assertions qui sont fournies sous des hypothèses ouvertes. Les assertions modales sont alors réductibles aux hypothétiques.

En outre, ces mondes exprimés dans le métalangage comme des labels abstraits et vides de contenu (qu'on retrouve dans la logique modale en général, et dans la logique épistémique en particulier) sont substitués par des contextes de croyances. Ces contextes de croyances sont des hypothèses spécifiques avec du contenu dans lesquels l'acquisition de connaissances s'exprime au niveau du langage-objet.

L'approche de la croyance dans la théorie constructive des types permet de mettre en évidence la différence entre la notion de savoir et celle de la connaissance comme croyance justifiée. Cette conception est motivée par l'idée selon laquelle, exprimer un jugement A est vrai par rapport aux croyances d'un agent est équivalent aux jugements de la forme A est vraie par rapport à un ensemble d'hypothèses qui ne sont pas encore vérifiées.

Il convient de mentionner que le savoir est ce type d'aspects épistémiques déployés dans la logique intuitionniste. Dans ce cas précis du savoir, il est possible de fournir l'objet de preuve afin d'établir un jugement catégorique. Alors que dans la croyance, et même dans la connaissance comme croyance justifiée, les objets de preuves sont des fonctions, dont les valeurs peuvent être de plus en plus spécifiées. Cette spécification, comme nous l'avons dit précédemment, est un processus qui n'est pas complètement spécifié.

Aussi, cette spécification peut dépendre d'autres objets de preuves non encore spécifiés. Une autre manière de voir cela est de considérer la croyance comme étant toujours "possible", du moins, qu'il y aura toujours une certaine connaissance potentielle qui n'a pas encore été spécifiée. En dépit du fait que les règles sont schématisées, les contextes de croyance sont un ensemble bien déterminé d'hypothèses. Ces hypothèses sont précisées, au fur et à mesure que leurs extensions les vérifient. La révision des croyances dans le cadre de la théorie des types de Martin-Löf permet, ainsi, de mettre en évidence un système qui prend en compte trois éléments essentiels :

1. Asserter une affirmation dépendante d'un contexte initial d'hypothèses.
2. Mettre en évidence les dynamismes des contextes en prenant en compte les extensions possibles.
3. Tenir compte de certaines circonstances (temporelles par exemple) qui constituent de nouveaux ensembles pour la même affirmation donnée.

Conclusion

Ces systèmes de révision développés donnent, également, la possibilité d'exprimer avec aisance les aspects interactifs de la signification dans les tableaux sémantiques dans le contexte de révision des croyances. Ce qui permet ainsi de mettre en exergue les notions d'actes de langage par la connexion entre dialogues et tableaux dans le contexte de la révision des croyances. Nous constatons des différences remarquables dans le passage de ces dialogues aux tableaux. Ces différences s'expliquent par le fait que les tableaux ne prennent pas en compte la notion d'acte de langage. Ils sont monologiques. Le langage est dirigé vers un seul sens, c'est ce qui explique le fait que dans les schémas qui correspondent aux tableaux, nous n'avons pas la signature (**F**). Nous assistons à une absence totale d'interaction, qui se justifie par le manque d'échanges argumentatifs. Les conditions des attaques et les attaques elles-mêmes ne sont pas identifiées dans les tableaux.

Outre cela, nous avons mis en exergue le rapport entre la connexion dialogues-tableaux et oralité-écriture. Tout comme le lien des dialogues aux tableaux permet de relever la difficulté d'exprimer les aspects interactifs de la signification, le passage de l'oralité à l'écriture montre également qu'il est difficile d'exprimer l'interaction. Dans le langage oral, les marques du discours tels que les interjections ou encore les intonations sont présentes car ce langage est essentiellement pratique. La parole se caractérise par les gestes qui explicitent le sens de ce qui est dit. L'oralité est fondamentalement interactive. Le langage écrit, contrairement au langage oral, est décontextualise, dénué de toute interactivité. L'écriture est pour l'oralité ce que les tableaux sont pour les dialogues.

Aussi, il a été question de concevoir les bases d'un système constructif de l'oralité, c'est-à-dire, un système qui permet d'exprimer les aspects interactifs de l'oralité dans l'écriture. Pour cela, nous vous fait une étude de l'utilisation des noms propres dans certaines langues de la Côte d'Ivoire, pour ensuite, la mettre en relation avec le cas de l'anaphore dans les contextes de croyances. Nous avons considéré deux personnes k_1 et k_2 avec deux contextes de croyances différents. Notre objectif était de montrer comment l'utilisation des expressions anaphoriques peuvent permettre la reconstitution de systèmes de révision des croyances. De tels systèmes ont des conséquences très importantes dans les domaines de l'informatique et du traitement automatique des langues naturelles.

Ce travail heuristique ouvre des brèches sur les travaux futurs que nous entreprendrons après un tel parcours :

- concevoir un mécanisme de révision des croyances, au-delà du système de Bonanno, dans lequel l'information contredit les croyances initiales dans le cadre de la théorie des types de de Martin-Löf. Tout le développement de ce présent travail s'est essentiellement basé sur l'idée que les informations que reçoit l'agent ne sont pas une surprise, mais une confirmation des croyances initiales de celui-ci. Échafauder un système de révision dans lequel l'information est contradictoire aux croyances initiales se résumerait à mettre en lumière la notion de changement d'hypothèses. Ce changement d'hypothèses prendra en compte trois aspects :

— La spécification du contexte initial d'hypothèses
— La confirmation de la preuve de l'hypothèse
— La preuve de la négation de l'hypothèse

- fournir un algorithme qui transforme les stratégies gagnantes en tableaux sémantiques de la révision des croyances dans le cadre de la théorie constructive. Nous pourrions à ce niveau construire des tableaux qui permettraient d'exprimer avec aisance les aspects interactifs de la signification. Ces tableaux prendront en compte la notion d'acte de langage. Ils ne seront pas monologiques. Les conditions des attaques et les attaques elles-mêmes seront identifiées dans les tableaux. Le langage sera ainsi dirigé vers les deux sens en exprimant la signature **(F)**.

- proposer une étude complète des dialogues concrets constructifs dans le langage naturel qui pourraient donner des rudiments pour construire des systèmes informatiques capables d'utiliser le langage naturel comme élément de base et permettre ainsi d'avoir des systèmes qui réagissent comme des êtres humains.

L'un des aspects de notre étude sur lequel nous nous sommes appesantit et qui constitue un domaine de recherche très promoteur est le lien entre l'oralité, l'écriture et la révision des croyances dans la théorie des types de Martin-Löf. Nous pourrions développer des systèmes d'apprentissage dans les traditions orales et plus particulièrement dans les traditions africaines dans lesquelles l'acquisition de connaissances se saisit à travers l'interaction sociale.

Bibliographie

Abramsky, S. et P.-i. A. Mellies. 1999, « Concurrent games and full completeness », dans *Proceedings of the Fourteenth International Symposium on Logic in Computer Science*, pp. 431–442.

Alchourrón, C., P. Gärdenfors et D. Makinson. 1985, « On the logic of theory change : Partial meet contraction and revision functions », *Journal Symbolic Logic*, vol. 50, n° 2, pp. 510–530.

Alchourrón, C. E. et D. Makinson. 1982, « On the logic of theory change : Contraction functions and their associated revision functions », *Theoria*, vol. 48, n° 1, pp. 14–37.

Alchourrón, C. E. et D. Makinson. 1986, « Maps between some different kinds of contraction function : The finite case », *Studia Logica*, vol. 45, n° 2, pp. 187–198.

Asimov, I. *Le cycle des robots, tome 1*, J'ai lu. Trad. : Paul Billon (2012).

Bachelard, G. 1938, *La formation de l'esprit scientifique*, Vrin, Paris.

Baltag, A. et S. Smets. 2006, « Conditional doxastic models : A qualitative approach to dynamic belief revision », *Electronic Notes in Theoretical Computer Science*, vol. 165, pp. 5–21.

Baltag, A., J. Van Benthem et L. S. Moss. 2008, « Epistemic logic and information update », *Handbook of the Philosophy of Information*, pp. 361–456.

Baroni, P. et M. Giacomin. 2009, « Semantics of abstract argument systems », dans *Argumentation in artificial intelligence*, Springer, pp. 25–44.

Bidoit, N. et C. Froidevaux. 1991a, « General logical databases and programs : Default logic semantics and stratification », *Information and Computation*, vol. 91, n° 1, pp. 15–54.

Bidoit, N. et C. Froidevaux. 1991b, « Negation by default and unstratifiable logic programs », *Theoretical Computer Science*, vol. 78, n° 1, pp. 85–112.

Blass, A. 1992, « A game semantics for linear logic », *Annals of Pure and Applied logic*, vol. 56, n° 1, pp. 183–220.

Board, O. 2004, « Dynamic interactive epistemology », *Games and Economic Behavior*, vol. 49, n° 1, pp. 49–80.

Bonanno, G. 2007, « Axiomatic characterization of the AGM theory of belief revision in a temporal logic », *Artificial Intelligence*, vol. 171, pp. 144–160.

Bonanno, G. 2009, « Belief revision in a temporal framework », *New Perspectives on Games and Interaction*, vol. 4, pp. 45–80.

Bonanno, G. 2010, « Belief change in branching time : AGM-consistency and iterated revision », *Working paper*.

Bowao, C. 2014, « Et si l'écriture n'était pas l'avenir de l'orature ? », dans *Entre l'orature et l'écriture : Relations croisées*, édité par C. Bowao et S. Rahman, College Publications, pp. 3–15.

Brandenburger, A. et H. J. Keisler. 2006, « An impossibility theorem on beliefs in games », *Studia Logica*, vol. 84, n° 2, pp. 211–240.

Brandom, R. 1994, *Making it Explicit : Reasoning, Representing, and Discursive Commitment*, Harvard University Press, Cambridge, MA.

Brandom, R. 2000, *Articulating Reasons : An Introduction to Inferentialism*, Harvard University Press.

Brisson, L. 2000, *Lectures de Platon*, Cambridge Univ Press.

Brouwer, L. E. J. 1913, « Intuitionism and formalism », *Bulletin of the American Mathematical Society*, vol. 20, n° 2, pp. 81–96.

Carnap, R. 1946, « Modalities and quantification », *The Journal of Symbolic Logic*, vol. 11, n° 2, pp. 33–64.

Clerbout, N. 2014a, *Etude sur quelques sémantiques dialogiques : concepts fondamentaux et éléments de metathéorie*, thèse de doctorat, Universités de Lille 3 et de Leiden.

Clerbout, N. 2014b, « First-Order Dialogical games and Tableaux », *Journal of Philosophical Logic*. DOI : 10.1007/s10992-013-9289-z.

Cormerais, F. 2001, « «l 'économie cognitive» de bernard walliser : renouvellement paradigmatique ou nouvelle illusion ? », *Intellectica*, vol. 1, n° 32, pp. 207–219.

Cousin, V. 1849, « Philosophie populaire », *Pagnerre libraire*.

Damien, L., M.-H. Gorisse et S. Rahman. 2004, « La dialogique temporelle », *Philosophia Scientiae*, vol. 8, n° 2, pp. 39–59.

Dango, A., B. 2014, « Des dialogues aux tableaux dans le contexte de révision des croyances : De l'oralité à l'écriture », dans *Entre l'orature et l'écriture : Relations croisées*, édité par C. Bowao et S. Rahman, College Publications, pp. 175–192.

Dango, A., B. 2015, « Interaction et révision de croyances », *Revista de Humanidades de Valparaíso*, n° 5, pp. 75–98.

Diès, A. 1950, *Platon : Oeuvres complètes*, Les Belles Lettres. Paris.

Doyle, J. 1979, « A truth maintenance system », *Artificial intelligence*, vol. 12, n° 3, pp. 231–272.

Dung, P. M. 1995, « On the acceptability of arguments and its fundamental role in nonmonotonic reasoning, logic programming and n-person games », *Artificial intelligence*, vol. 77, n° 2, pp. 321–357.

Fagin, R., J. D. Ullman et M. Y. Vardi. 1983, « On the semantics of updates in databases », dans *Proceedings of the 2nd ACM SIGACT-SIGMOD symposium on Principles of database systems*, ACM, pp. 352–365.

Felscher, W. 1985, « Dialogues, strategies, and intuitionistic provability », *Annals of Pure and Applied Logic*, vol. 28, n° 3, pp. 217–254.

Fitting, M. 1969, « Intuitionnic logic, model theory and forcing », *the journal of symbolic logic*.

Fiutek, V. 2011, « A Dialogical approach of iterated belief revision », dans *Logic of Knowledge. Theory and Applications*, édité par C. Gómez, Barés, S. Magnier et F. Salguero, College Publications, Londres, pp. 141–157.

Fiutek, V. 2013, *Playing with knowledge and belief*, thèse de doctorat, Institute for Logic, Language and Computation, Université d'Amsterdam.

Fiutek, V., H. Rückert et S. Rahman. 2010, « A Dialogical Semantics for Bonanno's System of Belief Revision », dans *Construction. Festschrift for Gerhard Heinzmann*, édité par P. Bour, M. Rebuschi et L. Rollet, College Publications, Londres, pp. 315–334.

Fontaine, M. 2013, *Argumentation et engagement ontologique de l'acte intentionnel. Pour une réflexion critique sur l'identité dans les logiques intentionnelles explicites*, thèse de doctorat, Universités de Lille 3.

Fontaine, M. et J. Redmond. 2008, *Logique dialogique : une introduction. Méthode de dialogique règles et exercices*, College publications, Londres.

Geffner, H. 1992, *Default reasoning : causal and conditional theories*, vol. 4, MIT Press Cambridge, MA.

Gerbrandy, J. 2007, « The surprise examination », *Synthese*, vol. 155, n° 1, pp. 21–33.

Gerbrandy, J. et W. Groeneveld. 1997, « Reasoning about information change », *Journal of logic, language and information*, vol. 6, n° 2, pp. 147–169.

Gerbrandy, J. D. 1999, *Bisimulations on planet Kripke*, thèse de doctorat, ILLC Dissertation Series.

Goldszmidt, M. et J. Pearl. 1996, « Qualitative probabilities for default reasoning, belief revision, and causal modeling », *Artificial Intelligence*, vol. 84, n° 1, pp. 57–112.

Gärdenfors, P. 1990, « Belief revision et nonmonotonic logic are two sides of the same coin », *In proceedding of the ninth European Conference on Artificial Intelligence (ECAI'90)*, pp. 768–773.

Harman, G. 1986, *Change in view : principles of reasonning*, MIT Press, Cambridge MA.

Heinzmann, G. 1985, *Entre intuition et analyse : Poincaré et le concept de prédicativité*, Librairie scientifique et technique.

Heinzmann, G. 2013, *Intuition épistémique : une approche pragmatique du contexte de compréhension et de justification en mathématiques et en philosophie*, Vrin. Paris.

Heinzmann, G., H. Poincaré, B. Russell, E. Zermelo et G. Peano. 1986, *Poincaré, Russell, Zermelo et Peano : textes de la discussion (1906-1912) sur les fondements des mathématiques : des antinomies à la prédicativité*, Bibliothèque Scientifique Albert Blanchard.

Heyting, A. 1956, *Intuitionism : An introduction*, Publishing Co.

Hintikka, J. 1962, *Knowledge and belief, An introduction to the logic of the two notions*, Cornell University Press, Ithaca, New york.

Hintikka, J. 1976, *The semantics of questions and the questions of semantics*, volume 28 of Acta Philosophica Fennica, North Holland, Amsterdam.

Humberstone, I. 1987, « The modal logic of all and only », *Notre Dame Journal of Formal Logic*, vol. 28, n° 2, pp. 177–188.

Kamlah, W. et P. Lorenzen. 1984, *Logical propaedeutic : Pre-school of reasonable discourse*, Univ Pr of Amer.

Katsuno, H. et A. O. Madenlson. 1991, « Propositional knowledge base revision and minimal change », *Artificial Intelligence*, vol. 52, pp. 263–294.

Keiff, L. 2007, *Le pluralisme dialogique. Approches dynamiques à l'argumentation formelle*, thèse de doctorat, Université Charles de Gaulle de Lille 3.

Keiff, L. 2009, « Dialogical Logic », *Stanford Encyclopedia of Philosophy*. URL http://plato.stanford.edu/entries/logic-dialogical/, (accès 2011).

Keiff, L. et S. Rahman. 2010, « La dialectique, entre logique et rhétorique », *Revue de métaphysique et de morale*, n° 2, pp. 149–178.

Konieczny, S. 1999, *Sur la logique du changement : Révision et fusion de bases de connaissance*, thèse de doctorat, Laboratoire Informatique fondamentale de Lille : Université des Sciences et technologies de Lille.

Kooi, B. P. 2003, « Probabilistic dynamic epistemic logic », *Journal of Logic, Language and Information*, vol. 12, n° 4, pp. 381–408.

Kripke, S. A. 1963, « Semantical considerations on modal logic », *Acta Philosophica Fennica*, pp. 83–94.

Kuhn, T. S. *La structure des révolutions scientifiques*, Flammarion, Paris. Trad. de Laure Meyer (2008).

Lakatos, I. *Histoire et méthodologie des sciences : programmes de recherche et reconstruction rationnelle*, Presses universitaires de France. Trad. de Malamoud, Catherine and Spitz, Jean-Fabien (1994).

Largeault, J. 1993, *Intuition et intuitionisme*, Vrin. Paris.

Lavigne, J.-F. 2008, *Les Méditations cartésiennes de Husserl*, Vrin, Paris.

Lecomte, A. et M. Quatrini. 2010, « Pour une étude du langage via l'interaction : dialogues et sémantique en ludique », *Mathématiques et sciences humaines. Mathematics and social sciences*, n° 189, pp. 37–67.

Lecomte, A. et S. Tronçon. 2011, *Ludics, Dialogue and Interaction : PRELUDE Project—2006-2009. Revised Selected Papers*, Springer.

Lehmann, D. 1995, « Belief revision, revised », dans *Proceedings of the 14th international joint conference on Artificial intelligence-Volume 2*, Morgan Kaufmann Publishers Inc., pp. 1534–1540.

Levesque, H. J. 1990, « All i know : a study in autoepistemic logic », *Artificial intelligence*, vol. 42, n° 2, pp. 263–309.

Levi, I. 1983, *The enterprise of knowledge : An essay on knowledge, credal probability, and chance*, MIT Press.

Lindström, S. et W. Rabinowicz. 1999a, « Belief change for introspective agents », *Spinning Ideas, Electronic Essays Dedicated to Peter Gärdenfors on His Fiftieth Birthday*.

Lindström, S. et W. Rabinowicz. 1999b, « Ddl unlimited : Dynamic doxastic logic for introspective agents », *Erkenntnis*, vol. 50, n° 2, pp. 353–385.

Livet, P. 2002, *Revision des croyances; traité des sciences cognitives*, Hermès Science : Lavoisier.

Lorenz, K. 1970, *Elemente der Sprachkritik Eine Alternative zum Dogmatismus und Skeptizismus in der Analytischen Philosophie*, Frankfurt : Suhrkamp Verlag.

Lorenz, K. 2001, « Basic objectives of dialogue logic in historical perspective », *Synthèse*, n° 127, pp. 255—263.

Lorenzen, P. et K. Lorenz. 1978, *Dialogische Logik*, Darmstadt : Wissenschaftliche Buchgesellschaft.

Lorenzen, P. et O. Schwemmer. 1975, *Konstruktive Logik, Ethik und Wissenschaftstheorie*, Mannheim : Bibliographisches Institut.

Magnier, S. 2013, *Approche dialogique de la dynamique épistémique et de la condition juridique*, College publications, Londres.

Marion, M. 2004, *Ludwig Wittgenstein : introduction au Tractatus logico-philosophicus*, Presses Universitaires de France, Paris.

Martin-Lof, P. 1984, *Intuitionistic type theory - Notes by Giovanni Sambin of a series of lectures given in Padua, June 1980*, Bibliopolis Naples.

Nayak, A. C., M. Pagnucco et P. Peppas. 2003, « Dynamic belief revision operators », *Artificial Intelligence*, vol. 146, n° 2, pp. 193–228.

Nzokou, G. 2013, *Logique de l'Argumentation dans les Traditions Orales Africaines*, College publications, Londres.

Prakken, H. et G. Vreeswijk. 2001, « Logics for defeasible argumentation », dans *Handbook of philosophical logic*, Academic Publishers, pp. 219–318.

Prawitz, D. 2012, « Truth as an epistemic notion », *Topoi*, vol. 31, n° 1, pp. 9–16.

Primero, G. 2008, *Information and Knowledge : A Constructive Type-theoretical Approach*, vol. 10, Springer.

Prior, A. N. 1967, *Past, present and future*, vol. 154, Clarendon Press Oxford.

Quine, W. V. O. et J. S. Ullian. 1978, *The Web of Belief : 2d Ed*, Random House.

Rahman, S. 1993, *Über Dialoge, Protologische Kategorien und andere Seltenheiten*, Frankfurt, Paris and New York : P. Lang.

Rahman, S. et N. Clerbout. 2013, « Constructive type theory and the dialogical approach to meaning », *Baltic International Yearbook of Cognition, Logic and Communication*, vol. 8, n° 1.

Rahman, S. et N. Clerbout. 2015, *Linking Games and Constructive Type Theory : Dialogical Strategies, CTT-Demonstrations and the Axiom of Choice*, Dordrecht : Springer.

Rahman, S., N. Clerbout et L. Keiff. 2009, « Dialogues and natural deduction », College Publications, London, pp. 301–336.

Rahman, S. et L. Keiff. 2004, « On how to be a dialogician », dans *Logic, thought and action*, édité par D. Vanderveken, Springer, New York, pp. 359–408.

Rahman, S. et J. Redmond. 2008, *Hugh MacColl et la Naissance du Pluralisme Logique*, College publications, Londres. Traduction de Sébastien Magnier.

Rahman, S. et H. Rückert. 1999, « Dialogische Modallogik (für T, B, S4, und S5) », *Logique et analyse*, vol. 167, n° 168, pp. 243–282.

Rahman, S. et H. Rückert. 2001, « Dialogical connexive logic », *Synthese*, vol. 127, n° 1-2, pp. 105–139.

Rahman, S. et T. Tulenheimo. 2009, « From games to dialogues and back. towards a general frame for validity », dans *Games : unifying logic, language, and philosophy*, Springer, pp. 153–208.

Ranta, A. 1988, « Propositions as games as types », *Synthese*, vol. 76, n° 3, pp. 377–395.

Ranta, A. 1991, « Constructing possible worlds* », *Theoria*, vol. 57, n° 1-2, pp. 77–100.

Ranta, A. 1994, *Type-theoretical grammar*, Oxford University Press, Oxford.

Redmond, J. 2010, *Logique dynamique de la fiction. Pour une approche dialogique*, College publications, Londres.

Rott, H. et M. Pagnucco. 1999, « Severe withdrawal (and recovery) », *Journal of Philosophical Logic*, vol. 28, n° 5, pp. 501–547.

Schroeder-Heister, P. 2008, « Lorenzen's operative justification of intuitionistic logic », dans *One Hundred Years of Intuitionism (1907-2007)*, édité par M. Van Atten, M. Bourdeau, P. Boldini et G. Heinzmann, pp. 214–240.

Segerberg, K. 1995, « Belief revision from the point of view of doxastic logic », *Billetin of IGPL*, vol. 3, n° 4, pp. 535–553.

Segerberg, K. 1999, « Two traditions in the logic of belief : bringing them together », dans *Logic, language and reasoning*, pp. 135–147.

Smets, P. et R. Kennes. 1994, « The transferable belief model », *Artificial intelligence*, vol. 66, n° 2, pp. 191–234.

Sundholm, G. 1986, « Proof theory and meaning », dans *Handbook of philosophical logic*, vol. 3, édité par D. Gabbay et F. Guenthner, Dordrecht : Reidel, pp. 471–506.

Sundholm, G. 1997, « Implicit Espistemic Aspects of Constructive Logic », *Journal of Logic, Language and Information*, vol. 6, n° 2, pp. 191–212.

Sundholm, G. 2009, « A century of judgment and inference : 1837-1936 », dans *The Development of Modern Logic*, édité par L. Haaparanta, Oxford : Oxford University Press., pp. 263–317.

Van Atten, M. 2003, *On Brouwer*, Cengage Learning. 26 Mars 2003.

Van Benthem, J. 2007, « Dynamic logic for belief revision », *Journal of applied non-classical logics*, vol. 17, n° 2, pp. 129–155.

Van Benthem, J. 2011, *Logical Dynamics of Information and Interaction*, Cambridge University Press.

Van Benthem, J. et C. Dégremont. 2010, « Bridges between dynamic doxastic and doxastic temporal logics », dans *Logic and the Foundations of Game and Decision Theory–LOFT 8*, Springer, pp. 151–173.

Yapi, A. 1984, *Type et cause. Deux idées transcendantales chez Bertrand Russell*, thèse de doctorat, Université Charles de Gaulle de Lille 3.